无人飞行器智能控制丛书

飞行器集群协同航迹规划的工程化方法及应用

张　栋　王孟阳　赵军民　刘亮亮　著

科　学　出　版　社

北　京

内 容 简 介

航迹规划技术是飞行器集群实际应用中的关键。本书基于作者多年工程项目和飞行试验的经验,系统介绍飞行器集群多任务航迹规划的基本概念、研究框架、计算方法和求解过程,并搭建协同航迹规划的硬件实现和半实物仿真系统,提供了丰富的工程应用案例,帮助读者实现实际应用。全书共8章:第1章为绪论;第2章为飞行器集群协同航迹规划的数学模型;第3章为协同航迹规划的工程化方法;第4~6章分别介绍面向打击、侦察和其他任务的协同航迹规划方法;第7章为协同航迹规划方法的硬件实现——智能规划器;第8章为大规模集群协同航迹规划虚实结合半实物仿真技术及应用。

本书适用于无人集群系统技术研究的科研人员、研究生及相关科研院所的工程技术人员参考。

图书在版编目(CIP)数据

飞行器集群协同航迹规划的工程化方法及应用/张栋等著. -- 北京:科学出版社,2024.9. -- (无人飞行器智能控制丛书). -- ISBN 978-7-03-079176-4

Ⅰ. V279

中国国家版本馆 CIP 数据核字第 2024K8T324 号

责任编辑:胡文治/责任校对:谭宏宇
责任印制:黄晓鸣/封面设计:殷 靓

科学出版社 出版
北京东黄城根北街 16 号
邮政编码:100717
http://www.sciencep.com

南京展望文化发展有限公司排版
广东虎彩云印刷有限公司印刷
科学出版社发行 各地新华书店经销

＊

2024 年 9 月第 一 版 开本:B5(720×1000)
2025 年 1 月第二次印刷 印张:16 1/2
字数:321 000

定价:130.00 元
(如有印装质量问题,我社负责调换)

前言 | Preface

　　集群行为是一种常见于自然界中鸟群、蚁群、狼群、雁群等生物群体的协同行为,通过个体感知、群体通信、决策规划和行为动作的结合,涌现出群体智能,即群体中每个独立自主的个体都有自己的行为规则,并根据自身获取的信息分布式地决定行为策略。因此,借鉴生物群体智能的方法,飞行器集群系统也能表现出类似的智能行为,飞行器的群体行为是复杂系统研究中的一个重要难题,飞行器之间需要不断协调,通过高效的集群决策规划获得共识并达成目标。飞行器集群协同航迹规划是未来集群智能系统中的典型智能行为,能够实现单平台任务规划和多平台任务协同。航迹规划技术在满足飞行器飞行性能、载荷能力、三维地形、任务约束和空间安全等复杂条件下,为每架飞行器生成一系列可执行的任务航迹,从而引导集群内的飞行器有序协同、高效完成多类特定任务。

　　按照系统科学的观点,飞行器集群系统具有复杂的协同关系、众多的约束条件、高维状态空间和较大的求解难度。因此,在动态不确定环境和缺少先验知识的情况下,快速实现任务的在线航迹规划,并发展一种通用的飞行器集群工程化航迹规划概念、模型和方法至关重要。同时,为了验证这些方法的实际应用效果,搭建协同航迹规划方法的硬件实现和虚实结合的半实物仿真系统也至关必要。这不仅能够对航迹规划方法进行合理验证,还能评估提升作战效能,确保任务的顺利完成。

　　自2016年以来,本书作者在国家级军工项目及其他部委基础研究项目的支持下,对飞行器集群多类任务航迹规划问题的建模和算法进行了大量研究,相关研究成果已经支撑了多次飞行试验,先后支撑了10多个科研院所的相关项目,验证了工程化方法的准确性和可行性,部分研究成果已经应用于科研院所的国家级立项项目。作者先后发表学术论文30余篇,并培养了10余名研究生,为促进飞行器集群技术的发展作出了重要贡献。

全书共 8 章。第 1 章为绪论,主要论述飞行器集群协同航迹规划技术、智能规划器和大规模集群验证技术研究应用现状、存在的问题及本书中要解决的问题等;第 2 章建立了飞行器集群协同航迹规划的通用性模型;第 3 章从协同航迹规划技术相关概念及定义出发给出了几种典型的工程化方法;第 4~6 章分别介绍打击任务、侦察任务和其他突防、中继盘旋、必经和评估等典型任务的航迹规划工程化模型及方法;第 7 章研究了基于智能规划器设计的协同航迹规划技术的硬件实现;第 8 章对大规模集群协同航迹虚实结合半实物仿真技术和典型场景应用进行了展示。

本书的成文离不开多无人系统智能规划与自动控制团队成员的支持,感谢傅晋博、王洪涛、李超越、张钊华、李林、马罗珂、沈潼、张克、任智、杨书恒等硕博生。同时,特别感谢本书编写过程中所引用文献的作者们,受益于各位专家学者著作的启发,才得以让本书顺利完成。

限于水平和认识,书中难免存在不足之处,敬请各位读者批评指正!

作者

2024 年 3 月

目录 | Contents

第1章

绪　论

1.1　引言

随着武器装备技术的发展和作战方式的改变,作战逐渐朝着网络化、智能化和集群化方向发展。飞行器集群作战技术通过无人机、巡飞弹等无人飞行器,依托不同运载平台进行投放或发射,以无线自组网实现信息共享,并通过联盟策略进行综合分析、优化和协同完成任务。该技术整合了无人技术优势和群体自组织特性,通过能力互补和协同行动,在无人飞行器原有基础上实现分布式自主协同,具有自组织性、群体稳定性、高弹性和高效能等优势。由于战场环境的动态变化、作战需求的多样性和任务的复杂性,再加上集群飞行器的异构性和网络通信的不稳定性,集群工程化应用仍面临巨大挑战。因此,有必要研究更高效的集群协同规划工程化方法,以最大限度地将无人飞行器集群应用于现代作战中,最大化发挥武器的效能。

近年来,世界各国加大了无人机集群自主任务的研究投入,陆续启动了一系列研究计划。自 2015 年起,美国国防高级研究计划局(Defense Advanced Research Projects Agency, DARPA)、海军研究办公室(Office of Naval Research, ONR)、国防部战略能力办公室(Strategic Capabilities Office, SCO)分别启动了"进攻性蜂群使能战术"(OFFensive Swarm-Enabled Tactics, OFFSET)项目、"低成本无人机集群技术"(Low-cost UAV Swarming Technology, LOCUST)项目和"山鹑"(Perdix)项目;2016 年 11 月,欧洲防务局正式启动"欧洲蜂群"项目,发展任务自主决策、协同导航等关键技术,并计划在未来空战系统中,将无人机集群作为未来实施防区外精确战术打击和饱和攻击的核心手段;2019 年 3 月,美军提出"金帐汗国"自主协同攻击弹药项目,实现多目标饱和打击需求的自主任务规划。

我国也高度重视无人机集群自主作战领域的发展,早在 2017 年 7 月发布的《新一代人工智能发展规划》中便多次提及群体智能等相关概念;2018 年 1 月,国防科技大学智能科学学院无人机作战系统创新团队针对无人机集群自主协同展开试验飞行,旨在验证小规模集群空中无中心自组织决策规划技术;同年 5 月,北京航空航天大学结合生物群体智能深入研究了无人机集群编队、目标分配、目标跟踪、集群围捕等任务的关键技术并完成无人机集群协同任务分配的飞行验证;2020年 1 月,由中国科学院发布的《2019 年人工智能发展白皮书》中将"群体智能技术"列为 8 大人工智能关键技术之一;党的二十大报告中提出,要加快武器装备现代化,打造强大战略威慑力量体系,增加新域新质作战力量比重,加快无人智能作战力量发展,统筹网络信息体系建设运用。这标志着无人机集群智能自主决策与规划技术已经成为国家战略的需要和国际研究的热点,无人集群自主决策与在线规划技术是无人机集群群体智能的核心技术,是实现群体智能的关键性技术支撑。

　　飞行器集群协同航迹规划作为未来集群智能系统的关键技术,能够实现单平台任务规划、多平台任务协同。在满足飞行器飞行性能、载荷能力、三维地形、任务约束、空间安全等复杂约束条件下,为每架飞行器生成一系列可执行的任务航迹,引导集群内飞行器有序、高效地完成协同侦察、打击、突防、评估、中继盘旋等特定任务。按照系统科学的观点,集群系统协同关系复杂、约束条件多、状态空间维数高、求解难度大,因此有必要在动态不确定环境和缺少先验知识的情况下,对现有的航迹规划方法进行工程化改进,快速实现任务的在线航迹规划,并设计半实物仿真系统对航迹规划算法进行合理验证,提升作战效能,达成任务目标。

1.2　飞行器集群协同航迹规划技术研究应用现状

1.2.1　背景与需求

　　随着军事智能化程度的提高,无人驾驶飞行器(unmanned aerial vehicle, UAV)已经在各种任务中得到了广泛应用,包括集群侦察、盘旋和打击等,这些任务通常涉及多种任务组合和约束,因此能够保障任务完成快速性和鲁棒性的飞行器集群系统应运而生[1,2]。多机协同航迹规划直接关系到任务能否顺利完成,是实现飞行器集群自主安全飞行的关键技术之一,在复杂空域环境下,飞行器常面临着各类威胁和障碍,尤其是协调多机的精确时间和顺序到达,使得多机航迹规划求解十分困难,因此实时航迹的可靠生成能够有效提高飞行器的生存概率和任务效率[3,4]。

　　航迹是飞行器执行任务的基础,动态航迹规划的目的是基于飞行器燃料、飞行性能及地理环境等条件,考虑到集群飞行的安全距离、队形保持及协同任务等多种约束条件,规划出一条满足约束的最优或相对最优的飞行航迹,尽可能地发挥飞行器集群协同作战优势,完成预期作战任务。因此,面对不同的任务应用需求,应建立不同的航迹规划模型和效能指标模型。例如,集群侦察任务航迹规划要求最快地覆盖不规则的任务区域,该过程主要考虑区域覆盖率、覆盖重叠率、侦察方向、航迹总长、航迹转折点数目、转弯半径、航迹高程规划等关键因素,使集群航迹最优[5,6]。

1.2.2 研究与应用现状

航迹规划的作用在于为飞行器集群待执行任务生成可靠航迹,其本质上是连续空间的路径寻优问题。从航迹规划的发展历程看,已有的典型规划方法可以分为几何航迹规划方法、基于路标图形的航迹规划方法、基于栅格的航迹规划方法和最优控制方法等,具体如图 1-1 所示。

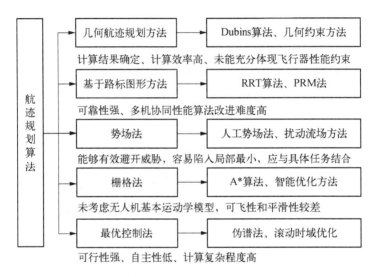

图 1-1 典型航迹规划方法

从系统结构来看,飞行器集群航迹规划可分为集中式结构和分布式结构,在集中式规划结构中,系统由某一中心节点收集所有飞行器信息、任务信息和环境信息等进行集中管理和解算。该中心节点可以是某一飞行器,或是地面控制基站,并将解算结果通过数据链路以控制指令或航迹点通信协议的方式发送给各无人飞行器,控制集群完成任务。集中式结构在全局信息辅助下更具宏观视角,其最终对飞行器个体的作战任务航迹规划效果不一定最优,但集群的整体作战行为产生的效果最优,具有群体智能性。该结构通过感受全局信息降低环境噪声带来的信息损失,对通信负载要求较高,若中心节点出现异常,则群体规划有可能陷入瘫痪,系统的容错性较差,同时对通信实时性的要求较高,适用于时效性要求较低的飞行器集群任务规划系统。分布式系统结构将集群系统根据任务组合分为若干个子系统,分别对应若干的局部控制器协同规划,集群内飞行器依靠自身观测信息和局部通信协商信息,结合战场态势的推断进行数据融合自主航迹规划,并将规划结果在子系统内部共享,以期涌现出协同结果,协调一致地完成任务。该结构对通信链路中单一节点的依赖性较低,将全局优化问题分解为多个局部优化问题,每架飞行器解决其局部优化问题,通过机间信息交换进行优化决策,计算量大大减少,系统自动化程度高、生命力强,设备的通用化和标准化程度高,但该结构缺乏全局态势信息,信息融合不完全,易产生不一致的规划结果。因此,在该模式下如何利用通信信息交互,达到一致的任务航迹规划效果是集群效能最大化的有效保证。

1. 几何航迹规划方法

飞行器导航控制系统大都采用航迹点跟随方案,因此航迹规划方法生成的航迹均由一系列航迹导航点组成,将其连在一起由飞行器导航控制系统持续跟踪即可生成平滑的飞行轨迹。最简单的飞行器航迹由直线段和常曲率圆弧段组成,将这些直线段和圆弧段连接起来即产生满足空间初始和终端位姿点的飞行器的最短航迹,称为 Dubins 路径。为实现多机终端时间一致的协同航迹规划,文献[7]基于 Dubins 曲线航迹提出一种空间协同约束下的多机打击快速航迹规划方法,通过对曲线半径参数的优化实现多机航迹同步,以某一飞行器参考航迹为基准,对其余飞行器的 Dubins 曲线半径进行求解,得到满足终端时间一致性要求的多机航迹。文献[8]将多飞行器协同 Dubins 航迹规划拓展至三维空间中,考虑了多飞行器之间的空间冲突、航迹长度的调整,使得该方法能够满足多架飞行器同时到达期望的多个目标点的需求。文献[9]针对移动目标,利用 Dubins 曲线设计了时间最优的航迹规划算法,并在此基础上进行改进使其可以满足给定时间约束。此外,可飞行的回旋路径(clothoid 路径)、毕达哥拉斯矢端曲线(Pythagorean hodograph, PH)均可按照飞行器约束和空点位姿点约束生成可靠航迹。尽管上述讨论的几何航迹规划方法可产生最优航迹且容易实现,但面临更加复杂的应用环境和任务约束时,需对其进行适应性改进,并与其他数值优化方法耦合优化求解,从而应对障碍物环境下多种任务航迹规划问题的求解。同时,为满足飞行器转弯半径约束和导航控制系统航迹点跟随方案约束,需将连续曲率曲线转换为满足约束的连续航迹点,以进一步解决航迹规划的工程化应用问题。

2. 基于路标图形方法

基于路标图形方法本质上是对规划空间进行采样,并对其进行压缩处理,结合目标点与规划空间的环境威胁等因素构建多类型图形,如概率路标图(probabilistic road map, PRM)[10]、可视图[11]和快速扩展随机树(rapidly-exploring random trees, RRT)[12]等。其中,RRT 算法通过对规划空间的随机采样实现航迹扩展,具有扩展速度快、搜索广度高,概率完备的特点,当搜索时间充分时一定能找到问题可行解,然而拓展过程中仍存在方向性差、计算重复等缺点,对此文献[13]通过引入智能采样和路径优化降低了路径成本并提高了收敛速度;文献[14]介绍了一种基于后退视界的 RRT 算法,使用有偏随机样本和节点去除方法,减少了计算时的算力负载;文献[15]通过重新定义搜索空间的方式将 RRT 算法扩展到三维航迹,改善了算法在三维空间内的搜索速度,同时在较复杂的三维环境下进行了验证。尽管基于路标图形方法能产生可行的飞行器集群航迹,但当面对复杂环境时,其计算复杂度大幅度提高,此外路标图形方法需作进一步改进研究,以满足飞行器运动的方向性约束和集群协同约束,生成工程化可飞的航迹。

3. 基于势场的航迹规划方法

基于势场的航迹规划方法,将规划目标点作为吸引场、将威胁作为斥力场,在规划空间内建立势能函数[16],飞行器根据势能函数的梯度和自身约束确定飞行航迹,不需要依赖复杂的搜索或优化算法。扰动流场动态系统(interfered fluid dynamical system,IFDS)算法是一种特殊的基于势场的经典自然启发式航迹规划方法,能够有效避开障碍物和突发威胁[17]。为满足飞行器运动学模型约束,文献[18]提出了基于模型的受约束 IFDS(model-based constrained-IFDS,MIFDS)算法进行可飞性修正,可处理多种类型的障碍物,航迹平滑、计算量小,能够满足飞行器三维航迹规划的要求。此外,为满足多飞行器协同航迹规划要求,文献[19]采用滚动时域控制策略和基于流场的航迹规划方法,研究了多机编队避障的航迹生成。虽然基于势场的航迹规划方法的计算过程较为简单,可以快速响应环境变化,但在实际应用中仍存在势场参数调整困难、易陷入局部最优等缺陷,对该类方法的工程化应用进一步提出挑战。通常需要根据具体任务和环境条件对基于势场的航迹规划方法进行适当的调整或与其他方法结合,以克服其缺点并发挥其优势。

4. 栅格法

栅格处理同样是对连续规划空间的离散化,由于现代数字地图都是通过栅格化处理得到的,同时能够根据飞行器的运动学模型和规划环境调整栅格步长,因此基于栅格的航迹规划方法发展迅速。其中,A* 算法[20]是在 Dijkstra 算法的基础上通过引入启发信息来提高航迹问题求解效率,具有一定的最优性和高效性,一直以来都是研究的热点。A* 算法将搜索空间表示为网络的形式,以网络的中心点或顶点作为航迹点,搜索邻域内代价函数值最小的航迹点,从起始点逐步搜索至目标点,最后逆向回溯当前节点的父节点完成航迹生成;文献[21]对 A* 算法进行改进,提出了一种稀疏 A* 算法并将其嵌入可修复系统提高了航迹规划的最优性,满足动态航迹规划的要求。同样,采用基于数值优化的方法也可解决基于栅格的航迹规划问题,该方法将飞行性能、地形、威胁等约束表示成不等式约束,以航迹最短、威胁最低等指标为目标函数,构建问题的约束优化模型。由于该模型具有维度高、非线性强、不连续等特点,基于梯度的经典非线性规划算法难以收敛到可行解,因此采用经典非线性规划算求解航迹规划问题的研究较少。而现代智能优化算法具有很强的全局探索能力,一般能够获得满意的航迹规划结果,典型算法包括遗传算法[22]、粒子群优化算法[23]和蚁群优化算法[24]等,文献[25]提出了一种基于空间细化投票机制的粒子群算法解决考虑飞行器集群时间协同和机间避障的4D协同航迹规划算法。虽然栅格法具备全局规划的能力，但当环境较大或栅格尺寸较小时，需要处理的栅格数量巨大，这可能导致计算资源的大量消耗。同时在动态变化的环境中，栅格地图需要频繁更新，这可能导致算法效率降低。在工程实践中，基于栅格法的航迹规划往往需要与其他算法（如启发式搜索算法）结合使用，以优化路径规划的效率和精度。此外，在特定的应用场景下对栅格尺寸和更新策略进行调整，也是提高其实用性的重要方法。

5. 最优控制法

最优控制法的航迹规划方法将该问题看作非线性、带有状态约束和控制约束的控制问题，进而求解得到符合实际飞行要求的规划路径。最优控制法又可分为间接法和直接法，后者的应用更广泛，其利用数值化将最优控制问题转化为非线性规划问题，典型代表有伪谱法[26]、模型预测控制（model predictive control，MPC）方法[27]及滚动时域控制（receding horizon control，RHC）方法[28]，用于解决动态航迹规划问题。文献[29]考虑了威胁规避和机间避碰约束，建立了多飞行器协同轨迹规划的非凸最优控制模型，同时，基于运动方程线性化和约束凸化方法，将问题转换为凸优化问题，采用罚函数序列凸优化方法建立了求解多机协同轨迹规划问题的框架；文献[30]基于滚动序列凸优化框架，设计了一种针对大规模飞行器集群的分布式队形变换算法；文献[31]对文献[30]中的方法进行优化，利用滚动规划框架求解通信距离受限条件下的协同编队航迹规划问题。此类航迹规划方法通过控制策略以滚动的方式不断进行在线优化，随滚动窗口获得实时环境及任务信息，从而实现优化与反馈的结合，能够提供全局最优解。但将实际问题准确地建模为凸优化问题可能非常复杂，同时在动态变化的环境中，凸优化模型可能需要频繁地重新计算，导致计算资源消耗较大，现有机载设备难以满足计算能力等问题。因此，在实际工程应用中，基于最优控制法的航迹规划方法需要与其他方法结合，例如，利用启发式算法快速生成近似解，然后使用凸优化进行精细调整。此外，针对特定的应用场景优化模型和计算策略也是提高其实用性的重要途径。

6. 协同航迹规划方法

协同动态航迹规划是在航迹规划的基础上，考虑任务的时空协同约束，以整体最优为目标，规划满足多种约束的飞行器协同航迹。针对协同空间约束，在节点拓展、优化建模和定制势函数的过程中，分别实现威胁规避和航向调整，以满足任务要求[32]。针对协同时间约束，主要实现方法包括速度调节[33]和航程调节[34]两类。其中，速度调节法是在可调节范围内不断调节飞行速度，满足集群的任务协同时间要求。航程调节法是在飞行速度及变化规律已知的条件下，直接通过调整航迹长度来满足任务时间协同约束，航程调节法可分为附加机动法、指定航程规划法及航程耦合协同规划法三种。附加机动法是指在飞行器航迹规划过程中加入其他的机动动作,文献[35]和[36]研究了一种盘旋等待策略和绕飞航迹策略,以实现集群间的航程协同;指定航程规划方法是指根据集群参考航迹计算集群内个体的期望航程,并将期望航程作为航迹规划过程中的约束条件;航程耦合协同规划是指将航程约束条件作为不等式或等式约束直接加入算法优化模型,建立复杂非线性问题优化求解模型,一般采用聚类或者多种群协同进化策略对智能优化算法进行改进,从而利用约束优化方法求解获得时间协同航迹。

1.3 智能规划器硬件研究应用现状

1.3.1 背景与需求

在高动态任务环境下,集群具备更频繁的信息交互性和实时性,传统的离线规划和中心指挥模式已经无法满足快速决策和复杂环境的需求,要求飞行器集群必须具备在线航迹规划解算的能力,实现飞行器集群的自主规划。为实现与飞行器现有硬件设备的解耦开发,应设计一个内置规划算法的机载规划器,将多种硬件功能集成到一个单一平台上,有助于更好地满足不同任务需求,减少硬件功能的重复,增加续航时间,以支持在线自主决策和智能规划,使飞行器具备快速应对任务执行中的突发事件的能力[37,38]。

智能规划器独立于飞行器平台,内部集成的算法可根据不同应用需求进行替换,可以挂载于飞行器而无需大规模改装,具有较强的通用性,能够加速协同算法的验证,有助于赋能旧型号飞行器,减少资源浪费,符合集群协同的发展趋势。因此,基于以上需求,设计一款智能规划器具有重要意义。然而,由于集群面对的任务和环境具有高动态、强实时等特点,对硬件的性能、算力、功耗、稳定性等方面提出了较严格的要求。在设计过程中存在以下问题:硬件选型需要考虑处理器性能、内存和带宽数据需求等问题;实时计算方面,状态实时响应、事件调度和任务优先级等问题考验着内部算法并行设计与硬件加速策略的有效性;功耗管理需要平衡性能和功耗,整合低功耗通信模块以延长续航时间;可靠性方面,应设计适当的容错机制提高系统的稳定性,以确保在复杂环境下也能可靠运行;数据接口设计方面,多样化的硬件接口和通信能力是确保与不同飞行器和传感器兼容的关键因素之一。在设计智能规划器时,必须充分考虑这些问题,满足广泛的应用需求。

1.3.2 研究与应用现状

目前飞行器机载硬件设备功能较为专一,根据不同的功能需求进行专门设计,可分为飞行控制器、传感器、通信设备、信息处理系统、导航系统等。由于不同的功能具有不同的应用需求,硬件根据需求使用不同类型的处理器,常见的有高速数字信号处理器(high-speed digital signal processor, DSP)、现场可编程逻辑门阵列(field programmable gate array, FPGA)、先进精简指令集机器(advanced RISC machines, ARM)、图形处理器(graphics processing unit, GPU)等。

　　DSP专注于数字信号处理任务,具有高性能的定点运算能力,适用于需要高度优化的算法和实时信号处理任务。它通常具有多个并行运算单元,能够在一个时钟周期内执行多个乘法和加法操作。DSP常用于雷达信号处理、通信系统、图像处理等领域,这些应用需要快速且高度精确的数字信号处理。如文献[39]中使用DSP对雷达数据进行快速解析处理;文献[40]使用DSP进行图像处理,获取高质量聚焦合成机载孔径雷达(synthetic aperture radar, SAR)图像;文献[41]提出了一种基于多片多核DSP并行的方式实现机载SAR距离徙动校正的方法,解决了机载SAR数据量大、运算复杂、实时性能要求高等问题;文献[42]以DSP为核心,设计捷联惯性导航系统的软硬件系统并搭建了捷联惯性导航平台;文献[43]结合非线性飞行控制需求和四旋翼飞行器的结构特点,设计了基于DSP运算平台的飞控计算机硬件系统;文献[44]搭建了一种结构简单、运行简单方便、适于资源有限的嵌入式DSP平台的航拍图像清晰化(去模糊和去雾)系统;文献[45]设计了基于双DSP架构的微小型飞行器飞行控制系统,选用两片DSP进行同步运算和控制,设计了一套自动飞行控制系统。

　　FPGA是可编程的硬件设备,允许用户根据需要自定义硬件逻辑电路。它的灵活性非常高,能够执行并行计算任务,并在需要时重新配置其硬件资源。FPGA常用于需要高度定制化和并行计算的应用,如图像处理、加速计算等。在飞行器中,FPGA可用于硬件加速、任务协同和数据处理等方面。文献[46]采用单片FPGA芯片作为核心器件,生成精简的最小系统,用以采集红外视频图像;文献[47]根据YOLOv2算法的运算结构设计了一种基于开放运算语言(open computing language, OpenCL)框架的FPGA加速器,实现目标检测算法在FPGA平台上的加速。针对飞行器在飞行状态下需要对外部环境进行识别和参数记录任务这一问题,文献[48]提出了基于FPGA的高速数据采集存储方案。

　　ARM处理器是一种通用处理器,具有广泛的应用领域。它在功耗效率和性能之间取得了良好的平衡,适用于通用计算任务和嵌入式控制。ARM处理器广泛应用于飞行控制、通信控制、导航和一般的嵌入式任务。它通常作为通用计算单元,执行任务规划、决策和通信功能。文献[49]以ARM嵌入式系统芯片作为主控制器,搭建了四旋翼飞行器的硬件飞行控制平台;文献[50]设计了基于ARM处理器的四旋翼飞行实验平台,实现飞行器多信息非线性融合导航的方法验证。

　　GPU是高性能并行处理器,最初设计用于图形渲染,但后来广泛用于通用计算任务,它具有大量的处理核心,适用于大规模数据并行计算。GPU在飞行器中常用于高性能计算、图像处理、目标识别和数据挖掘等任务。GPU 的并行计算能力使其在处理大规模数据时非常高效,同时也使其成为加速 AI 任务的有力工具。文献[51]通过对 GPU 图数据缓冲区进行优化,基于开放多重处理(open multi-processing, OpenMP)与英伟达集体通信库(NVIDIA collective communications library, NCCL)优化多核 GPU 协同计算,显著提升了图计算效率和可扩展性。文献[52]基于加速稳健特征(speeded up robust features, SURF)算法对图像进行了特征提取和特征分类,并实现 GPU 并行加速的图像处理;文献[53]通过基于 GPU 的并行蒙特卡洛(Monte-Carlo)随机前向采样技术,将多飞行器随机最优控制问题的求解转化为给定代价函数下对采样轨迹期望的求解,进而获得最优控制序列。

机载硬件还可以根据任务特点和性能需求,将多种类型架构的处理器联合使用。例如,文献[54]采用双 ARM Cortex M4+DSP 架构,设计并实现了一套飞行控制系统,为飞行器自主起降与编队飞行提供了引导、定位与通信功能;文献[55]采用 DSP+FPGA 的结合的硬件方式,实现了弹载计算机与弹上飞控部件之间复杂的并行数据处理及多种控制算法实时解算问题;文献[56]同样结合 DSP 与 FPGA 实现了飞行器的弹道规划问题;文献[57]基于 FPGA 和 DSP 开发了高速实时轨道巡检图像采集处理系统,满足高速实时图像采集需求,以及巡检图像采集控制和传输。文献[58]利用意法半导体 32 位微控制器(STMicroelectronics 32-bit microcontroller, STM32)丰富的片内外资源和 FPGA 快速的硬件处理速度,设计了一种基于 STM32 和 FPGA 的主从结构的船舶姿态测量系统。文献[59]利用 DSP 配合 FPGA 为硬件架构,以 DSP 为数据处理核心,通过 FPGA 对通用串行总线(universal serial bus, USB)、模拟数字转换器(analog to digital converter, ADC)和数模转换器(digital-to-analog converter, DAC)等外围设备进行控制,设计了一种体积小、功耗低的通用数字信号处理系统。

不同架构的处理器在性能和应用上各有千秋,但也有一些缺点。GPU 最初用于图形渲染,虽然后来扩展到通用并行计算,但其硬件结构仍然在某种程度上受到限制,不适合所有类型的计算任务。此外,GPU 通常较大,需要更多的物理空间,这对于紧凑型设备和嵌入式系统可能不太方便。GPU 通常具有高功耗,这在飞行器系统中会因续航有所局限。ARM 处理器通常具有较低的性能。这对于某些计算密集型应用来说可能会受到限制。与 DSP 和 GPU 相比,ARM 处理器通常没有专用的硬件加速器来处理特定类型的计算任务,这可能会导致性能下降。相对于一般的通用处理器,FPGA 的硬件成本较高,其设计和开发周期通常比较长。FPGA 主要用于特定场合,如数字信号处理、加速计算和硬件加速,而对于一般用途的应用,通用处理器可能更适合。与 GPU 一样,DSP 也是一种专用处理器,主要用于数字信号处理任务。它不如中央处理器(central processing unit, CPU)等通用处理器灵活,不能轻松地适应各种计算任务。

1.4 大规模集群验证技术研究应用现状

1.4.1 背景与需求

无人集群作战作为一种新兴的军事战术模式,在俄乌冲突中展现了通过发射大规模低成本无人集群实现一定战术目标的潜力。然而,由于缺乏指挥和控制这些大规模低成本无人飞行器集群的能力,许多时敏目标丢失,导致重要战术目标未能达成。因此,如何能够有效地指挥和控制大规模低成本网络化集群在复杂战场环境中自主、高效、协同地完成多种战术目标是各军事强国的迫切需求与国防安全的关键保障[60,61]。相较于传统作战模式,该作战模式需要满足高动态的战场环境、更多的作战单位、更频繁的信息交互、更高的实时性要求[62],同时大量的无人系统相互协作,执行各种作战任务,如侦察、打击、突防和压制等[63]。因此,传统人在回路指挥决策模式已经无法满足快速决策和适应复杂环境的需求,如何实现大规模集群验证技术是实现该作战模式的重点与难点,进而提高航迹规划技术整体作战应用效能。为实现对复杂战场环境的可靠性推演模拟,应从软件与硬件两个层次进行大规模集群验证技术设计,主要考虑以下几个关键问题。

在软件层面,系统应具备自主决策的能力。这意味着系统能够根据当前任务和环境条件,独立做出决策,并能够适应任务需求的变化。这就要求系统能够获取并分析大量的实时数据,包括敌方态势、友方位置、目标信息等,以便做出准确的决策。对于具体作战子任务需求,如航迹规划、任务分配等,系统应具备智能规划的能力,即在指定任务要求和资源约束的条件下,生成高效的任务执行方案,并且还需要考虑任务执行过程中可能出现的不确定性和故障,根据实时态势动态调整应对策略。此外,系统需要设计高效可靠的通信机制,实现低时延的数据传输和共享,并能够处理信息的冲突和不一致性。系统的设计应具备灵活性和可扩展性,以适应不断变化的作战需求和技术,支持新的任务和新的无人系统类型的接入。因此,系统设计应具备模块化结构,方便功能扩展和更新。此外,系统应具备训练与仿真功能,提供训练和仿真环境,用于方案验证与算法优化,内容包括虚拟战场、飞行仿真和数据交互接口。最后,系统应具备人机协同和良好的用户界面设计,以支持指挥官对蜂群作战任务的监控和指导。

除软件架构设计外,系统需要配备硬件,从而使其具备实物仿真能力。硬件主要包括蜂群节点控制器、通信数据链和飞行控制器三部分。蜂群节点控制器搭载自主决策与智能规划算法,支持复杂的决策和规划算法的运行,因此需要具备强大的计算能力,以及大规模数据处理与存储能力。通信数据链负责与指挥站通信和蜂群内的节点交互,因此需要高带宽和低延迟,面对复杂的战场环境和电磁干扰的影响时应保持稳定的信号传输,确保数据快速可靠地传输。飞行控制器负责飞行任务的执行,控制飞行姿态与导航,因此需要具备飞行姿态控制、有效的导航和定位能力,能够实时处理感知数据、飞行器状态信息和任务指令,并做出相应的决策和控制。

软件算法可以通过对硬件设备的有效控制和优化,充分发挥硬件的性能潜力,同时,硬件设备的实时感知和执行能力为软件算法提供了实时数据和可操作性,使系统快速响应战场变化和实现智能决策。因此,大规模集群验证技术应充分结合软硬件,通过软件算法和硬件设备的优化和协同,广泛应用于大规模蜂群离线与在线半实物仿真推演,为无人系统网络化蜂集群作战提供重要支撑验证平台。

1.4.2 研究与应用现状

在飞行器集群作战的相关研究领域,集群协同仿真技术发挥着关键作用。针对飞行器集群作战算法的验证,世界各国都进行相应的仿真或实物飞行验证。典型的验证方式有数学仿真、半实物仿真和集群飞行试验等。针对飞行器集群关键技术的仿真验证,国内外相关团队开展了大量的研究工作,下面分别介绍数字仿真、半实物仿真和飞行实验等国内外研究发展情况。

1. 数字仿真

在飞行器集群仿真过程中,数字仿真技术是较为普遍常用的方式,国内外开发出了多种数字仿真系统来验证飞行器集群控制技术。文献[64]通过虚拟模拟器集成地理信息系对无人飞行器飞行任务进行了模拟,该模拟器可实现飞行器参数数据设定并建立飞行器集群的可视化飞行;文献[65]基于 Matlab/Simulink 等仿真软件,设计出了飞行器集群编队交互式仿真平台,实现了飞行器集群三维仿真可视化与语音、手势虚拟现实(virtual reality, VR)人机交互等功能;文献[66]基于 xPC Target 搭建飞行器集群交互式虚拟仿真平台,实现了集群在线仿真验证、三维视景推演和基于脑机接口的人机交互等功能;文献[65]和[66]构建的飞行器集群虚拟仿真系统仅以人机交互和三维视景为主要功能特点,与集群半实物仿真验证和飞行验证相比缺乏真实性。文献[67]采用 Java 智能体开发框架(Java agent development framework, JADE)仿真环境,设计了飞行器集群智能化仿真系统,实现了复杂环境下的飞行器机间通信和仿真测试;文献[68]介绍了一种基于分布式架构设计的飞行器集群协同数字仿真系统,可实现多达上百架飞行器集群数字仿真验证。

2. 半实物仿真

半实物仿真也称为硬件在回路仿真过程,通过把仿真系统中原理简单或实现容易的部分以数字模型来模拟,而对于较为复杂或者难以实现的系统模块,则用实物硬件模块替换并引进仿真系统[69]。相比数字仿真技术,半实物仿真系统技术更加贴近飞行器集群实物飞行验证结果。国内外对于集群半实物仿真技术研究投入了大量工作：文献[70]给出了基于 PixHawk、Px4 并通过外围设备的旋翼飞行器与 Gazebo 仿真结合的仿真平台和测试方法；文献[71]通过 DSP 开发板、XBee 通信模块与个人计算机（personal computer，PC）端，构建出分布式架构的半实物仿真平台，实现了集群分布式拍卖算法的硬件移植和在线仿真验证功能；文献[72]以分布式自组网架构和实物四旋翼微型飞行器为基础，设计出全自主微型飞行器集群系统，侧重于小型化、实物化旋翼飞行器集群飞行验证；文献[73]基于机器人操作系统（robot operating system，ROS），通过模块化的软件结构设计，设计了一套模块化的集群飞行器协同编队软件系统，以及基于四旋翼的集群飞行器验证平台；文献[71]实现了大型固定翼飞行器集群半实物仿真验证，但仍存在周期长、平台搭建复杂及仿真成本高等缺点；文献[72]和[73]搭建的飞行器集群系统，以四旋翼飞行器集群飞行实验为侧重，集群算法验证周期长、实验成本高；文献[74]针对多机编队飞行实验验证需求，设计开发了多机编队半实物仿真系统，并完成了 8 机编队半实物仿真验证。

3. 飞行实验

近年来，国内外开展了大量的飞行器集群飞行验证，以美国为代表的诸多国家先后开展了飞行器集群飞行实验。美国海军实现了 30 架飞行器集群编队飞行实验，并进行了 100 多架微型飞行器集群飞行实验[75]；美国战略能力办公室开展了 103 架飞行器集群飞行验证[76]，主要验证飞行器集群在线自主决策和在线编队控制技术；印度也进行了 75 架飞行器集群作战飞行实验演示[77]。同时，我国也多次开展了飞行器集群飞行验证[78]，以中国电子科技集团有限公司（China Electronics Technology Group Corporation）为代表，先后分别进行了 67 架、119 架、200 架的固定翼飞行器集群飞行实验，验证了飞行器集群编队集结起飞、协同编队飞行等多项关键技术[79]；以我国空军部队为代表，已经多次主办开展"无人争锋"飞行器集群系列挑战赛[80,81]，通过飞行实验验证飞行器集群协同控制多项关键技术；国防科技大学针对飞行器集群自主协同展开了试验飞行验证，通过 20 架飞行器集群飞行实验，有效地验证了集群编队集结、协同侦察及集群系统分组分簇自适应分布式架构等多项集群协同控制技术[82]；北京航空航天大学针对飞行器集群编队协同、任务分配、航迹跟踪和协同围捕等控制问题，通过将生物群体智能引入飞行器集群系统，并基于狼群行为机制进行了飞行器协同任务分配的飞行验证[83]；Chung 等带领的科研队伍开展了单人控制 50 架固定翼飞行器飞行实验验证，有效验证了飞行器集群自主决策飞行和对人机控制权转移过程[84]。

集群飞行实验，是验证飞行器集群相关控制技术最直接、有效的方法，但开展飞行实验具有时间周期长、实验设备成本高的缺点。并且国内外对飞行器集群仿真系统的研究设计中，数字仿真系统和半实物仿真系统的功能单一，缺乏综合性与仿真实际应用性。因此,设计并构建一个分布式、实时性和综合可视化的飞行器集群虚实结合半实物仿真系统对固定翼飞行器集群协同在线控制及算法仿真验证具有重要意义。

1.5 本书内容和安排

随着人工智能、分布式协同与群体智能等理论与技术的不断发展与突破,作战模式将逐渐朝着网络化、智能化、集群化和自主化的方向发展,为抢占未来军事科技制高点,世界各主要军事强国竞相开展无人系统集群自主作战的理论探索和关键技术攻关。飞行器集群作为代表形式,依托不同的运载平台投放/发射,通过协同态势感知、目标自主识别、多源态势融合、智能自主决策、协同任务规划及自主效能评估,可高效完成协同突防、区域侦察、区域封控、协同探测、协同干扰、协同攻击、战场评估等作战任务,满足未来网络化战争的作战使命要求。飞行器集群任务环境弹性大、态势变化快、传感器信息不完全、通信结构不稳定,从目前的工程化应用技术水平及应用前景来看,在复杂不确定的任务环境下,如何根据任务方案进行高效的航迹规划,生成可靠的任务执行航迹对于增强集群优势、提升集群效能尤为重要。

本书重点阐述多类典型任务的飞行器集群航迹规划工程化方法:第 1 章为绪论;第 2 章建立飞行器集群协同航迹规划的数学模型;第 3 章给出协同航迹规划的工程化方法;针对打击任务、侦察任务和其他突防、中继、必经、评估等典型集群任务,分别在第 4 章、第 5 章和第 6 章建立详细的航迹规划工程模型,并结合第 3 章所述的工程化方法给出各任务的航迹规划优化求解方法,实现对工程化方法的可靠验证;第 7 章介绍通过智能规划器实现协同航迹规划方法的硬件集成;第 8 章搭建大规模集群协同航迹规划虚实结合半实物仿真系统并进行推演仿真。本书各章的具体内容如下。

第 1 章绪论,介绍本书背景与意义,简述飞行器集群协同航迹规划技术研究现状,分析各典型航迹规划技术的研究进展及其在工程化应用过程中的不足,介绍机载智能规划器和大规模集群验证技术的研究现状。

第 2 章飞行器集群协同航迹规划的数学模型,首先介绍飞行器协同侦察、协同打击、协同突防三类任务的典型航迹规划场景;然后给出集群航迹规划过程中的构成要素定义,将航迹规划看作一个多约束的泛函极值问题;最后搭建了面向工程应用的典型场景航迹规划模型,表示航迹优化求解的规划空间、约束条件和规划算法表示,从而建立三类典型任务航迹规划的目标函数和任务约束。

第 3 章协同航迹规划的工程化方法,从便于工程化实现的角度出发,首先给出相关概念及定义,建立航迹规划坐标系与地球、地理坐标系之间的坐标转换关系;其次考虑飞行器本身的性能、起始和终点位姿点等约束,为了实现航迹的快速规划,采用二维航迹规划和高度规划解耦研究的方式,提出了针对典型任务的Dubins、A*和RRT几种通用性算法的工程化改进方法;最后基于二维航迹规划结果,考虑到飞行器的最大爬升/俯冲角约束和最小飞行高度约束,在高度平面上基于数字高程地图数据采用改进后的沉降法来进行航迹点的高度规划,介绍算法思想和求解过程。

第4章面向打击任务的协同航迹规划方法,首先描述了打击任务协同航迹规划问题描述和相关定义,建立目标模型、环境模型和飞行器集群协同打击任务多动态旅行商问题模型;然后分别提出基于五段式和基于Dubins的协同打击航迹规划方法,当出现时间协调需求时,给出动态打击任务航迹规划方法,同时为使集群打击效能最大化,基于航迹规划算法得出的航迹长度进行打击任务方位角和飞行器与目标匹配序列优化方法;最后给出工程化算法流程并通过仿真验证算法的正确性。

第5章面向侦察任务的协同航迹规划方法,首先建立飞行器侦察载荷模型、侦察区域模型、地形高程模型及侦察任务模型;然后以多飞行器协同侦察总作业时间最短为优化目标,一方面,根据多飞行器和多个区域的位置关系进行侦察资源匹配调度和区域划分,优化多飞行器协同侦察方向角;另一方面,采用第2章的Dubins工程化方法生成避开实时威胁的多飞行器协同区域覆盖航迹,并基于改进动态规划算法优化侦察航迹配置,充分发挥飞行器集群的协同侦察性能;最后面向多次区域覆盖的侦察任务需求,给出其航迹规划工程化算法流程并通过仿真验证算法的正确性。

第6章其他典型任务的协同航迹规划方法,首先根据飞行器集群其他典型任务的应用特点,描述协同突防、中继盘旋、必经和评估任务的场景概念及定义;然后分别建立不同任务的航迹规划约束模型及效能优化模型,对第2章的典型工程化航迹规划方法进行适应性改进,提出不同任务的航迹规划工程化算法思想及求解流程,设计不同的任务算例进行仿真验证;最后提出任务驱动的航迹规划概念,将一个任务生成航迹的终端状态作为下一任务航迹规划的初始状态,逐步生成多机航迹,实现飞行器集群执行任务过程中的时空协同,充分发挥集群的协同任务性能。

第7章协同航迹规划方法的硬件实现——智能规划器,主要介绍基于DSP的规划器设计方案、搭载协同航迹规划方法的智能规划器的设计方案和应用案例。智能规划器的设计应与规划系统相协调,因此首先对任务规划系统的整体功能与结构进行分析,并根据其功能特点总结硬件需求。在此基础上提出规划器内部硬件模块和逻辑关系的设计,制定通用的数据存储、通信和任务调度逻辑方案。然后,给出包括单核、多核和主从式结构在内的多种 DSP 方案设计,并展示相关的应用案例。

第8章大规模集群协同航迹规划虚实结合半实物仿真技术及应用,主要介绍系统的搭建和仿真过程,首先给出虚实结合半实物仿真技术系统结构,介绍系统的组成部分,并对集群决策规划平台、半实物机载装置、虚拟半实物仿真子系统和多机地面监测及推演平台的核心功能进行分析说明;然后给出系统半实物仿真实验流程,包括初始化集群场景加载和预规划航迹点装订阶段、半实物机载装置起飞阶段、虚实结合联合同步在线仿真阶段、无人蜂群动态规划调整阶段、动态规划航迹返回阶段和仿真结束阶段等;最后通过系统实验流程给出应用案例,对本书提出的典型任务场景的航迹规划算法进行推演验证并给出相关结果。

第 $\mathscr{2}$ 章

飞行器集群协同航迹规划的数学模型

2.1 引言

在作战环境日益复杂、作战任务日益多样、作战范围日益扩大的趋势下,单架飞行器执行作战任务已难以满足需求。典型作战过程包括侦察、打击、毁伤评估等环节,每一环节都需要多架飞行器协同执行任务。为了达成一定战术目标,需要多机在战术规则内相互配合,以提高作战任务成功率,例如,多架飞行器同时到达目标可以扰乱敌防空系统,增加打击的突然性,以提高任务成功率。多机协同作战显示出了突出的优势:一方面,通过多机之间的资源、战术、情报等信息共享,可以完成复杂作战任务,扩展了执行任务能力;另一方面,多机协同执行任务可以扬长避短,提高完成任务的质量和效率。使用多架飞行器,充分利用协同战术,共同完成复杂作战任务,是未来飞行器作战使用的必然选择。

在针对飞行器展开的诸多研究内容中,飞行航迹的规划在整个系统中发挥着关键作用。航迹规划是指在考虑三维地形因素、敌防空系统威胁、各种禁飞区等因素下,为飞行器规划出满足其机动性能和各种作战任务需求的飞行航迹,以保证作战任务的圆满完成。与单飞行器航迹规划相比,多机协同航迹规划需要协调处理各飞行器航迹之间的相互关系,包括空间协调关系、时间协调关系和任务协调关系,使得多飞行器系统能够在相同的任务空域内有效执行任务并保证飞行安全。

本章首先介绍几种典型作战任务场景,阐述典型任务的特点和作战需求,为后续建立面向工程化的航迹规划模型提供基础;然后归纳总结航迹规划的通用模型,给出航迹规划模型的基本构成要素;最后结合工程实际建立典型任务场景的协同航迹规划模型。

2.2 典型任务场景描述

战场中典型的航迹规划任务场景有:协同侦察任务、协同打击任务、协同突防任务,下面首先构建这三种典型航迹规划场景,为后续飞行器航迹规划研究提供基础。

2.2.1　协同侦察任务

协同侦察任务是指飞行器集群利用机载传感器对任务区域进行侦察,通过机间或地空通信网络共享环境感知信息,最大限度地降低环境的信息熵、提高目标的探测概率,最终完成协同侦察任务。其在军事和民用领域应用广泛,如侦察监视、火灾检测、野外搜救和航空测绘等。

当接收到侦察区域、侦察时间等任务要求后,首先需要对区域进行规则化,将复杂地块的轮廓近似成规则的多边形并分区,便于后续规划。然后飞行器飞向各自任务区域,按照一定的扫描策略进行航迹规划。

典型的侦察任务场景如图 2-1 所示,飞行器在调整队形后持续对区域进行侦察封控。飞行器集群侦察封控航迹规划问题可描述如下:给定 n 架侦察飞行器 V_i, $i = 1, 2, \cdots, n$,每架飞行器携带同种探测传感器,因此传感器性能约束及物理模型一致,对某个给定区域 P 进行持续侦察封控,规划集群航迹使得侦察效率最高且满足重访周期约束 T_{limit}。首先根据飞行器传感器探测约束,设计封控航迹规划策略,然后根据策略规划封控航迹,最后评估航迹效能选择封控效率最高的航迹为最终区域封控航迹。

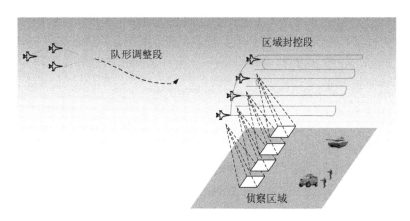

图 2-1　某典型协同侦察任务场景

在进行侦察任务的航迹规划时,针对侦察区域的形状,首先对其进行规则化,然后根据侦察效率选择最佳飞行器进入方向。根据机载传感器性能参数和飞行高度,以全局扫描效率为性能指标,对机载探测传感器扫描规律进行规划设计,得出最优扫描策略和最优扫描宽度,以此确定执行侦察任务的飞行器数目并进行航迹规划,以满足重访周期 T_{limit} 要求。

2.2.2 协同打击任务

协同打击任务是指在接收到目标位置信息、属性信息、时间要求、地形数据、战场态势信息后,由航迹规划算法规划出航迹点并装订,对目标实施打击。飞行器协同打击任务是战场上典型的作战任务,根据目标是否存在打击方位角约束,分为有向打击和全向打击。例如,目标水平面360°范围内无地形遮挡或其他障碍物,为全向饱和打击;目标为山脚下的目标,或是洞穴内的目标,则存在打击方位角度约束,为定向序贯打击。飞行器集群全向协同打击如图2-2所示,顺序定向协同打击如图2-3所示。

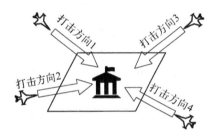
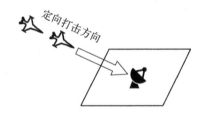

图 2-2 全向协同打击任务场景　　　　图 2-3 顺序定向协同打击任务场景

协同打击任务和协同侦察任务类似,都要考虑集群飞行时的避障避碰问题,但是协同打击任务较为准确严密,必须实现时间和空间上的多机、多任务协同,才能完成预定的打击任务,达到整体效能最优,实际中协同打击任务往往作为协同侦察任务的后续衔接任务。

2.2.3 协同突防任务

协同突防任务是飞行器集群选择最有利的航线,尽可能地突破敌方对空防御系统的拦截,提高飞行器生存能力,使得集群最大限度地保存有生力量以供后续任务的执行。为了降低被敌方雷达探测到的概率,飞行器需要尽可能降低飞行高度并减少暴露在雷达探测范围内的时间,同时还需要考虑静态障碍物的避障和机间避碰。

典型的协同突防任务如图2-4所示,飞行器集群在经过敌方防御区域之前调整队形,随后进行突防航迹规划,突防成功后调整队形执行后续任务。飞行器集群协同突防任务可描述如下:给定 n 架飞行器 U_i, $i = 1, 2, \cdots, n$, 对某个地形信息和威胁信息已知的给定区域 P 进行快速突防,规划集群航迹使得飞行器生存率最高。

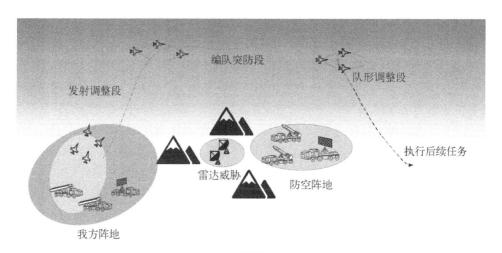

图 2-4　某典型协同突防任务场景

2.3　航迹规划通用数学模型

无论对于何种飞行器、何种任务场景,集群协同航迹规划问题均包含一些相同的基本要素:航迹表示、规划空间、约束条件、目标函数、规划算法、寻优变量。集群协同航迹规划问题可以表示为:某一个规划空间 Ω 内,为飞行器规划出一条航迹,在满足约束 g 的条件下,使得目标函数 W 最小,各构成元素之间的关系如图 2-5 所示,下面详细说明航迹规划的构成要素。

(1)航迹表示,即飞行器在三维空间中航迹的数学表述方式,一般有两种表示方法:基于运动学、动力学描述的连续平滑航迹和基于几何离散航迹点描述的折线航迹。

(2)规划空间:采用计算机进行航迹规划计算时将实际的物理空间抽象成算法能处理的抽象空间称为规划空间。常用的规划空间有栅格离散空间和图形(graph),规划空间必须包含所有任务区域。

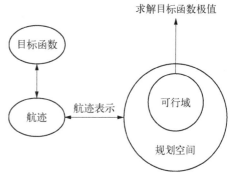

图 2-5　集群协同航迹规划问题的数学描述

(3)目标函数(又称性能指标函数、价值函数、性能泛函):航迹规划时需要优化的函数,如航迹总长度、飞行高度、威胁代价等,一般航迹规划问题为多目标优化问题,通过设置各个目标函数的权重将多目标优化问题转为单目标优化问题。

（4）约束条件：飞行器协同航迹规划是多约束优化问题，需要考虑大量约束，主要约束有飞行器性能约束、任务约束、环境约束和威胁约束。飞行器性能约束有最大/最小速度、最大航程、最大/最小飞行高度、最小转弯半径、最大爬升/俯冲角等；任务约束有时间/时序约束、终端角度约束、机间避碰约束等；环境约束主要考虑地形约束和复杂气象约束；威胁约束有敌方雷达发现概率、敌方导弹高炮击落概率等。

（5）寻优变量：目标函数的自变量，是航迹规划优化的目标，不同任务、不同优化的模型寻优变量各不相同。最常用的寻优变量为一整条航迹，直接将航迹作为优化对象。

根据前面的描述可以看出飞行器的航迹规划在数学上本质上是一个多约束的泛函极值问题，因此可以用以下公式描述：

$$\begin{cases} J_{\min} = \min_{p \in \Omega} \big[W(p, I, F) \big] \\ \text{s.t.} \quad g(p) \geqslant 0 \end{cases} \tag{2-1}$$

式中，W 为目标函数，如航程、区域覆盖率等；p 为航迹表示，即航迹的表达方式；I 为航迹规划的参数；F 为航迹规划的算法；Ω 为规划空间；g 为航迹规划的约束条件。

在建立航迹规划模型后便可以根据任务需求选取合适的算法对目标函数进行优化，如何选择合适的航迹规划算法是航迹规划问题的核心部分。

2.4　面向工程应用的典型场景航迹规划模型

上一节给出了协同航迹规划的通用数学模型，本节结合典型任务场景给出以工程应用为导向的具体航迹规划模型，详细说明工程应用中的航迹表示方法和规划空间选择，并建立飞行器性能模型、环境模型、威胁模型和不同任务场景的目标函数和任务约束模型。

2.4.1　航迹表示

航迹表示是建立航迹的描述方法，和规划空间的建立、航迹规划算法的选择密切相关。航迹规划可以使用两种形式描述：一种是基于飞行器运动学、动力学描述的连续平滑航迹，此种表示方法生成的航迹是由运动学、动力学微分方程积分得到的与时间相关的空间连续曲线；另一种是基于几何的离散航迹点集，相邻航迹点之间用直线段连接表示航迹。

由于基于运动学动力学描述的航迹在求解时往往和飞行器的控制层次耦合，所以一般将航迹规划问题描述为非线性最优控制问题，求解较为复杂，计算时间较长甚至无解。因此，在工程应用一般不使用此方法，而是使用离散航迹点集描述航迹。将航迹表示成离散航迹点有以下优点：

（1）航迹描述简单，直接表示航迹空间位置；

（2）和飞行器控制层次解耦，求解较为简单，计算量小；

（3）便于实现并行、分布式计算，有利于集群协同航迹规划。

用如下参数描述飞行器航迹结果：

$$P = \{P_1(x_1, y_1, z_1, t_1, l_1), P_2(x_2, y_2, z_2, t_2, l_2), \cdots, P_n(x_n, y_n, z_n, t_n, l_n)\}$$
$$(2-2)$$

式中，t_i 为预估到达时刻；l_i 为至第 i 个航迹点的航迹长度。假设飞行器平均飞行速度为 V，则 l_i 和 t_i 分别计算如下：

$$l_i = l_{i-1} + \sqrt{(x_i - x_{i-1})^2 + (y_i - y_{i-1})^2 + (z_i - z_{i-1})^2} \qquad (2-3)$$

$$t_i = t_{i-1} + \sqrt{(x_i - x_{i-1})^2 + (y_i - y_{i-1})^2 + (z_i - z_{i-1})^2}/V \qquad (2-4)$$

2.4.2　规划空间

规划空间包含了所有可能航迹，其目的是建立一个便于计算机进行航迹规划所使用的环境模型，将实际的三维空间抽象为可供计算机处理的求解域，所以规划空间的表示直接关系到求解效率和求解结果的优劣。一种好的规划空间表示法应满足以下要求：

（1）规划空间应能尽可能多地描述作战环境内的各种信息，以利用航迹搜索；

（2）规划空间的更新应该迅速，以便动态航迹规划时能够伴随战场环境实时更新，满足在线规划的需求。

常用的规划空间表示方法有栅格法和图形法。栅格法将规划空间分解成为一些简单的单元，并为每个单元分配一个代价值，对应于飞行器经过空间相应区域的代价；图形法首先根据一定规则将规划空间表示成一个带权值的图，然后采用图搜索算法在该图上求解。

由于三维地形使用数字高程模型（digital elevation model, DEM）描述，数字高程地图都是以栅格的形式存储每一点的高程，所以实际应用规划空间多以栅格的形式表示。栅格法将规划空间分解为一些离散的栅格，每个栅格均有自身坐标，用代价值衡量飞行器经过空间相关区域的代价，若区域不可行，则代价会无穷大，如障碍物、禁飞区等；若区域可行，则代价有限。这里的代价可以包括多种不同的因素如地形起伏、敌方威胁等。栅格数量越多，求解精度越高，运行时间也越长。以二维空间为例，设将某一作战区域分为 $M \times N$ 个栅格，所有栅格构成了一个大小为 $M \times N$ 的矩阵，并分配一个代价值，如图 2-6 所示。

采用栅格法表示规划空间可以方便地将三维连续空间离散以供计算机处理，

348 (1, 1)	63 (1, 2)	43 (1, 3)	47 (1, 4)	37 (1, 5)
289 (2, 1)	127 (2, 2)	114 (2, 3)	98 (2, 4)	33 (2, 5)
455 (3, 1)	356 (3, 2)	196 (3, 3)	77 (3, 4)	38 (3, 5)
294 (4, 1)	219 (4, 2)	115 (4, 3)	56 (4, 4)	1 (4, 5)
199 (5, 1)	56 (5, 2)	82 (5, 3)	20 (5, 4)	43 (5, 5)

图 2-6　栅格规划空间

但是栅格法还存在以下固有缺陷：

（1）当任务区域较大时，三维空间离散产生的栅格数量巨大，需要较大的存储空间；

（2）由于需要计算每一个栅格处的代价值，将三维空间离散成栅格需要大量时间。若战场环境发生变化，更新栅格将十分缓慢，难以应用于实时航迹规划。

为了方便地表示环境信息而又能较快地更新信息，可以对栅格法进行改进，采用不同的数据结构表示不同的环境信息。由于一个区域的地形在短时间内一般不发生变化，地形数据可以直接使用数字高程地图的二维栅格表示。而作战区域的其他环境信息，如敌方威胁、气象威胁、禁飞区等是时变的，需要快速修改、查询，所以可以将此类信息使用表格存储，发生变化时通过查表便可以修改，使用上述改进栅格法规划空间占用内存少、信息更新方便，有利于机载计算机的实时计算。

2.4.3　约束条件

飞行器飞行过程中面临飞行性能、作战任务、地形、威胁等各种各样的约束条件，它们共同组成约束集合，为了梳理飞行器协同航迹规划中的基本约束，按照层次化建模思想，对常见的约束进行如下分类，见图 2-7。

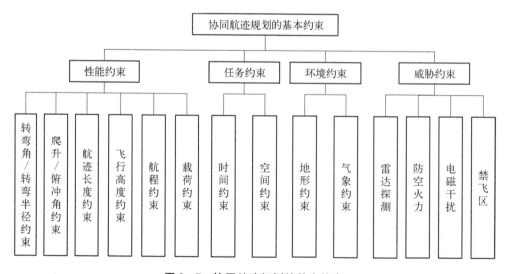

图 2-7　协同航迹规划的基本约束

1. 飞行器性能约束模型

1）飞行器运动学模型

假设所有飞行器均携带定位系统并可与其他飞行器共享实时状态,建立飞行器 U_j 的运动学模型如下:

$$
\begin{cases}
\dot{x}_j = V_j \cos \gamma_j \cos \chi_j \\
\dot{y}_j = V_j \cos \gamma_j \sin \chi_j \\
\dot{z}_j = V_j \sin \gamma_j \\
\dot{V}_j = (n_x - \sin \gamma_j) g \\
\dot{\gamma}_j = g(n_z - \cos \gamma_j)/V_j \\
\dot{\chi}_j = g n_y/(V_j \cos \gamma_j)
\end{cases}
\tag{2-5}
$$

式中,(x_j, y_j, z_j) 为飞行器 U_j 位置,令 $P_j = (x_j, y_j, z_j)$,对应的大地坐标系下的位置为 $\mathrm{Pos}_j = (\mathrm{lng}_j, \mathrm{lat}_j, h_j)$,固定某一坐标系位置 $\mathrm{Pos}_0 = (\mathrm{lng}_0, \mathrm{lat}_0, h_0)$ 为相对坐标系 $OXYZ$ 下的坐标原点,Pos_j 与 P_j 之间进行坐标转换;V_j 为 U_j 的飞行速度;γ_j 和 χ_j 分别为航迹倾角和航迹偏角;$g \approx 9.8\ \mathrm{m/s}^2$,为重力加速度;$n_x$、$n_y$ 和 n_z 分别为三轴过载。

2）最小转弯半径

飞行器在转弯过程中,受自身侧向平面最大可用过载 $n_{\max} = \sqrt{n_{x,\max}^2 + n_{y,\max}^2}$ 约束,航迹转弯半径 r_i 必须大于最小转弯半径 $r_{\min}$,$r_{\min}$ 计算如下:

$$
r_{\min} = \frac{V_i^2}{n_{\max} g}
\tag{2-6}
$$

3）最大转弯角

由于飞行器自身机动能力约束,过大的转弯角会使得飞行状态的不稳定,离散后的航迹只能在小于或者等于某个转弯角度 $\Delta \chi_{\max}$ 内进行规划,即 $\Delta \chi_i \leqslant \Delta \chi_{\max}$,$\Delta \chi_i$ 为第 i 个航迹点转弯角,计算如下:

$$
\Delta \chi_i = \langle \overrightarrow{P_{i-1} P_i}, \overrightarrow{P_i P_{i+1}} \rangle \in [-\Delta \chi_{\max}, \Delta \chi_{\max}]
\tag{2-7}
$$

4）最大爬升/俯冲角

在进行飞行器的三维航迹规划时,爬升/俯冲角不能过大,否则会导致失速,需要考虑飞行器最大爬升/俯冲角 $[\gamma_{\mathrm{pitch}}, \gamma_{\mathrm{climb}}]$ 的约束,影响 γ_{pitch} 和 γ_{climb} 的因素包括发动机能力、翼面性能、飞行高度和飞行速度等,P_i 航迹点的爬升/俯冲角 $\Delta \gamma_i$ 约束表示如下:

$$\Delta\gamma_i = \frac{|z_{i+1} - z_i|}{\sqrt{(x_{i+1} - x_i)^2 + (y_{i+1} - y_i)^2}} \in \left[\gamma_{\text{pitch}}, \gamma_{\text{climb}}\right] \qquad (2-8)$$

此时 U_i 航迹规划过程中的最小转弯半径为 r_i，γ_i 和 χ_i 分别为航迹倾角和航迹偏角。

5）最小航迹长度

为保证飞行器飞控装置对航迹点的稳定跟踪，离散后的航迹存在最小航迹长度约束 $l_{\min}$，$l_{\min}$ 由飞行器速度、高度、转弯半径和机动能力等共同决定，最小航迹长度与最大转弯角的几何关系如图 2-8 所示，即

$$l_i - l_{i-1} \geq l_{\min} \qquad (2-9)$$

$$l_{\min} = r_{\min}\tan(|\Delta\chi_{i-1}|/2) + r_{\min}\tan(|\Delta\chi_i|/2) + l_0 \qquad (2-10)$$

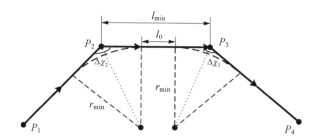

图 2-8　最小航迹长度与最大转弯角的几何关系

6）最大/小飞行高度约束

飞行器能够爬升的高度存在上限，另外飞行高度过低会增加飞行器碰地危险，为了提高飞行器集群的生存效率和任务效能，每段航迹点均存在一定的相对海拔约束 $[h_{\min}, h_{\max}]$，转换后的 $OXYZ$ 空间内也存在同样的高度约束 $[z_{\min}, z_{\max}]$。

7）航迹起始角/目标角约束

航迹规划过程中，无论是地面预规划或空中动态规划，飞行器均存在从特定的方位角 γ_{begin} 和 χ_{begin} 离开起始点，预规划时该角度对应飞行器的发射角，动态规划对应实时航向角，为保证飞行器飞行安全，飞行器规划的第一段航迹应严格沿着起始角方向。

同时，根据不同的任务目的，例如，打击任务要求飞行器以某个固定方位角打击目标，中继任务要求飞行器沿某个固定方位角 γ_{end} 和 χ_{end} 盘旋，根据该任务约束建立航迹规划过程的终端约束，该约束往往可以由工程经验或优化计算得出。

8）第一个航迹点约束条件

为了降低航迹规划过程中通信时延带来的影响，以及确保飞行器能够在巡航高度平稳飞行，第一个航迹点 P_1 与飞行器起始点 P_0 应满足如下距离关系：

$$|P_{i0}P_{i1}| \geq r_{\min}\tan(|\Delta\chi_1|/2) + l_0 \qquad (2-11)$$

式中，$\Delta \chi_1$ 为第一个航迹点转过的角度；l_0 为飞行器每次转向结束后为稳定航向所需的最短距离。

9）最大航程约束

受飞行器燃油总量限制，航迹规划存在最大飞行航程 L_{max}，即满足：

$$\sum_{i=1}^{n} l_i \le L_{max} \tag{2-12}$$

10）安全走廊

由于飞行器导航系统存在一定误差、地图高程数据存在测量误差、控制系统也存在一定误差，因此安全走廊边界由这些误差的最大值组成，边界所包含的区域称为安全走廊，如图 2-9 所示。

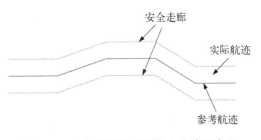

图 2-9　飞行器航迹规划安全走廊示意图

11）侦察载荷约束

飞行器集群协同侦察视场模型如图 2-10 所示，假设集群内所有 U_j 携带同构或异构的侦察载荷，当 U_j 巡飞侦察相对地面海拔为 h_j 时，对应的侦察前向距离为 l_{dis}，视场侦察宽度为 w_{scan}，为保证对区域的完整覆盖和某些任务要求载荷视场协同定位，要求并排侦察相邻的两架 U_j 和 U_k 的视场重叠宽度为 w_{ovl}。

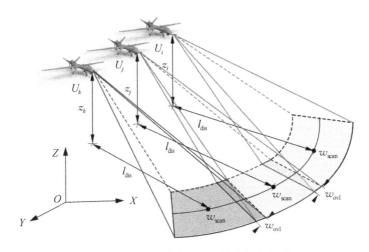

图 2-10　飞行器集群协同侦察视场模型

12）打击载荷约束

飞行器打击载荷约束如图 2-11 所示，在打击目标前主要包括四段距离约束，分别如下：打击俯冲段横向距离为 L_p；俯视平飞段距离为 L_m；调整攻击段距离为

L_a,即末制导约束距离;打击结束爬升段距离为 L_c。这四段距离由飞行器自身打击能力进行约束。

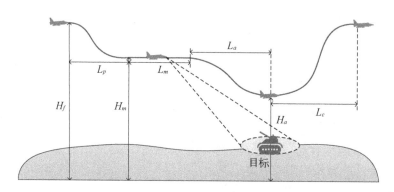

图 2-11　飞行器打击载荷约束模型

13)通信载荷约束

集群执行协同航迹规划计算时,若某架携带侦察载荷的飞行器发现目标触发协同动态打击任务航迹规划,需要将目标信息发送给其他飞行器。实际任务过程中,飞行器一直处于飞行状态,通信范围有限,考虑到飞行器的通信距离 r_n 和通信时延约束 Δt_d,信息交流只能发生在通信拓扑相互连通的飞行器之间,用矩阵 $A = [a_{ij}] \in \mathbb{R}^{n \times n}(i, j = 1, 2, \cdots, n)$ 表示飞行器之间的通信关系,其中 a_{ij} 表示飞行器

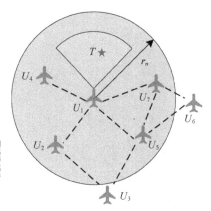

图 2-12　飞行器集群的通信邻域

U_i 和 U_j 之间是否进行通信,$a_{ij} = 1$ 表示通信连接,$a_{ij} = 0$ 则表示通信断开,$a_{ij} = a_{ji}$,信息可以在飞行器之间双向传递。对于任意一架飞行器 U_i,能与其通信连接的其他飞行器称为 U_i 的邻域飞行器,所有邻域飞行器组成的集合表示为 $Ls(U_i)$。如图 2-12 所示,共有七架飞行器,绿色区域表示飞行器 U_1 的通信范围,虚线表示飞行器之间的网络连接,U_1 的邻域飞行器为 $Ls(U_1) = \{U_2, U_4, U_5, U_7\}$,$U_1$ 发现目标 T_s,并将其信息发送至 $Ls(U_1)$ 内的飞行器,由于通信时延的作用,U_1 及其邻域之间的通信均经过 Δt_d 后才能相互传达。

2. 地形模型

在飞行器集群航迹规划过程中,为了提高飞行器集群的生存效率和任务效能,每段航迹点均存在一定的相对海拔约束 $[h_{\min}, h_{\max}]$,因此需要建立规划空间的数字高程模型(DEM),表示任务环境中的地形障碍,其是对地球表面地形地貌的一种离散的数学表达,DEM 文件存储了根据地面测量、航空摄影或航天遥感获取到的地面各点相对海平面的海拔。

本节采用规则网格形式的 DEM 数据,根据《地球空间数据交换格式》(GB/T 17798—2007)的国家标准,网格 DEM 数据交换格式(数据文件)采用规则排列的正方形网格来表示地形表面,且网格尺寸相同,因此能够与栅格化战场空间直接对应。目前,我国 DEM 的 90 m×90 m 精度数据[航天飞机雷达地形测绘任务(Shuttle Radar Topography Mission, SRTM)90 m]和 30 m×30 m 精度数据已经可以公开获取,其中 SRTM 90 m 为免费资源,可以由中国科学院资源环境科学与数据中心直接下载。在精度要求不是特别高的应用场景,可以在 SRTM 90 m 的基础上进行拟合、插值和重新取值,从而获得其他栅格尺寸的 DEM 数据。在此 DEM 数据文件的基础上,给定由某一固定左下角 $(\lng_{ld}, \lat_{ld}, \alt_{ld})$ 和右上角 $(\lng_{ru}, \lat_{ru}, \alt_{ru})$ 组成的规划空间 D,以 1×10^{-6} 为步长对该任务范围内的所有地形节点进行插值处理,生成 $\lfloor(\lng_{ru} - \lng_{ld})/10^{-6}\rfloor \times \lfloor(\lat_{ru} - \lat_{ld})/10^{-6}\rfloor$ 维组成的高程数据矩阵上的三维向量有限序列矩阵 M_{llh} 和 M_{xyz},用函数的形式描述为

$$M_{llh} = [M_{ij}] = [(\lng_{ij}, \lat_{ij}, \alt_{ij})] \tag{2-13}$$

$$M_{xyz} = [M_{ij}] = [(x_{ij}, y_{ij}, z_{ij})] \tag{2-14}$$

式中,$(\lng_{ij}, \lat_{ij})$ 为地形平面的经纬度坐标;$\alt_{ij}$ 为该点对应的海拔;(x_{ij}, y_{ij}, z_{ij}) 为 $(\lng_{ij}, \lat_{ij}, \alt_{ij})$ 对应的相对坐标系下的坐标。以北纬 37°~北纬 44°和西经 95°~西经 110°作为航迹规划空间,战场环境地面地形如图 2-13 所示。

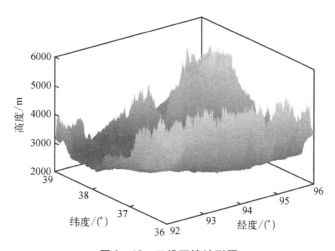

图 2-13　三维环境地形图

可以看出,数字高程数据采样点均为离散点,为了获得战场环境内各实体及航迹点坐标 (x, y) 对应的坐标高度 z 和 alt,采用双线性插值的方式,计算公式为

$$z = \frac{(x_2 - x_j)(y_2 - y_i)}{(x_2 - x_1)(y_2 - y_1)}z_{11} + \frac{(x_2 - x_j)(y_i - y_1)}{(x_2 - x_1)(y_2 - y_1)}z_{12}$$
$$+ \frac{(x_j - x_1)(y_2 - y_i)}{(x_2 - x_1)(y_2 - y_1)}z_{21} + \frac{(x_j - x_1)(y_i - y_1)}{(x_2 - x_1)(y_2 - y_1)}z_{22}$$

$$(2-15)$$

式中，(x_1, y_1)、(x_1, y_2)、(x_2, y_1)、(x_2, y_2) 为该离散点最近的网格顶点；z_{11}、z_{12}、z_{21}、z_{22} 分别为四个顶点的高度值。

3. 威胁模型

为了精细地描述战场威胁，本书将所有不能进入的障碍物和限制区域，如地形、山体和禁飞区等称为硬威胁 T_h；将与飞行器无碰撞风险但需要远离的威胁，如防空火炮、地空导弹等威胁称为软威胁 T_s；将敌方飞行器和己方飞行器等定位为动态威胁 T_d。

通过凸多面体来描述战场威胁，所有威胁皆有对应的形状和大小，如将山地等地形建模为三维锥体，战场动态威胁定义为具有速度的球体等。第 k 个威胁中心位置为 $O_{T,k} = [x_{T,k}, y_{T,k}, z_{T,k}]^T$，形状矩阵为 S_k，若 S_k 的非对角线元素不为 0，则威胁中心轴与惯性系 OZ 轴间存在非零角度，当 $S_k = \text{diag}(a^{2p}, b^{2q}, c^{2r})$ 为对角矩阵时，威胁纵轴垂直于惯性系 OXY 平面，其中 a、b、c 和 p、q、r 分别决定威胁覆盖范围及形状，例如，当 $a = b = c$，$p = q = r = 1$ 时，威胁为圆球；当 $a = b$，$p = q = 1$，$r > 1$ 时，威胁为圆柱。第 k 个硬威胁或动态威胁对第 j 架飞行器 U_j 定义如下碰撞函数：

$$F_k(p_j) = 1 - (p_j - O_{T,k})^T S_k (p_j - O_{T,k}) \qquad (2-16)$$

式中，$p_j = [x_j, y_j, z_j]^T$ 为 U_j 的当前位置；$F_k(p_j) > 1$，$F_k(p_j) = 1$ 和 $F_k(p_j) < 1$ 分别表示 U_j 位于威胁 k 外部、边缘和内部。定义软威胁对 p_j 的碰撞函数如下：

$$F_k(p_j) = \exp[-0.5(p_j - O_{T,k})^T S_k^{-1}(p_j - O_{T,k})] \qquad (2-17)$$

式中，$F_k(p_j)$ 表示飞行器 U_j 被软威胁 k 摧毁的概率。

2.4.4　规划算法

规划算法的好坏直接关系到航迹规划效率与结果的优劣，在一般情况下，规划效率与结果的优劣是一个矛盾体，不可兼得。因此，在性能指标确定的情况下，需要选择合适的规划算法。

用于理论研究的航迹规划算法，为了追求航迹的全局最优性，往往使用智能搜索算法直接在三维空间中寻优，虽然航迹较优但是计算时间较长，往往需要数百秒才能得到结果，并且对计算机性能要求较高，难以工程应用。为了简化算法，实际工程中往往采用安全曲面设计、先水平方向规划再高度规划等方式进行降维,将三维航迹规划简化为二维航迹规划进行求解,或者通过对地图进行预处理,利用先验信息加快航迹规划,本书后面章节会详细介绍具体规划算法。

2.4.5　典型任务场景的目标函数和任务约束

1. 协同侦察任务

在最短时间内,以最经济有效的方式实现对指定任务区域进行持续覆盖,是协同侦察任务的重要方面。此时,飞行器的主要作用是对重要区域进行连续不间断的侦察或探测,以达到收集情报和对敌威慑的目的。根据飞行器在侦察时是否依赖某种行为,任务的执行策略可以分为行为式侦察策略和非行为式覆盖策略。前者对飞行器的行为进行了限制,如规定飞行器在区域内只能按"Z"形扫描或者按"回"字形扫描;后者则直接优化飞行器的飞行路径,不对飞行器的行为进行限制。在实际工程中,由于"Z"形扫描具有规划简单、计算量小、覆盖效率高等优点,常应用于覆盖路径规划中,对于指定的区域,选择合适的飞行方向能减少转弯次数,从而达到节约能量、提高效率的目的,见图 2 - 14。

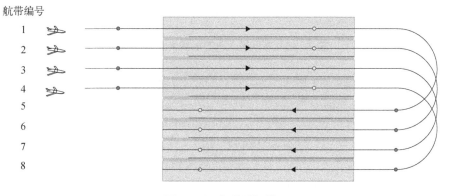

图 2 - 14　"Z"形扫描

1) 目标函数

侦察任务的航迹规划的基本指标有以下几点:① 飞行器的航迹要覆盖整片任务区域;② 飞行器扫描航带之间重复区域尽可能少;③ 飞行器飞行总距离和时间尽可能小;④ 飞行器的侦察效率尽可能高。

对于指标 1、2,在按照飞行器侦察能力对区域进行划分后使用"Z"形扫描可以很好地满足要求,若飞行器性能相同,则可以将区域划分为面积相等的几块;若性能不同,则需要根据能力强弱分配区域。

对于指标 3、4,飞行器按"Z"形扫描时,航迹总长度由航带直线段长度和不同航带切换时的转弯段长度决定,航迹总长度越短,飞行时间就越短。飞行器在

"Z"形扫描时需要不断转弯来切换航带,而转弯相比直飞不仅需要消耗更多能量,还会令传感器视场位于侦察区域外部,因此频繁的转弯会降低侦察效率,造成资源浪费,转弯段的总长度在航迹总长度的占比越小,飞行器的侦察效率就越高。

对于同一凸多边形,不同侦察进入角 α 对应的航带数量不同,因此航迹的转弯段长度也不同。在凸多边形区域中,垂直于多边形最小宽度的方向是转弯次数最少的方向,如图 2-15 所示,当航带垂直于矩形的窄边时,航带的直线段最长,航带数量最少,此时侦察航迹较优,所以侦察区域进入角 α 为侦察航迹规划的寻优变量之一。

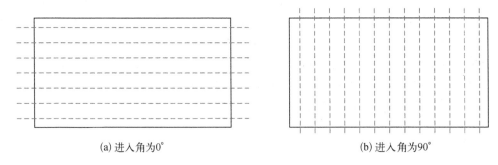

(a) 进入角为0°　　　　　　　　　　　　(b) 进入角为90°

图 2-15　不同进入角下的航带划分示意图

当侦察区域进入角 α 确定后,还需要确定飞行器在不同航带之间的转移顺序。由于飞行器有转弯半径约束,当相邻航带间距过短时,若要将飞行器直接转移到相邻航带,需要作额外的机动,从而导致侦察效率的降低,所以需要优化飞行器航带的转移顺序。如图 2-16 所示,航带转移顺序 1 采用相邻转移顺序,转弯段航线较长,航带转移顺序 2 采用间隔转移顺序,转弯段航线较短,所以航带转移顺序 R 是侦察航迹规划的另一寻优变量。

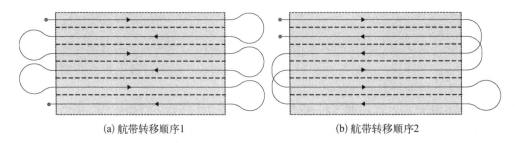

(a) 航带转移顺序1　　　　　　　　　　(b) 航带转移顺序2

图 2-16　不同航带转移顺序的转弯段示意图

根据以上分析,协同侦察任务航迹规划可以设置寻优变量为

$$X = \{\alpha_1, \alpha_2, \cdots, \alpha_n, R_1, R_2, \cdots, R_n\} \qquad (2-18)$$

式中，α_i 是第 i 架飞行器的侦察区域进入角；R_i 是第 i 架飞行器的航带转移顺序；n 为飞行器总数。

目标函数为

$$\min F(X) = \sum_{k=1}^{n} \left[D_L(\alpha_k) + R_L(\alpha_k, R_k) \right] \qquad (2-19)$$

式中，$D_L(\alpha_k)$ 为第 k 架飞行器直飞段航线总长度，由侦察区域进入角 α_k 决定；$R_L(\alpha_k, R_k)$ 为第 k 架飞行器的转弯段航线总长度，由侦察区域进入角 α_k 和航带转移顺序 R_k 共同决定。

2）任务约束模型

（1）重访周期约束。对于需要持续监视、压制敌方的侦察任务，还需考虑重访周期约束，即完成一次侦察后飞行器还需要对区域继续侦察，区域内任一点均被侦察多次（不考虑侦察视场重叠的部分），侦察次数根据任务要求确定。为了保证侦察信息能够及时更新，任务需要重访周期约束，重访周期含义为：区域 Ω 中的任意点 p 处，相邻两次被扫描的时间间隔 Δt_p 需满足的条件为

$$\Delta t_p \leqslant t_{\text{limit}}, \quad \forall p \in \Omega \qquad (2-20)$$

式中，t_{limit} 表示重访周期时间约束。

（2）航带重叠率约束。为了保证区域能够完全覆盖，航带之间需要重叠一定宽度以避免遗漏部分区域，而过高的航带重叠率又会增加航迹长度，降低侦察效率，所以航带重叠率应当满足一定约束，令航带重叠率在给定范围内：

$$d_{\text{overlap min}} \leqslant d_{\text{overlap}} \leqslant d_{\text{overlap max}} \qquad (2-21)$$

式中，d_{overlap} 表示航带重叠率；$d_{\text{overlap min}}$ 和 $d_{\text{overlap max}}$ 分别表示最小和最大航带重叠率约束。

2. 协同突防任务

突防航迹规划追求在短时间尽可能地避开敌方威胁区域，快速通过突防区域，因此航迹长度短、暴露于威胁区域时间短是航迹规划中最重要的两个指标。为了降低被敌方雷达发现的概率，常常使用超低空快速突防策略，因此对地形的避障是突防航迹规划的基础，可见突防航迹规划属于三维航迹规划问题。为了在突防过后便于形成队形执行后续任务，各飞行器的航迹长度不能相差过大，航迹规划时需要考虑协同能力。

1）目标函数

协同突防任务的航迹规划的基本指标有以下几点：① 飞行器的航迹长度要尽可能短；② 飞行器经过威胁区的时间尽可能短；③ 飞行器高度、方位角变化尽可能

小;④ 各飞行器航迹长度尽可能相差小。

为了优化以上指标,协同突防航迹规划直接以整条航迹为寻优变量,目标函数综合考虑航迹长度代价、威胁代价、能量代价、协同能力代价:

$$\min F(\text{path}) = \omega_1 \text{Cost}_L + \omega_2 \text{Cost}_T + \omega_3 \text{Cost}_E + \omega_4 \text{Cost}_C \qquad (2-22)$$

(1) 航迹长度代价。航迹长度代价用于衡量所有飞行器的总航迹长度,长度越短,则航迹越优:

$$\text{Cost}_L = \sum_{i=1}^{n} L_i \qquad (2-23)$$

式中,L_i 为第 i 架飞行器的航迹长度。

(2) 威胁代价。威胁代价用于衡量敌方对己方飞行器的威胁程度,威胁越小,航迹越优:

$$\text{Cost}_T = \sum_{i=1}^{n} \sum_{j=1}^{m-1} F(p_{ij}, p_{ij+1}) \qquad (2-24)$$

式中,$F(p_{ij}, p_{ij+1})$ 是第 i 架飞行器航迹段 (p_{ij}, p_{ij+1}) 的威胁代价值。

(3) 能量代价。飞行器航迹规划时不能一味追求航迹长度,若飞行器频繁变换航向角和俯仰角,则需要更多的额外能量,因此设置能量代价衡量飞行器飞过给定航迹额外所需的能量,能量越小,航迹越优:

$$\text{Cost}_E = \sum_{i=1}^{n} \sum_{j=1}^{m-1} E(p_{ij}, p_{ij+1}) \qquad (2-25)$$

式中,$E(p_{ij}, p_{ij+1})$ 是第 i 架飞行器航迹段 (p_{ij}, p_{ij+1}) 的额外能量消耗,可以用航向角和俯仰角的变化量计算。

(4) 协同代价。协同代价用于衡量航迹对飞行器集群协同能力的影响,使用航迹长度差计算,协同代价越低,航迹越优:

$$\text{Cost}_C = \sum_{i=1}^{n} |L_i - \bar{L}| \qquad (2-26)$$

式中,$\bar{L}$ 是所有飞行器航迹长度的平均值。

2) 任务约束

(1) 空间约束。飞行器在三维航迹规划时必须要考虑机间避碰问题,各飞行器执行任务过程中需要保持一定的安全距离,用 D_{safe} 表示。该约束可描述为,在任意时刻,都需要两架飞行器之间的距离大于 D_{safe},用数学语句可以表示为

$$\forall t, \; d_{ij} \geqslant D_{\text{safe}}, \quad i, j = 1, 2, \cdots, n \qquad (2-27)$$

式中, d_{ij} 为飞行器 i 和飞行器 j 之间的距离。

为了降低被敌方防御机制探测到的概率,飞行器相对地面的飞行高度不能过高;相对地形,飞行器需要尽可能在低高度飞行,但为防止飞行器与地形的碰撞,当飞行器飞行过低,存在一定撞地概率,因此飞行器飞行高度不能过低,高度约束为

$$H_{\min} \leqslant H \leqslant H_{\max} \qquad (2-28)$$

式中, $H_{\min}$ 为最小相对地面高度; $H_{\max}$ 为最大相对地面高度。

(2) 时间约束。为了保证后续任务的顺利执行,各飞行器穿越突防区域的时间不能相差过大,否则后续任务难以形成编队队形,难以体现出多机协同的优越性,即

$$\max(T_i - T_j) \leqslant \Delta T_{\max}, \quad i, j = 1, 2, \cdots, n \qquad (2-29)$$

式中, T_i 为飞行器 i 穿越突防区域所需的时间。

3. 协同打击任务

协同打击是飞行器集群相比单飞行器作战的一个重要优势。飞行器对目标进行协同打击可以大大提高任务成功率,根据任务需求,可以分为饱和打击和多次打击。饱和打击要求飞行器集群同时从多个方向对目标进行攻击,有较强的时间协同要求和终端角度要求;多次打击要求飞行器集群按照一定时间间隔分批次对目标进行多轮打击。为了提升打击效率,打击航迹规划的航迹应尽可能短,减少敌方的反应时间,同时航迹应当便于调整长度,使得集群能够较为容易地实现时间协同。对于一些机动目标还应当考虑时间窗约束,飞行器只有在规定时间窗范围内发起攻击,否则有可能错过目标出现的时间造成目标失败。

1) 目标函数

协同打击航迹规划的基本指标有以下几点:① 飞行器航迹长度尽可能短;② 各飞行器航迹之差尽可能满足时间协同要求。

协同打击航迹规划的优化指标较少,可以直接以整条航迹为寻优变量,目标函数考虑航迹长度代价和协同能力代价:

$$\min F(\text{path}) = \omega_1 \text{Cost}_L + \omega_2 \text{Cost}_C \qquad (2-30)$$

航迹长度代价和突防任务的代价函数相同,这里不再赘述。

协同打击任务十分注重飞行器之间的协同能力,对各飞行器的到达目标的时间有着较为严格的要求,代价函数为

$$\text{Cost}_C = \sum_{i=1}^{n} | t_i - t_{T_i} | \qquad (2-31)$$

式中, t_i 为第 i 架飞行器到达目标 T_i 实际所需的时间; t_{T_i} 为任务要求第 i 架飞行器到达目标 T_i 所需的时间。

2）任务约束模型

（1）空间约束。飞行器之间的避碰约束、高度约束与协同突防任务的约束模型一致，这里不再赘述，此外协同打击任务还具有终端角度约束，即飞行器需要按照给定打击角度从目标不同方向发起打击：

$$|\beta_i - \beta_{T_i}| \leqslant \Delta\beta, \quad i = 1, 2, \cdots, n \qquad (2-32)$$

式中，β_i 为第 i 架飞行器到达目标 T_i 实际的方向角；β_{T_i} 为任务要求第 i 架飞行器到达目标 T_i 所需的方向角；$\Delta\beta$ 为最大方向角误差，应当取一较小值。

（2）时间约束。若飞行器集群需要执行饱和打击任务，各飞行器应当尽量在同一时刻到达目标，此时时间约束为

$$\max(t_i - t_j) \leqslant \Delta t, \quad i, j = 1, 2, \cdots, n \qquad (2-33)$$

式中，t_i 为第 i 架飞行器到达目标实际所需的时间；Δt 为最大时间误差，应当取一较小值。

若飞行器集群需要执行多次打击任务，各批次飞行器到达同一目标的时间间隔应该尽可能相等，此时时间约束为

$$\max(t_i^{k+1} - t_j^k) \leqslant \Delta t, \quad i, j = 1, 2, \cdots, n; \ k = 1, 2, \cdots, m \qquad (2-34)$$

式中，m 为目标的最大打击轮次；t_i^{k+1} 为执行第 $k+1$ 轮打击任务中第 i 架飞行器到达目标所需的时间；t_j^k 为执行第 k 轮打击任务的第 j 架飞行器到达目标所需的时间；Δt 为最大时间误差，应当取一较小值。

多机协同作战任务中，不同飞行器抵达目标执行任务的时间往往存在一定的时间窗约束，时间窗约束由两方面决定：一方面，某些特殊目标仅在时间窗范围内才出现或者在时间窗范围内具有更佳的打击效果；另一方面，抵达目标的时间还受到与其存在时序约束的飞行器抵达目标时间的影响，例如，在多次打击任务中，受到前次打击的爆炸烟雾等因素的影响，后一批次的打击通常要求在前一批次打击完成后的特定时间段内完成。时间窗约束可以描述为

$$ET_i \leqslant t_i \leqslant LT_i \qquad (2-35)$$

式中，ET_i 和 LT_i 分别为第 i 架飞行器的时间窗下限和时间窗上限。

2.5   本章小结

作为后续各章工程化航迹规划方法的基础，本章主要针对典型任务场景、航迹规划通用数学模型和面向工程应用的典型场景航迹规划模型三个方面的问题进行

了讨论。

（1）分别介绍了协同侦察任务、协同突防任务和协同打击任务的工程应用背景,分析其任务需求和特点。

（2）对不同场景下的航迹规划问题进行总结,概括归纳了航迹规划的关键组成要素:航迹表示、规划空间、约束条件、规划算法和目标函数,并抽象为航迹规划的通用数学模型。

（3）将建立的通用航迹规划模型落实到具体的任务场景中,并考虑工程化因素,建立了面向工程应用的典型场景航迹规划模型。详细说明了具体场景中航迹规划模型各个组成要素,使用离散航迹点表示航迹,使用改进栅格法表示规划空间,详细列举了飞行器的性能约束、地形模型和威胁模型,最后对各个任务场景进行分析,结合任务需求建立了目标函数和任务约束。

第 *3* 章

协同航迹规划的工程化方法

3.1 引言

在无人系统集群发展过程中,航迹规划已经成为决定性发展问题,而在无人集群的工程化应用中,由于平台计算能力的不足,航迹规划算法需要在极短的时间内完成计算,并且飞行器有能力跟踪解算出航迹。这就意味着,航迹要满足飞行器速度、机动能力和载荷能力等约束,而且多机的航迹规划工程化方法还要求多机满足时间协同、空间协同及机间避碰的基本需求。因此,协同航迹规划的工程化方法必须是机载计算机能够实时解算且占据较少计算内存的有效方法,不要求求解结果具有全局最优性,而是更注重在高速变化的任务环境中,航迹重规划能满足实时性解算、误差较小和应用可靠等需求。

为了减小飞行器集群动态环境下执行任务的反应时间,提高航迹规划系统的信息处理及反应速度,本章从便于工程化实现的角度出发,考虑飞行器本身的性能、三维高程地形数据等约束,研究针对典型任务几种通用性算法的工程化方法。同时,为了实现航迹的快速规划,采用水平和高度平面解耦的方式对三维航迹规划方法进行研究,并介绍几类算法的工程化改进方案和求解过程。

3.2 相关概念及定义

集群航迹规划是指集群起飞前或飞行过程中,根据先验或实时态势信息、作战需求和飞行器飞行性能,对飞行器在自控段的飞行航迹进行设定,使得飞行器在起飞后按照规划的航迹飞行,当战场态势动态变化时,根据任务实时需求进行航迹调整和动态规划。首先对飞行器航迹规划的相关概念作如下定义。

定义 3.1 地球坐标系(earth coordinate system)$OX_eY_eZ_e$:原点是地球中心,OX_e 轴与 OY_e 轴在地球赤道平面内相互垂直,OZ_e 轴指向格林尼治子午线(本初子午线/0°经线），是地球的自转轴，与地球固连。

定义 3.2　地理坐标系（geographic coordinate system）$OX_gY_gZ_g$：由经度（lng）、纬度（lat）和高程数据（alt）直观地表示出规划空间中的实体（飞行器、目标等）的地理位置及航迹点坐标，OX_g 轴指向国际时间服务机构（Bureau International de l'Heure，BIH）1984.0 定义的零子午面（格林尼治）和协议地球极（conventional terrestrial pople，CTP）赤道的交点，OZ_g 轴指向 CTP 方向，OY_g 轴与 OX_g 轴、OZ_g 轴构成右手坐标系。

定义 3.3　东北天坐标系（east-north-up coordinate system）$OX_{enu}Y_{enu}Z_{enu}$：以规划空间内的某一固定位置 P 为坐标原点，OX_{enu} 轴指向东边，OY_{enu} 轴指向北边，OZ_{enu} 轴指向天顶，对应的飞行器的发射角等航迹规划相关输入角度定义为与 OY_{enu} 轴正向，即北向的夹角，北偏西为正，该坐标系为航迹规划的输入坐标系。

定义 3.4　相对坐标系（relative coordinate system）$OXYZ$：东北天坐标系绕 OZ_e 轴旋转一定角度 φ 形成相对坐标系。OX 轴正方向为角度 φ 方向，OZ 轴垂直向上，OY 轴与 OX 轴、OZ 轴构成右手坐标系，任务规划算法计算过程均在此坐标系中进行计算，同时在动态规划过程中又将该坐标系进行相应的平移旋转变化，以提升规划效率。

定义 3.5　坐标转换（coordinate transformation）：在航迹规划过程中，输入的坐标量均为地理坐标系下待转换点 P 的经纬度（lng_{TP}，lat_{TP}，alt_{TP}）、东北天坐标系的坐标原点经纬度（lng_{LP}，lat_{LP}，alt_{LP}），以及相对坐标系转换角度 $\varphi = \text{ang}_{NE}$，计算点 P 在相对坐标系下的坐标（x，y，z）的过程如下。

（1）将坐标原点的经纬信息、点 P 的经纬信息和相对系北向角转为弧度。

（2）计算点 P 和发射点的地球卵酉面曲率半径 r_{TP} 和 r_{LP}：

$$\begin{cases} r_{TP} = a/\text{sqrt}\left[1 - e^2\sin(\text{lat}_{TP})^2\right] \\ r_{LP} = a/\text{sqrt}\left[1 - e^2\sin(\text{lat}_{LP})^2\right] \end{cases} \tag{3-1}$$

式中，$a = 6\,371.8 \times 10^3$，为地球半长轴的长度；$e = 0.081\,819\,191\,042\,82$，为地球的偏心率。

（3）计算点 P 和坐标原点在地球坐标系中的坐标（x_{eTP}，y_{eTP}，z_{eTP}）和（x_{eLP}，y_{eLP}，z_{eLP}）：

$$\begin{cases} x_{eTP} = (r_{TP} + \text{alt}_{TP})\cos(\text{lat}_{TP})\cos(\text{lon}_{TP}) \\ y_{eTP} = (r_{TP} + \text{alt}_{TP})\cos(\text{lat}_{TP})\sin(\text{lon}_{TP}) \\ z_{eTP} = \left[r_{TP}(1 - e^2) + \text{alt}_{TP}\right]\sin(\text{lat}_{TP}) \end{cases} \tag{3-2}$$

$$\begin{cases} x_{eLP} = (r_{LP} + \text{alt}_{LP})\cos(\text{lat}_{LP})\cos(\text{lon}_{LP}) \\ y_{eLP} = (r_{LP} + \text{alt}_{LP})\cos(\text{lat}_{LP})\sin(\text{lon}_{LP}) \\ z_{eLP} = \left[r_{LP}(1 - e^2) + \text{alt}_{LP}\right]\sin(\text{lat}_{LP}) \end{cases} \tag{3-3}$$

（4）计算点 P 与坐标原点在地球坐标系中的位置偏差（$\mathrm{d}x$, $\mathrm{d}y$, $\mathrm{d}z$）：

$$\begin{cases} \mathrm{d}x = x_{eTP} - x_{eLP} \\ \mathrm{d}y = y_{eTP} - y_{eLP} \\ \mathrm{d}z = z_{eTP} - z_{eLP} \end{cases} \tag{3-4}$$

（5）计算点 P 在东北天坐标系下的坐标（x_{enu}, y_{enu}, z_{enu}），公式如下：

$$\begin{cases} x_{\mathrm{enu}} = -\mathrm{d}x\sin(\mathrm{lon}_{LP}) + \mathrm{d}y\cos(\mathrm{lon}_{LP}) \\ y_{\mathrm{enu}} = -\left[\mathrm{d}x\cos(\mathrm{lon}_{LP}) + \mathrm{d}y\sin(\mathrm{lon}_{LP})\right]\sin(\mathrm{lat}_{LP}) + \mathrm{d}z\cos(\mathrm{lat}_{LP}) \\ z_{\mathrm{enu}} = \left[\mathrm{d}x\cos(\mathrm{lon}_{LP}) + \mathrm{d}y\sin(\mathrm{lon}_{LP})\right]\cos(\mathrm{lat}_{LP}) + \mathrm{d}z\sin(\mathrm{lat}_{LP}) \end{cases} \tag{3-5}$$

（6）计算得到点 P 在相对坐标系下的坐标：

$$\begin{cases} x = x_{\mathrm{enu}}\cos(\mathrm{ang}_{NE}) + y_{\mathrm{enu}}\sin(\mathrm{ang}_{NE}) \\ y = -x_{\mathrm{enu}}\sin(\mathrm{ang}_{NE}) + y_{\mathrm{enu}}\cos(\mathrm{ang}_{NE}) \\ z = z_{\mathrm{enu}} \end{cases} \tag{3-6}$$

定义 3.6　坐标逆变换（coordinate inversion）：在相对坐标系下计算得到的航迹点 P 的坐标为 (x, y, z)，工程应用过程中应将其转换为经纬度坐标，与坐标转换过程一致，计算如下：

（1）将坐标原点信息经纬和相对系北向角转为弧度；

（2）按式（3-1）计算坐标原点的地球卯酉面曲率半径 r_{LP}；

（3）按式（3-3）计算坐标原点在地球坐标系中的坐标（x_{eLP}, y_{eLP}, z_{eLP}）；

（4）计算点 P 在东北天坐标系下的坐标：

$$\begin{cases} x_{\mathrm{enu}} = x\cos(\mathrm{ang}_{NE}) - y\sin(\mathrm{ang}_{NE}) \\ y_{\mathrm{enu}} = x\sin(\mathrm{ang}_{NE}) + y\cos(\mathrm{ang}_{NE}) \\ z_{\mathrm{enu}} = z \end{cases} \tag{3-7}$$

（5）计算点 P 与发射点在地球坐标系中的位置偏差：

$$\begin{cases} \mathrm{d}x = -x_{\mathrm{enu}}\sin(\mathrm{lng}_{LP}) - y_{\mathrm{enu}}\cos(\mathrm{lng}_{LP})\sin(\mathrm{lat}_{LP}) + z_{\mathrm{enu}}\cos(\mathrm{lng}_{LP})\cos(\mathrm{lat}_{LP}) \\ \mathrm{d}y = x_{\mathrm{enu}}\cos(\mathrm{lng}_{LP}) - y_{\mathrm{enu}}\sin(\mathrm{lng}_{LP})\sin(\mathrm{lat}_{LP}) + z_{\mathrm{enu}}\sin(\mathrm{lng}_{LP})\cos(\mathrm{lat}_{LP}) \\ \mathrm{d}z = y_{\mathrm{enu}}\cos(\mathrm{lat}_{LP}) + z_{\mathrm{enu}}\sin(\mathrm{lat}_{LP}) \end{cases} \tag{3-8}$$

（6）计算点 P 在地球坐标系中的位置（x_{eTP}, y_{eTP}, z_{eTP}）：

$$\begin{cases} x_{eTP} = x_{eLP} + \mathrm{d}x \\ y_{eTP} = y_{eLP} + \mathrm{d}y \\ z_{eTP} = z_{eLP} + \mathrm{d}z \end{cases} \tag{3-9}$$

（7）计算点 P 的经纬高坐标（$\lng_{TP}$，$\lat_{TP}$，$\alt_{TP}$）：

$$\begin{cases} \lng_{TP} = \arctan\left(\dfrac{y_{eTP}}{x_{eTP}}\right) \\[3mm] \lat_{TP} = \arctan\left(\dfrac{z_{eTP}}{\sqrt{x_{eTP}^2 + y_{eTP}^2}}\right) \end{cases} \tag{3-10}$$

值得注意的是，由式（3-10）计算得到的点 P 的纬度与实际有较大误差，其与点 P 的地球卯酉面曲率半径 r_{TP} 存在一定的关系，即

$$\begin{cases} r_{TP} = a/\mathrm{sqrt}\left[1 - e^2 \sin(\lat_{TP})^2\right] \\[3mm] \lat_{TP} = \arctan\left\{\dfrac{z_{eTP}\left[1 + e^2 r_{TP}\sin(\lat_{TP})/z_{eTP}\right]}{\sqrt{x_{eTP}^2 + y_{eTP}^2}}\right\} \end{cases} \tag{3-11}$$

同时，式（3-11）不断迭代计算，直至 $\lat_{TP}$ 收敛，即满足第 n 步迭代得到的 $\lat_{TP}^n$ 与第 $n-1$ 步迭代得到的 $\lat_{TP}^{n-1}$ 满足如下条件：

$$\left| \lat_{TP}^n - \lat_{TP}^{n-1} \right| \leqslant 10^{-9} \tag{3-12}$$

根据式（3-11）计算收敛后的 r_{TP}，计算得到点 P 的高度：

$$\alt_{TP} = \frac{\sqrt{x_{eTP}^2 + y_{eTP}^2}}{\cos(\lat_{TP})} - r_{TP} \tag{3-13}$$

（8）将计算得到的点 P 的经纬度坐标转换为角度。

定义 3.7　起始位姿点（start position and orientation point）：飞行器平台的起飞点、抛洒点或动态规划的当前位置点，记作 P_s。

定义 3.8　目标位姿点（target position and orientation point）：根据任务类型、任务约束和飞行器载荷模型等设计的集群抵达目标点，记作 P_E。

为了产生连接集群起始点和目标点的可飞行路径，在侧向二维平面（水平面）上，考虑到实际任务需求、规划环境、飞行器转弯曲率半径、数据链装订效率、航迹可跟踪和计算复杂度，将航迹规划曲线进行离散化抽象建模，采用分段直线模型表示飞行器飞行航迹，离散化抽象过程如图 3-1 所示。

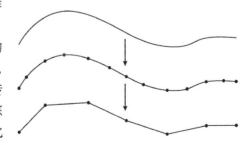

图 3-1　航迹连续曲线的离散化抽象过程示意图

　　离散化后的航迹由曲线上的若干关键点及其之间的连线组成,表示为一个点序列,随着飞行器转弯半径增大和离散化精度的降低,分段直线模型与曲线模型的差距(主要指长度、速度方向、航程等)增大,模型失真度增大。为此,根据飞行器的飞行航迹点内切转弯原理,将这些转向关键点从曲线的顶部位移至弧顶以外,定义如下。

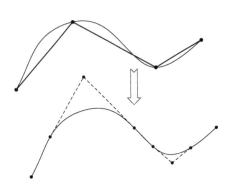

图 3-2　航迹转弯示意图

　　定义 3.9　航迹转弯点(path turning points):飞行器转向前主航向的延长线与转向稳定后航向的反向延长线的交点,记作 P_T。航迹转弯示意图见图 3-2。

　　定义 3.10　航迹点(path points):发射点 P_S、目标点 P_T 和所有航迹转向点 P_E 均为航迹点,记为 P,表示如下:

$$P = \{P_S, P_T, P_E\} \qquad (3-14)$$

　　定义 3.11　可行航迹(feasible path):任意一个从起始点开始到任务结束点且满足给定的各种约束条件的航迹点序列,也称非劣航迹、备选航迹。

　　定义 3.12　最优航迹(optimal path):从所有可行航迹中找出的一条能使航迹评价指标达到最优的航迹。

3.3　二维航迹规划方法

　　二维航迹规划研究在 OXY 平面上,在起始位姿点和目标位姿点之间规划生成可飞行航迹的算法,按照工程化的定义,这些航迹须是离散航迹点,其可以由直线段和圆弧段直线化而来,也可以是基于规划空间内的离散单元节点连接。本节研究三种航迹规划方法,分别是基于直线段和圆弧段航迹规划的 Dubins 算法、基于单元分解法的 A* 算法和基于规则的航迹规划算法。

3.3.1　Dubins 算法

　　Dubins 算法于 1957 年被证明是两个位姿点按照给定的方向连接而得的最短路径,即平面上两个有方向角的点之间的最短飞行航迹是由 Dubins 计算得到的"圆弧 C -直线 L -圆弧 C"或"圆弧 C -圆弧 C -圆弧 C"曲线,这些曲线中的初始段和终止段为满足飞行器运动学约束的最大曲率圆弧,初始段圆弧同时与飞行器的初始方位角相切,终止段圆弧同时与飞行器的目标方位角相切。在初始段圆弧与终止段圆弧之间,由一段与两个圆弧相切的直线或圆弧构成。现阶段,已有很多方法研究了 Dubins 算法及其相关策略,本节针对飞行器集群工程化应用上的航迹规划约束要求,研究基于解析几何的 Dubins 算法及其避障、离散化和协同等改进策略方法。

1. Dubins 基本算法

考虑到飞行器的转弯半径约束 $r \geqslant r_{\min}$,以及起始位姿点 $P_S = (x_S, y_S, \chi_S, r_S, V_S)$ 和目标位姿点 $P_E = (x_E, y_E, \chi_E, r_E, V_E)$ 约束,在给定的起始点和目标点的基础上生成如图 3-3 所示的圆,圆心为曲率中心 O_S 或 O_E,r_S 和 r_E 分别为 Dubins 起始圆 C_S 和终止圆 C_E 的转弯半径,因此将 Dubins 计算起始点与目标点之间的最短航迹转化为寻找两个圆弧的公切线或公切圆问题。

从图 3-3 可以看出,一个切点有两种转弯方式:一个向左转弯,生成的圆弧曲线称为 L;另一个向右转弯,生成的圆弧曲线称为 R。两段圆弧的公切线记作 S。因此,给定的起始和目标位姿点之间的航迹由直线段航迹和圆弧段航迹组成。如图 3-4 所示为给定初始速度方向 χ_S 和终端速度方向约束 χ_E 的一段 Dubins 算法规划航迹,由 $\overset{\frown}{P_S P_A}$、$\overline{P_A P_B}$、$\overset{\frown}{P_B P_E}$ 三段航迹组成,其中 $\overset{\frown}{P_S P_A}$ 段以 r_S 为半径右转,对应的圆心角大小为 φ_S,$\overline{P_A P_B}$ 为直线段,$\overset{\frown}{P_B P_E}$ 为以 r_E 为半径左转,对应的圆心角为 φ_E。针对飞行器集群航迹规划工程化应用问题,分别考虑终端速度方向自由和约束的 Dubins 航迹计算。

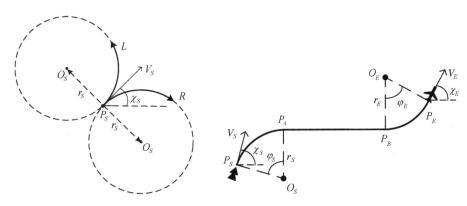

图 3-3　Dubins 相切圆　　　　　图 3-4　初始速度和终端速度约束的
　　　　　　　　　　　　　　　　　　　　　　Dubins 航迹算例

1) 终端速度方向自由的 Dubins 航迹

终端方向自由的 Dubins 航迹是指在给定初始位置点和初始目标点的情况下,不指定到达目标点时的速度方向,基于飞行器运动方程的约束规划得到的航迹点。根据初始点和目标点位置之间关系,将终端自由的 Dubins 航迹分为七种模式,分

别为 S、L、R、RS、LS、RL、LR，如图 3-5 所示。

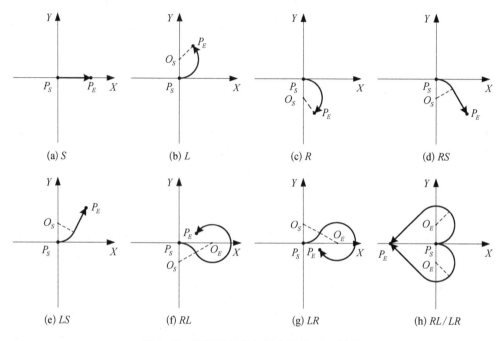

图 3-5　终端速度方向自由的 Dubins 航迹

根据以上描述，设起始段圆弧左转或者右转，起始点 $P_S = (x_S, y_S, \chi_S, r_S, V_S)$ 经过左转圆弧段 $L_{\varphi_S}(P_S)$、右转圆弧段 $R_{\varphi_S}(P_S)$ 或直线段 $S_{\varphi_S}(P_S)$ 运动角度 φ_S 后得到 P_A 的坐标为

$$
\begin{cases}
P_A = L_{\varphi_S}(P_S) = [x_S + r_S\sin(\chi_S + \varphi_S) - r_S\sin\chi_S,\ y_S - r_S\cos(\chi_S + \varphi_S) \\
\qquad\qquad\qquad + r_S\cos\chi_S,\ \chi_S + \varphi_S] \\
P_A = R_{\varphi_S}(P_S) = [x_S - r_S\sin(\chi_S - \varphi_S) + r_S\sin\chi_S,\ y_S + r_S\cos(\chi_S - \varphi_S) \\
\qquad\qquad\qquad - r_S\cos\chi_S,\ \chi_S - \varphi_S] \\
P_A = S_{\varphi_S}(P_S) = (x_S + r_S\varphi_S\cos\chi_S,\ y_S + r_S\varphi_S\sin\chi_S,\ \chi_S)
\end{cases}
$$

$$(3-15)$$

2）终端速度方向约束为 Dubins 航迹

终端速度方向约束航迹是指在终点坐标和指定速度方向到达约束下，规划得到路径长度最短航迹，一般多用于规划协同角度打击目标航迹规划阶段。终端约束最优航迹必然是如下六种情况的一种，分别为 RLR、LRL、RSL、LSR、RSR、LSL，如图 3-6 所示。

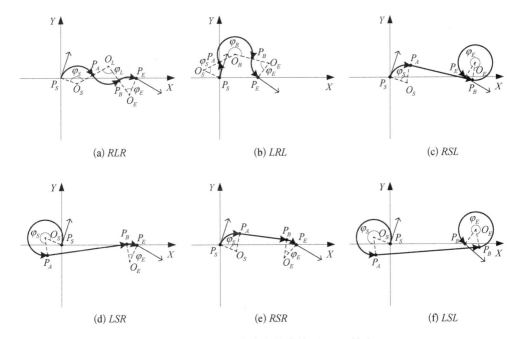

(a) RLR　　　　　　　　(b) LRL　　　　　　　　(c) RSL

(d) LSR　　　　　　　　(e) RSR　　　　　　　　(f) LSL

图 3−6　终端速度方向约束的 Dubins 航迹

根据 Dubins 路径的基本原理，CLC 路径的公切线切点坐标过程如下。

（1）计算 C_S 圆心 $O_S(x_{CS}, y_{CS})$ 和 C_E 圆心 $O_E(x_{CE}, y_{CE})$：

$$\begin{cases} x_{CS} = x_S + r_S\cos(\mathcal{X}_S \pm \pi/2) \\ y_{CS} = y_S + r_S\sin(\mathcal{X}_S \pm \pi/2) \\ x_{CE} = x_E + r_E\cos(\mathcal{X}_E \pm \pi/2) \\ y_{CE} = y_E + r_E\sin(\mathcal{X}_E \pm \pi/2) \end{cases} \tag{3−16}$$

当起始位姿点和目标位姿点左转时，圆心 C_S 和 C_E 与 OX 轴正方向的夹角为 $\mathcal{X}_S + \pi/2$ 和 $\mathcal{X}_E + \pi/2$；当起始位姿点和目标位姿点右转时，圆心与 OX 轴正方向的夹角为 $\mathcal{X}_S - \pi/2$ 和 $\mathcal{X}_E - \pi/2$；

（2）计算公切线切点坐标。在图 3−6 所示的 RSL、LSR、RSR 和 LSL 路径中，点 $P_A = (x_A, y_A, \mathcal{X}_A, r_S)$ 和 $P_B = (x_B, y_B, \mathcal{X}_B, r_E)$ 分别是两圆 C_S 和 C_E 上的切出点和切入点，α 是两圆圆心连线与公切线的夹角，β 是两圆圆心连线与 OX 轴正方向的夹角，t 是公切线长度，c 是圆心连线的长度。当两圆 C_S 和 C_E 的公切线为内公切线或外公切线时，α 对应不同的计算公式，α 和 β 分别计算如下：

$$\begin{cases} \alpha = \arcsin[(r_E + r_S)/c], & \text{内公切线} \\ \alpha = \arcsin[(r_E - r_S)/c], & \text{外公切线} \end{cases} \tag{3−17}$$

$$\beta = \arctan\left(\frac{y_{CE} - y_{CS}}{x_{CE} - x_{CS}}\right) \tag{3-18}$$

计算公切点的坐标如下：

$$\begin{cases} x_A = x_{CS} + r_S\cos\chi_A \\ y_A = y_{CS} + r_S\sin\chi_A \\ x_B = x_{CE} + r_E\cos\chi_B \\ y_B = y_{CE} + r_E\sin\chi_B \end{cases} \tag{3-19}$$

根据四种 Dubins 构型、α 和 β 的大小，χ_A 和 χ_B 的计算如表 3-1 所示。

表 3-1　四种路径类型下切出和切入点方位角计算

方位角	RSR	RSL	LSR	LSL
χ_A	$\beta + \alpha + \pi/2$	$\beta - \alpha + \pi/2$	$\beta + \alpha + 3\pi/2$	$\beta - \alpha + 3\pi/2$
χ_B	$\beta + \alpha + \pi/2$	$\beta - \alpha + 3\pi/2$	$\beta + \alpha + \pi/2$	$\beta - \alpha + 3\pi/2$

（3）计算圆弧航迹圆心角。根据切点计算起始位姿点到切出点对应的圆心角 φ_S 和从切入点旋转到目标位姿点对应的圆心角 φ_E：

$$\begin{cases} \varphi_S = \text{mod}\left(\chi_S - \chi_A + \dfrac{\pi}{2}, 2\pi\right), & \text{右旋转} \\[2mm] \varphi_S = \text{mod}\left(\chi_A - \chi_S + \dfrac{\pi}{2}, 2\pi\right), & \text{左旋转} \\[2mm] \varphi_F = \text{mod}\left(\chi_B - \chi_E + \dfrac{3\pi}{2}, 2\pi\right), & \text{右旋转} \\[2mm] \varphi_F = \text{mod}\left(\chi_E - \chi_B + \dfrac{3\pi}{2}, 2\pi\right), & \text{左旋转} \end{cases} \tag{3-20}$$

（4）计算 CLC 路径长度。CLC Dubins 路径长度 L 可由毕达哥拉斯理论计算得到：

$$\begin{cases} t = \sqrt{(x_A - x_B)^2 + (y_A - y_B)^2} \\ L = \varphi_S \times r_S + t + \varphi_E \times r_E \end{cases} \tag{3-21}$$

式中，t 为公切线长度。

　　将终端角度约束的 Dubins 航迹规划应用在实际仿真环境中，假设存在 10 个起点，位置分别为 (3 762, 3 228) m、(2 872, 2 046) m、(4 546, 4 128) m、(3 872, 2 546) m、

（3 546，3 128）m、（3 846，3 428）m、（4 246，3 455）m、（4 072，1 846）m、（4 253，
4 344）m、（2 953，3 944）m，规划终点位置为（3 500，2 800）m，约束到达的终端速度
方向分别为{15°，60°，105°，150°，195°，240°，285°，330°}，采用 Dubins 算法分
别规划多个起点终点位置及其约束所得到的航迹如图 3-7 所示。

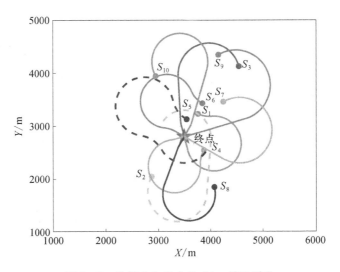

图 3-7　终端方向约束 Dubins 算法航迹

2. Dubins 避障算法

在飞行器集群执行任务过程中需要回避障碍物，这些障碍物可以是移动的其他
飞行器或者是固定的禁飞区等，如图 3-8 所示，大多数情况下，静态障碍物的位置和
大小是已知的，动态障碍物范围实时变动，为避免碰撞，集群内飞行器需要实时检测
自身状态、动态障碍物的位置及下一飞行航迹点的预估时间，保证飞行器有足够的时

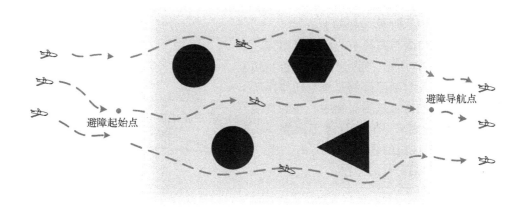

图 3-8　飞行器避障场景示意图

间和空间进行航迹规划,以避开障碍物。这要求计算得到的 Dubins 路径包含避障轨迹。

假设障碍物是固定半径的圆,如果 Dubins 最短路径上没有威胁,使用简单的 Dubins 曲线平滑地连接起始点和终端点。当检测到障碍物覆盖飞行器原有飞行路径时,则重新规划以避开威胁,设计避障路径的方法有两种,一种是在规划路径时就避开障碍物,另一种是先规划出起点到终点的路径,然后对路径进行优化,使其避开障碍物。考虑计算量和问题难易程度,选择后一种方法来规划避障路径,即在原有起始点和终端点中间选择一个安全点 $P_1(x_1, y_1, \chi_1, r_1)$ 或 $P_2(x_2, y_2, \chi_2, r_2)$,如图 3-9 所示,其中虚线 γ 为原始路径,以曲线长度最短为原则选择两个安全点中离原始路径较近的点 P_1 作为中点,根据中点速度方向 V_1 与安全圆相切确定中点航向角 χ_1,安全圆 D 的半径为 $r_D = \kappa r_T$,其中 r_T 为威胁半径,κ 为安全系数($\kappa > 1$)。由此将路径重新规划问题看作 Dubins 曲线的二段解:第 1 段是 $L_S(x_S, y_S, \chi_S, r_S) \rightarrow L_1(x_1, y_1, \chi_1, r_D)$,第 2 段是 $L_1(x_1, y_1, \varphi_1, r_D) \rightarrow L_E(x_E, y_E, \varphi_E, r_E)$,得到的实线 γ_1 是基于 Dubins 曲线生成的避开环境中威胁的飞行路径。

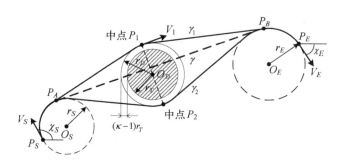

图 3-9　障碍物规避路径示意图

为计算 Dubins 障碍规避路径,首先要分两种情况判断障碍安全圆与 Dubins 路径相交,即与路径中的切线段相交和与弧段相交两种情况,其次再分情况计算 Dubins 避障路径,计算过程如下。

1)障碍物圆与路径中的切线段相交

如图 3-10 所示,判断障碍物是否与切线段相交,首先判断障碍物是否与切线段所在的直线相交,计算从障碍物中心点到直线段起始点的距离 d_T,同时计算障碍物安全圆中心点与该线段的垂直投影线 d_n。若切线段与障碍物相交时则存在:

$$\begin{cases} d_n/r_D \leq 1 \\ d_n k_D \leq 1 \end{cases} \quad (3-22)$$

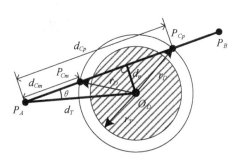

图 3-10　直线与障碍物相交

式中，k_D 是障碍物安全圆的曲率。如果检测到障碍物与直线段相交，那么可以用余弦定理计算障碍物与直线段的交线段 d_C：

$$r_D^2 = d_T^2 + d_C^2 - 2d_T d_C \cos\theta \qquad (3-23)$$

式中，d_C 有两个解 d_{Cm} 和 d_{Cp}，分别对应了图 $3-10$ 中的 P_{Cm} 和 P_{Cp}：

$$\begin{cases} d_{Cm} = d_T\cos\theta - \sqrt{d_T^2[\cos^2\theta - 1] + r_D^2} \\ d_{Cp} = d_T\cos\theta + \sqrt{d_T^2[\cos^2\theta - 1] + r_D^2} \end{cases} \qquad (3-24)$$

由于 P_{Cm} 是距离起点较近的交点，当确认障碍物与直线段相交时，d_{Cm} 和 d_{Cp} 应为实数解，即满足：

$$d_T^2[\cos^2\theta - 1] + r_D^2 \geqslant 0 \qquad (3-25)$$

等价于：

$$\begin{cases} d_n \leqslant d_T\sin\theta \leqslant r_D \\ d_n/r_D \leqslant 1 \end{cases} \qquad (3-26)$$

通过以上过程可以判断 Dubins 直线段与哪个障碍圆相交。一旦检测到直线段与某障碍圆相交，则按照图 $3-9$ 所示计算两条新的 Dubins 轨迹：第一段起点处与 Dubins 起始圆弧相切，终点处与障碍物圆弧相切；第二段起点处与障碍物圆弧相切，终点处与 Dubins 终点段圆弧相切。第一段避障 Dubins 轨迹如图 $3-11$ 所示，根据勾股定理求得两圆弧内切线长度 d_{tn} 和外切线的长度 d_{tw} 为

$$d_{tn}^2 = d_{SD}^2 - (r_D + r_S)^2 \qquad (3-27)$$

$$d_{tw}^2 = d_{SD}^2 - (r_D - r_S)^2 \qquad (3-28)$$

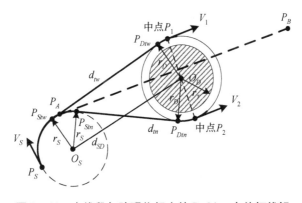

图 3-11　直线段与障碍物相交的 Dubins 内外切线解

　　式(3-27)对应的是内切线情况,此时起始圆弧与障碍圆弧飞行器运动方向相同,式(3-28)对应外切线情况,此时起始圆弧与障碍圆弧飞行器运动方向相反,因此可得切线 d_{tn} 和 d_{tw} 存在的条件为

$$d_{SD} \geqslant \mid r_D + r_S \mid \tag{3-29}$$

$$d_{SD} \geqslant \mid r_D - r_S \mid \tag{3-30}$$

　　当且仅当 $d_{SD} \geqslant \mid r_D + r_S \mid$ 和 $d_{SD} \geqslant \mid r_D - r_S \mid$ 时,满足 $d_{tn} = 0$, $d_{tw} = 0$, 此时对应即为起始圆和安全圆内切和外切的情况,如图 3-12 所示。

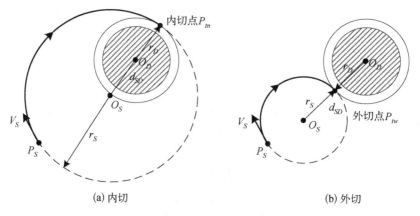

(a) 内切　　　　　　　　　　　(b) 外切

图 3-12　Dubins 避障曲线与安全圆内切和外切情况

　　由式(3-29)和式(3-30)可以看出,当检测到直线段与障碍圆相交后,会出现解存在和解不存在两种情况,在第一种情况下则直接计算 Dubins 航迹,在解不存在的情况下需要调整起始圆弧半径和安全圆半径以获得图 3-12 所示的有效解使得 Dubins 曲线与安全圆内切或外切,以获得有效的避障路径,其调整参数分别为 κ_S 和 κ_D,并满足:

$$\begin{cases} \kappa_S r_S \geqslant r_{\min} \\ \kappa_D r_D \geqslant r_{\min} \\ \kappa_D \geqslant 1 \end{cases} \tag{3-31}$$

　　如图 3-13 所示,根据余弦定理建立 κ_S 和 κ_D 的关系为

$$\begin{cases} (\kappa_S r_S - \kappa_D r_D)^2 = d_T^2 + \kappa_S^2 r_S^2 - 2 d_T \kappa_S r_S \cos \theta_T, & \text{内切圆} \\ (\kappa_S r_S + \kappa_D r_D)^2 = d_T^2 + \kappa_S^2 r_S^2 - 2 d_T \kappa_S r_S \cos \theta_T, & \text{外切圆} \end{cases} \tag{3-32}$$

　　图 3-13 中,d_T 为 O_S 对应的起始圆弧上任意一点 P_T(一般可为 Dubins 圆弧段起始点)与 O_D 之间的距离,θ_T 为 $\overrightarrow{P_T O_S}$ 和 $\overrightarrow{P_T O_D}$ 形成的夹角,调整参数之间的

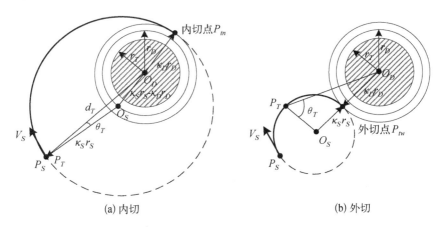

(a) 内切　　　　　　　　　　(b) 外切

图 3 - 13　调整曲率半径后的 Dubins 曲线与安全圆内切和外切路径解

关系如下：

$$
\begin{cases}
\kappa_S r_S = \dfrac{d_T^2 + \kappa_D^2 r_D^2}{2(\kappa_D r_D + d_T \cos \theta_T)}, & \text{内切圆} \\[4mm]
\kappa_S r_S = \dfrac{d_T^2 - \kappa_D^2 r_D^2}{2(\kappa_D r_D + d_T \cos \theta_T)}, & \text{外切圆}
\end{cases}
\tag{3-33}
$$

当 $\kappa_D = 1$ 时，有

$$
\begin{cases}
\kappa_S = \dfrac{d_T^2 + r_D^2}{2 r_S(r_D + d_T \cos \theta_T)}, & \text{内切圆} \\[4mm]
\kappa_S = \dfrac{d_T^2 - r_D^2}{2 r_S(r_D + d_T \cos \theta_T)}, & \text{外切圆}
\end{cases}
\tag{3-34}
$$

2）障碍物圆与路径中的弧线段相交

以判断 Dubins 起始段圆弧与障碍物相交为例，如图 3 - 14 所示，其相交的必要条件是弧段圆心 O_S 到障碍物安全圆圆心 O_D 的距离 d_{ST} 应满足两圆相交的条件：

$$
| r_D - r_S | < d_{SD} < r_D + r_S \tag{3-35}
$$

若此必要条件满足，还需判断圆弧与安全圆相交的充分条件，即通过交点的夹角判断相交的交点是否落在圆弧段范围内，设圆弧起始点为 P_S，终点为 P_C，满足式（3 - 35）

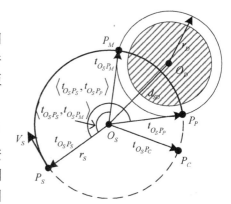

图 3 - 14　弧段与障碍物相交的情况

的两圆交点分别为 P_M 和 P_P，若障碍物与弧段相交，那么至少有一个两圆交点落在圆弧段起始点和终点之间，即满足：

$$\langle t_{O_S P_S}, t_{O_S P_M} \rangle \langle t_{O_S P_S}, t_{O_S P_P} \rangle \leqslant 0 \parallel \langle t_{O_S P_C}, t_{O_S P_M} \rangle \langle t_{O_S P_C}, t_{O_S P_P} \rangle \leqslant 0 \quad (3-36)$$

式中，$t_{O_S P_S}$、$t_{O_S P_C}$、$t_{O_S P_M}$ 和 $t_{O_S P_P}$ 分别为从 O_S 指向点 P_S、P_C、P_M 和 P_P 的单位向量；$\langle \alpha, \beta \rangle$ 为向量 α, β 之间的夹角。一旦检测到弧线段与安全圆相交，则需调整弧线段的半径得到避开障碍物的路径解，增大或者减小 r_S，直至得到弧段与障碍物的相切圆，如图 3-12 所示，运用余弦定理计算可得最小起始圆半径 $r_{S,\,min}$ 和最大半径 $r_{S,\,max}$ 满足如下条件：

$$(r_{S,\,min} + r_D)^2 = r_{S,\,min}^2 + d_T^2 - 2d_T r_{S,\,min} \cos \theta_T \quad (3-37)$$

$$(r_{S,\,max} - r_D)^2 = r_{S,\,max}^2 + d_T^2 - 2d_T r_{S,\,max} \cos \theta_T \quad (3-38)$$

式中，d_T 为 O_S 对应的起始圆弧上任意一点与 O_D 之间的距离；θ_T 为形成的夹角。因此，求解可得

$$r_{S,\,min} = \frac{d_T^2 - r_D^2}{2(d_T \cos \theta_T + r_D)} \quad (3-39)$$

$$r_{S,\,max} = \frac{d_T^2 - r_D^2}{2(d_T \cos \theta_T - r_D)} \quad (3-40)$$

　　根据最小圆弧半径和最大圆弧半径计算得到 Dubins 路径即可避开 O_D 障碍物，但值得注意的是，按照该模式生成的 Dubins 避障路径在避开第一个障碍物后，仍可能与其他威胁碰撞，采用迭代方法和贪婪思想计算逐步避开所有障碍物。

　　将终端角度约束的 Dubins 避障航迹规划应用在实际仿真环境中，假设存在 9 个起点位置，分别为 (4 150, 4 150) m、(4 300, 5 585) m、(5 880, 4 712) m、(6 151, 5 451) m、(5 380, 4 463) m、(6 000, 5 771) m、(3 900, 5 185) m、(4 680, 5 213) m、(4 185, 6 440) m，规划终点位置为 (4 500, 5 000) m，约束到达的终端速度方向均为 60°，战场中存在三处威胁，分别为 (5 000, 6 000, 300) m、(3 800, 3 800, 300) m、(4 100, 4 300, 150) m，则采用 Dubins 算法分别规划多个起点、终点位置及其约束所得到的航迹如图 3-15 所示。

　　3. Dubins 航迹直线化方法

　　UAV 执行任务过程中，由于数据链上传装订航点的约束，需要产生不多于 N 个离散航点，同时考虑到飞行器运动学能力约束，根据 UAV 最大转弯角和飞行器

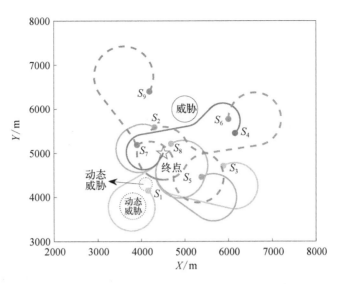

图 3 - 15　存在终端角度约束的 Dubins 避障段航迹规划

转弯半径生成离散后的 Dubins 曲线外切直线化航迹。

如图 3 - 16 所示，P_S 和 P_A 分别为 Dubins 第一段圆弧曲线航迹的起点和终点，$P_{a,1}$，$P_{a,2}$，$\cdots$，$P_{a,5}$ 为直线化 Dubins 曲线的新增航迹点，$P_{c,1}$，$P_{c,2}$，$\cdots$，$P_{c,5}$ 为根据飞行器航迹最大转弯角 $\chi_{\max}$ 从而确定第 k 个切点，$P_{c,k}$ 的圆弧角大小为

$$\begin{cases} \varphi_k = \varphi_S - k\chi_{\max}, & 顺时针 \\ \varphi_k = \varphi_S + k\chi_{\max}, & 逆时针 \end{cases} \quad (3-41)$$

式中，$k = 0, 1, \cdots, n_S$，$n_S = \lfloor |\varphi_S - \varphi_A| / \chi_{\max} \rfloor$。

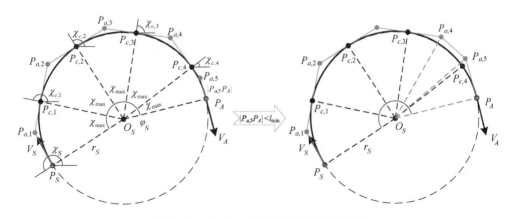

图 3 - 16　Dubins 曲线段轨迹外切直线化

计算可得 $P_{c,k}(x_{c,k}, y_{c,k})$ 的坐标点为

$$\begin{cases} x_{c,k} = x_S + r_S\cos\varphi_k \\ y_{c,k} = y_S + r_S\sin\varphi_k \end{cases}$$ (3-42)

根据 $P_{c,k-1}$ 和 $P_{c,k}$ 的坐标和圆心角关系,计算得到 $P_{a,k}(x_{a,k}, y_{a,k})$ 的坐标为

$$\begin{cases} x_{a,k} = \dfrac{y_{c,k} - y_{c,k-1} + x_{c,k-1}\tan\chi_{k-1} - x_{c,k}\tan\chi_k}{\tan\chi_{k-1} - \tan\chi_k} \\ y_{a,k} = (x_{a,k} - x_{c,k})\tan\chi_k + y_{c,k} \end{cases}$$ (3-43)

因此,根据以上过程得到的飞行器航程为

$$L = 2(n_S - 1)r_S\tan\frac{\chi_{\max}}{2} + 2r_S\tan[\varphi_S - (n_S - 1)\chi_{\max}] + \sqrt{(x_A - x_B)^2 + (y_A - y_B)^2}$$

$$+ 2(n_E - 1)r_E\tan\frac{\chi_{\max}}{2} + 2r_E\tan[\varphi_E - (n_E - 1)\chi_{\max}]$$

(3-44)

重复以上步骤,直至得到完整的 Dubins 直线化航迹,同时通过删除圆弧上切点和扩大飞行器转弯半径的方式来满足飞行器相邻航迹点之间的最小距离约束,当最大转弯角为 90°时,得到的直线段航迹如图 3-17 所示。

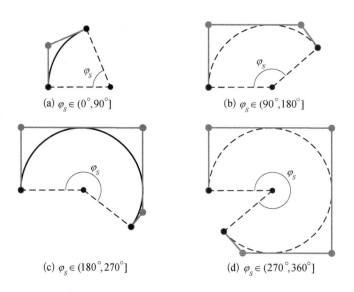

(a) $\varphi_S \in (0°, 90°]$ 　　　　　　(b) $\varphi_S \in (90°, 180°]$

(c) $\varphi_S \in (180°, 270°]$ 　　　　　　(d) $\varphi_S \in (270°, 360°]$

图 3-17　最大转弯角为 90°情况下的 Dubins 直线航迹生成方式

4. Dubins 直线航迹协同方法

飞行器集群在执行多类任务过程中,不仅仅存在终端速度方向约束,往往还要求多飞行器时间协同(同时或在一定的时间间隔内)抵达各自的目标点。为实现多机终端时间一致的协同航迹规划,本节提出一种 Dubins 直线路径时间协同方法,该方法以某一飞行器的飞行预估路径时间为参考航迹,通过优化曲线半径参数和计算侧向绕飞航迹来实现时间同步,对其余飞行器的 Dubins 曲线半径进行求解,得到满足终端时间一致性要求的多机航迹,基本思路如下。

(1) 对于 N 架飞行器的初始状态 $P_{S,i} = (x_{S,i}, y_{S,i}, \chi_{S,i}, r_{S,i}, V_{S,i})$ 和目标状态 $P_{E,i} = (x_{E,i}, y_{E,i}, \chi_{E,i}, r_{E,i}, V_{E,i})$,根据上述过程逐步生成每架飞行器的 Dubins 直线化路径点 $\{P_{A,i}, P_{1,i}, P_{2,i}, \cdots, P_{n_{SE,i}, i}, P_{E,i}\}$ 并由式(3-44)计算路径长度 $L_{SE,i}$ 和预估到达时间 $t_{SE,i} = L_{SE,i}/V_i$。

(2) 根据任务要求确定各飞行器的协同到达时间间隔差 $\Delta t_{SE,i}$,从所有飞行器的预估任务完成时间 $t_{SE,i}$ 中选取最大值作为集群协同的基准时间 $t = \max(t_{SE,i})$,则 U_i 的约束任务完成时间为 $t + \Delta t_{SE,i}$,逐步调整 Dubins 直线段路径长度,以满足任务约束完成时间需求。

(3) 遍历 U_i 的所有直线化路径点,若 $|P_{k,i}P_{k+1,i}| > 2l_{min}$,依次迭代判断满足长度的直线路径点,如图 3-18 所示,在原有直线化圆弧航迹的基础上逐步计算外切圆,即在满足最大转弯角的情况下,逐步求解航迹转向角 $\delta_1, \delta_2, \cdots, \delta_m \leqslant \Delta\chi_{max}$,使得变换后的路径预估完成时间满足如下条件:

$$t_{SE,i} = L_{SE,i}/V_i = t + \Delta t_{SE,i} \qquad (3-45)$$

其中,

$$L_{SE,i} = \sum_{k=1}^{m} |P'_{c,k}P'_{c,k+1}| + \sum_{k=1}^{n} |P_{a,k}P_{a,k+1}|$$

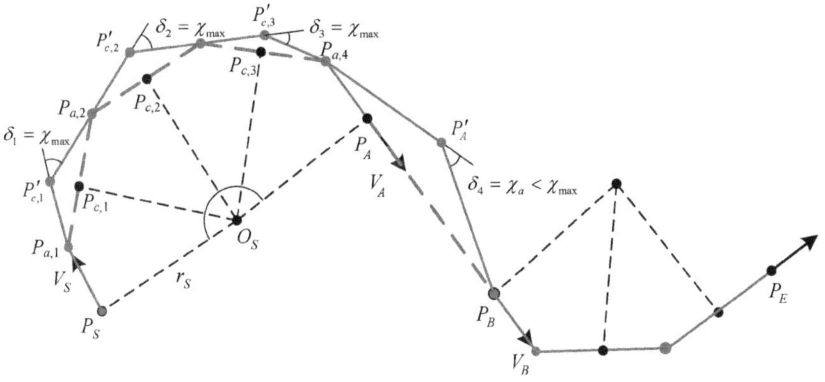

图 3-18　Dubins 航迹协同绕飞

式(3-45)中, $P'_{c,k}$ 为逐步外切后的路径点,计算如下:

$$\begin{cases} x'_{c,k} = x_S + (r_S + 0.5 \mid P_{a,k}P_{a,k+1} \mid \tan\delta_k)\cos\varphi_k \\ y'_{c,k} = y_S + (r_S + 0.5 \mid P_{a,k}P_{a,k+1} \mid \tan\delta_k)\sin\varphi_k \end{cases} \tag{3-46}$$

3.3.2 二维 A^* 算法

复杂环境下飞行器集群的三维航迹规划面临作战任务复杂、规划难度大等问题。为实现侦察、打击等典型作战任务场景下的多约束条件航迹计算,可采用结合高度沉降规划的二维 A^* 算法规划集群三维航迹,从而减小计算量,缩短规划时间,提高飞行器集群对复杂动态战场环境的适应能力。A^* 算法本质上是一种启发性发散性算法,其路径规划策略是从起点开始进行节点拓展。在节点拓展的过程中,不考虑存在威胁的节点,而对不存在威胁的节点用代价函数估算节点拓展代价值,选取代价小的节点进行下一步拓展,直至达到最终收敛条件。A^* 算法的设计核心是节点的扩展和代价函数的设计。

1. 节点拓展

A^* 算法在当前节点 O 进行节点拓展时,向其八个邻域内的栅格点进行拓展,并计算拓展至各个邻域内的代价值,从中选出最小代价的栅格点进行拓展,可拓展的节点可分为以下三类:

(1) 已经拓展过节点,A^* 算法常通过创建一个 closed 表存放此类节点;

(2) 可以拓展的节点,A^* 算法常通过创建一个 open 表存放此类节点;

(3) 将要搜索的节点。

对于飞行器的二维航迹规划来说,影响其节点拓展的约束有以下几个: 最小航迹长度约束、最大转弯角约束,飞行器速度等,此时若采用传统 A^* 算法解决飞行器的航迹规划问题,会大大增加节点拓展的搜索时间,不能满足动态航迹规划快速性的要求。因此,结合飞行器在每一节点的预估速度,以及最大转弯角约束和节点拓展策略,提出了稀疏 A^* 算法,从当前节点开始搜索下一节点时,根据约束条件来逐步缩小节点可搜索的空间。

2. 代价函数

A^* 算法的节点 n 拓展的代价函数用 $f(n)$ 表示,通过使用代价函数对可拓展节点进行代价的估计,其由两部分组成,计算如下:

$$f(n) = g(n) + h(n) \tag{3-47}$$

式中, $h(n)$ 为当前节点到目标终点的估计路径的启发函数,也可称为估计移动代价; $g(n)$ 为航迹规划过程中从初始节点到当前节点 n 的实际航迹代价值,当前节点 n 的代价值可由上一节点 $n-1$ 的代价值计算得来,其关系如下:

$$\begin{cases} g(n) = g(n-1) + L(n-1, n), & n > 0 \\ g(0) = 0 \end{cases} \tag{3-48}$$

式中，$L(n-1, n)$ 为节点 $n-1$ 和节点 n 之间的距离。若启发函数能够满足一致性条件和可接纳条件，则 A^* 算法一定可以收敛到最优解，其中可接纳条件是指 $h(n)$ 小于等于当前节点 n 到目标终止节点的实际代价，因此启发函数选为从当前节点到目标点的距离。

A^* 算法航迹规划问题中，要求飞行器能够快速躲避威胁区域，因此航迹代价值 $g(n)$ 不仅包括飞行器的航程代价 $L(n)$，还包括威胁代价 $P(n)$，实际代价值可以调整为

$$g(n) = L(n) + P(n) \tag{3-49}$$

其中，在计算节点 $n-1$ 到节点 n 的威胁代价时，可将航迹等间距取 m 个点，再取 m 个点的平均值作为当前航迹段的威胁代价值：

$$P(n) = \frac{1}{m} \sum_{i=1}^{m} P_i(m) \tag{3-50}$$

启发函数 $h(n)$ 的计算规则如下：

$$h(n) = \sqrt{(x_n - x_e)^2 + (y_n - y_e)^2} \tag{3-51}$$

式中，(x_n, y_n) 为当前节点在二维平面上的坐标；(x_e, y_e) 为待拓展节点的坐标。在实际作战任务过程中，任务代价值的比重要求不同，有的任务安全性要求高，有的任务航程约束要求高，因此不同项代价函数存在不同的权重系数 ω_1、ω_2 和 ω_3，在此基础上对代价函数进行进一步改进，代价函数公式可调整为

$$\begin{cases} f(n) = \omega_1 L(n) + \omega_2 P(n) + \omega_3 h(n) \\ \sum_{i=1}^{3} \omega_i = 1 \end{cases} \tag{3-52}$$

A^* 算法的实验步骤如下：

（1）确定航迹规划的起点和终点，并获得规划过程中的威胁信息及飞行器的约束条件；

（2）选取合适的最小拓展步长对规划空间进行划分，并确定代价函数的权重值；

（3）初始化节点，建立空的 open 表和 closed 表，将初始节点加入 open 表中，每个节点由二维坐标值 (x_n, y_n)、父节点 node、代价函数 $L(n)$、$P(n)$、$h(n)$ 等几部分信息组成；

（4）若 open 表为空，则说明搜索失败，重新调整算法初始参数转步骤（3）进行

节点的重新搜索；

（5）在 open 表中找到代价函数 $f(m)$ 值最小的节点 m，把 m 节点看作当前节点并加入 closed 表中，从当前节点进行拓展；

（6）判断当前节点与目标点之间的距离是否满足收敛条件，若满足收敛条件，则将当前节点看作目标点的父节点，A^* 算法搜索完成，回溯所有父节点即可获得航迹规划的航迹；若不满足收敛条件，则转步骤（5），由当前节点继续拓展节点，重新调整 open 表为最小堆，直至达到收敛条件。

3.3.3 二维 RRT 算法

RRT 的中文名为快速探索随机树（rapidly-exploring random trees），其原理是从起点开始在空间中随机采样，并找到路径树上与采样点无障碍连接的最近点作为新采样点，逐步迭代直至目标点。最终，通过不断回溯效能最优的父节点到起始点，生成一条航迹。

1. 节点拓展

如图 3 - 19 所示，RRT 算法在航迹节点拓展过程中，首先在飞行空间 A^2 内生成一个随机采样点 P_{rand}，将随机树 P_{tree} 内距离 P_{rand} 最近的点标记为当前点 $P_{current}$，即满足：

$$| P_{current}P_{rand} | \leqslant | P_iP_{rand} | , \quad \forall P_i \in P_{tree} \tag{3-53}$$

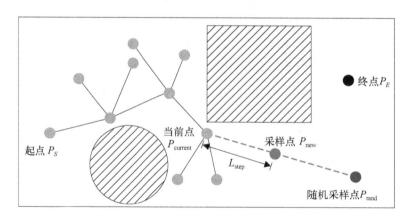

图 3 - 19 RRT 算法扩展节点示意图

将 $P_{current}$ 沿着 P_{rand} 的方向延长航迹长度 L_{step} 生成子节点 P_{new}：

$$P_{new} = P_{current} + L_{step}\left(\frac{P_{rand} - P_{current}}{\| P_{rand} - P_{current} \|} \right) \tag{3-54}$$

此时，P_{current} 为 P_{new} 的父节点，判断从 P_{current} 到 P_{new} 的直线航迹是否碰撞障碍 O_D，若不碰撞，则将 P_{new} 存入 P_{tree}，迭代计算，直至 P_{new} 满足以下条件：

$$| P_{\text{new}} - P_E | \leqslant \text{dis}_{\text{end}} \qquad (3-55)$$

式中，dis_{end} 为迭代至目标点的终止距离。从以上可以看出，RRT 算法的随机性太强，导致收敛速度过慢，在 RRT 算法的工程化应用过程中，为提升收敛速度，如图 3-20 所示，对每个点 P_n 赋予 4 个状态属性 $P_{n,k}$，其中 $k=0$ 表示此点处于方向末端，无法继续延伸，称为终端点；$k=1$ 表示沿此点向终点的方向生长出了下一个点，称为定向点；$k=2$ 表示沿此点向随机方向拓展下一个点，称为随机点；$k=3$ 表示沿此点拓展多次均不符合要求，称为放弃点。

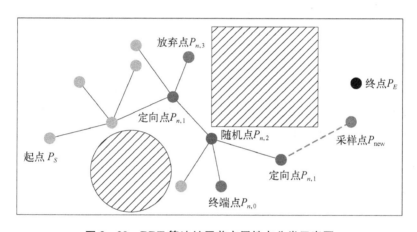

图 3-20　RRT 算法扩展节点属性点分类示意图

2. 代价函数

为提高 RRT 算法的效率，并避免靠近终点 P_E 时随机节点方向性减弱的情况，在每次选取待生长点 P_{current} 前，首先生成随机点 P_{rand}，计算当前生成树内所有点到 P_{rand} 和 P_E 的距离 d_{rand} 和 d_E，按照式（3-56）计算每个点的启发值 f_n：

$$f_n = \frac{d_E d_{\text{rand}}}{d_{SE}} + \text{dis}_E \qquad (3-56)$$

式中，d_{SE} 为起点和终点之间的距离。选择树内 f_n 最小的点 f_i 作为生长点，同时，若 f_i 为放弃点 $P_{i,3}$，则回溯到 P_i 的父节点。随机树生长完成回溯生成最初的路径后，通过路径裁剪修建冗余节点，只保留关键节点，当路径内两点之间的直接连线经过障碍威胁时，认为在这两点之间的所有点均为无效点，并将这些点从路径内剔除。

3.4 航迹高度规划方法

基于二维航迹规划结果,为提升三维航迹规划效率,采用改进后的沉降法来进行航迹点的高度规划,其基本思想为:考虑到飞行器的最大爬升/俯冲角约束和最小飞行高度约束,将二维航迹点从满足约束的初始高度逐渐沉降,在满足约束的情况下逐渐沉降到爬升/俯冲极限,获得可行的飞行器航迹点高度,当所有航迹点均停止沉降时,航迹高度规划完成,获得可行的三维航迹。

为了实现多固定翼飞行器任务分段航迹保持一定的对地相对高度 h_{srh} 持续巡飞,在飞行器俯冲与爬升性能约束的基础上,快速抵达期望飞行高度等高巡飞,主要包括:插值备选航迹点、给定策略沉降、高度补偿、航迹点平滑及其优化检测,分别叙述如下。

3.4.1 插值备选航迹点

为了保证沉降法高度规划生成的航迹可行性和安全性,如图 3 - 21 所示,采取等步长 ΔL 线性插值地形数据的方法生成 U_i 二维航迹 $P_k \rightarrow P_{k+1}$ 上的 m 个等步长航迹备选点 $\{P_{k,0}, P_{k,1}, P_{k,2}, \cdots, P_{k,m}, P_{k+1}\}$,即满足:

$$\| P_{k,m} - P_{k,m+1} \| = \Delta L, \quad \forall m > 0 \qquad (3-57)$$

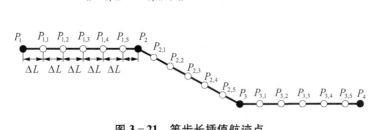

图 3 - 21   等步长插值航迹点

3.4.2 给定策略沉降

在得到包含备选航迹点的二维航迹后,通过 DEM 数据插值可以获得二维航迹点的地面高程。在将实际任务需求进行归纳后可以得到三种高度沉降策略:超低空突防、保持相高飞行、保持海拔飞行。超低空突防需要在给定的飞行高度区间约束的基础上尽可能贴地飞行,满足既定任务的飞行要求;保持相高飞行需要在给定的飞行高度区间约束的基础上保持相对地面高度巡航飞行;保持海拔飞行需要在给定的飞行高度区间约束的基础上尽快到达目标飞行高度,随后保持给定海拔巡航飞行。

1. 超低空突防

该策略的基本思想为：考虑到飞行器的最大爬升/俯冲角约束和最小飞行高度约束，将二维航迹点从满足约束的初始高度逐渐沉降，在满足约束的情况下逐渐沉降到最小相对飞行高度（即超低空飞行高度）时停止沉降。当所有航迹点均停止沉降时，航迹高度规划完成，获得可行的三维航迹。

算法的步骤如下。

（1）插值步长产生备选航迹点并通过 DEM 数据计算所有航迹点对应的地形高度，得到高度剖面中的最大高程 H_{max}。

（2）对所有插值后得到的离散航迹点赋初始航迹高度，初始航迹高度设定值（单位为 m）为

$$h = \max\left[h_0, (H_{max} + \Delta h_{min} + 1\,000)\right] \tag{3-58}$$

式中，Δh_{min} 为最小相对地面高度，随后从第二个点开始依次遍历节点。

（3）计算当前节点的沉降裕度时需要综合考虑时间复杂度和沉降精度。沉降裕度不能过大，过大会导致不满足俯冲约束，使航迹无法沉降；沉降裕度也不能过小，过小会导致算法运行时间过长。沉降裕度 ΔH 由当前航迹点到下一相邻航迹点之间的距离 L_i、俯冲角约束 θ_{min}、爬升角约束 θ_{max} 和最大沉降步长 ΔH_{max} 共同决定：

$$\Delta H = \min\left\{\Delta H_{max}, \delta \times L_i \times \min\left[\tan(\theta_{min}), \tan(\theta_{max})\right]\right\} \tag{3-59}$$

式中，δ 为安全因子。

（4）判断当前节点沉降后是否低于最小相对高度 h_{min}，若沉降后的高度大于最小相对高度 h_{min}，则该节点可以沉降，转到步骤（6），否则不能沉降。

（5）检查当前节点沉降后是否满足约束，若当前节点可以沉降且前一节点不能沉降，则需要检查沉降后的节点和前一节点是否满足飞行器俯冲约束；若当前节点可以沉降且后一节点不能沉降，则需要检查沉降后的节点和后一节点是否满足飞行器爬升约束。若满足约束，则令当前高度下降 ΔH。

（6）遍历至下一个航迹节点，循环步骤（3）~（6），直至当前节点遍历至航迹点序列的终点。

超低空突防三维航迹见图 3-22，超低空突防高度剖面见图 3-23。

2. 保持相高飞行

该策略的基本思想为：令航迹点期望高度为地形高度加给定相对高度，随后检测航迹点期望高度是否符合高度区间约束和性能约束，若不符合约束则进行高度纠正，从第二个航迹点依次遍历，获得可行的三维航迹。

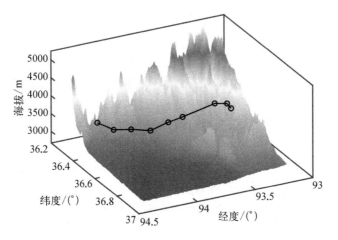

图 3 - 22　超低空突防三维航迹

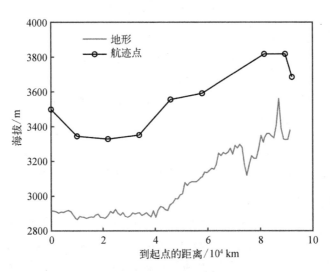

图 3 - 23　超低空突防高度剖面

算法步骤如下：

（1）根据插值步长产生备选航迹点并计算所有航迹点对应地形高度，随后从第二个航迹点开始依次遍历节点；

（2）令当前点的期望高度为地形高度加给定相对高度；

（3）检测当前点高度是否符合高度约束，若不符合约束，则进行高度区间修正和飞行器爬升/俯冲率修正；

（4）遍历至下一个航迹节点，循环步骤（3）和（4），直至当前节点遍历至航迹点序列的终点。

保持相高飞行的三维航迹见图 3 - 24，高度剖面见图 3 - 25。

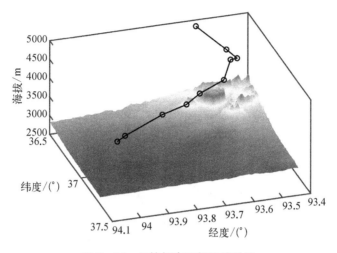

图 3-24 保持相高飞行三维航迹

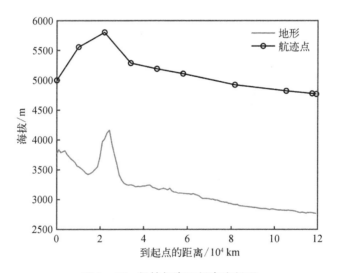

图 3-25 保持相高飞行高度剖面

3. 保持海拔飞行

该策略的基本思想为：令航迹点期望高度为给定海拔，随后检测航迹点期望
高度是否符合高度区间约束和性能约束，若不符合约束则进行高度纠正，从第二个
航迹点依次遍历，获得可行的三维航迹。

算法步骤如下：

（1）根据插值步长产生备选航迹点并计算所有航迹点对应地形高度，随后从
第二个航迹点开始依次遍历节点；

（2）令当前点的期望高度为给定海拔；

（3）检测当前点高度是否符合高度约束，若不符合约束，则进行高度区间修正和飞行器爬升/俯冲率修正；

（4）遍历至下一个航迹节点，循环步骤（3）和（4），直至当前节点遍历至航迹点序列的终点。

保持海拔飞行的三维航迹见图 3-26，高度剖面见图 3-27。

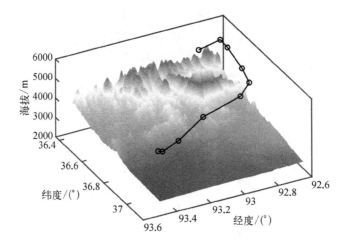

图 3-26　保持海拔飞行三维航迹

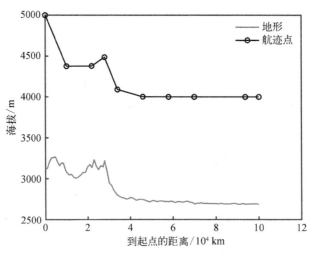

图 3-27　保持海拔飞行高度剖面

3.4.3　高度补偿

飞行器在二维航迹规划时使用的是东北天坐标系，在高度规划时使用的是地理坐标系的高程数据,因此得到的三维航迹点的坐标为 $P(x, y, h)$,而航迹的最终输出需要用地理坐标系表示为 $P(\text{lon}, \text{lat}, h)$,需要将 $P(x, y, h)$ 先转换为 $P(x, y, z)$,再转换为 $P(\text{lon}, \text{lat}, h)$。设 h_l 为东北天坐标系原点在大地坐标系下对应的海拔,在任务区域较小、航迹较短时,$P(x, y, z) \approx P(x, y, h - h_l)$;当 DEM 坐标区域足够大时,如图 3-28 所示,点 $(x, y, 0)$ 处的海拔和坐标原点的海拔有较大差距,因此在将 $P(x, y, h)$ 转换为 $P(x, y, z)$ 时需要进行高度补偿。因为 $R_0 \gg h$,所以图 3-28 中 $\theta \to 0$,$z \approx h - \Delta h_{in}$,$z$ 坐标可按如下计算:

$$\begin{cases} R = \begin{bmatrix} 0, & 0, & R_0 + h_l \end{bmatrix} \\ \rho = \begin{bmatrix} x, & y, & 0 \end{bmatrix} \\ \Delta h_{in} = \| R + \rho \| - (R_0 + h_l) \\ z \approx h - \Delta h_{in} \end{cases} \quad (3-60)$$

式中,R_0 为地球半径;h_l 为相对坐标系原点在大地坐标系下对应的海拔。在得到近似的 $P(x, y, h)$ 后便可以转换为 $P(\text{lon}, \text{lat}, h)$。

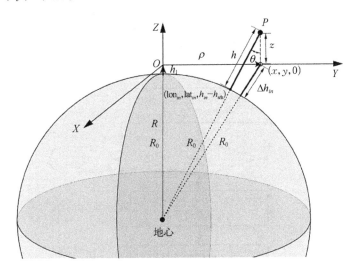

图 3-28 高程坐标补偿过程

3.4.4 航迹点平滑

经过以上高度沉降步骤,结果中包含大量备选航迹点,这些航迹点均满足飞行器爬升俯冲性能约束及高度区域约束,但环境中地形起伏导致沉降后的航迹点高度结果变化较大,随地形高程起伏变化较为剧烈,不利于航迹优化检测及航迹跟踪。因此,为实现高度沉降后的航迹点平滑,采用梯度下降法对被备选航迹点高度平滑计算,修正航迹点高度,删除冗余航迹点。

梯度下降(gradient descent)算法是机器学习中使用非常广泛的优化算法,定义一个损失函数,通过求出损失函数导数的值,从而找到函数下降的方向或者是极值点(最小值点)。梯度下降法在航迹高程平滑应用的基本思想是将各个航迹节点高度朝着给定平滑函数的梯度移动,多次调整后可以得到较为平滑的航迹高度,选取合适的迭代次数能够在较小的计算量下获得较好的航迹平滑效果。其中,针对航迹点 P_i 的平滑函数的定义如下:

$$J(h_k^s) = c_1 \mid h_k^s - h_k \mid + c_2 \mid h_{k-1}^s + h_{k+1}^s - 2h_k^s \mid, \quad k = 2, 3, \cdots, n - 1$$

(3-61)

式中,h_k^s 为平滑后的航迹点高度;h_k 为原航迹点高度;k 为航迹点个数;c_1 为距离因子,用于衡量平滑后的航迹点和原航迹点之间的距离重要性,c_1 越大,平滑后的航迹越靠近原航迹;c_2 为平滑度因子,用于衡量航迹平滑度的重要性,c_2 越大,航迹高度越平滑。梯度下降航迹检测算法步骤如图 3-29 所示。

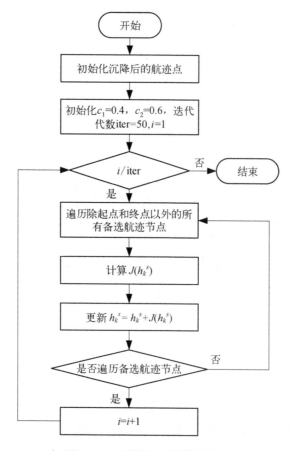

图 3-29 航迹点平滑算法流程

3.4.5　航迹点优化检测

1. Douglas - Peucker 算法

Douglas - Peucker 算法由 Douglas 和 Peucker 于 1973 年提出,简称 D - P 算法,是目前线状要素抽稀的经典算法,抽稀是指通过某种规则在保证矢量曲线形状不变的情况下,最大限度地减少数据点个数。

如图 3 - 30 所示,假设待处理曲线段 S 上包含 n 个数据点 P_i,首先将起点 P_1 和终点 P_n 用一条虚拟直线 $L(P_1 \to P_n)$ 连接,计算 P_i 与 $L(P_1 \to P_n)$ 之间的距离 d_i:

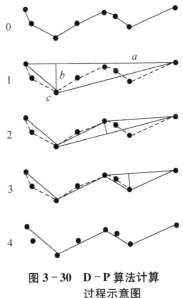

$$\begin{cases} d_i = \dfrac{|A \times x_i + B \times y_i + C|}{\sqrt{A^2 + B^2}} \\ A = y_1 - y_n \\ B = x_n - x_1 \\ C = x_1 \times y_n - x_n \times y_1 \end{cases} \quad (3-62)$$

将 $\max\{d_i\}_{i=2:n-1}$ 与抽稀阈值 δd 进行比较,若 $\max\{d_i\}_{i=2:n-1} < \delta d$,则删去 P_i,并采用二分法的思想,以该点为界,把曲线分为两部分并重复 D - P 算法,直到所有的距离满足 $\max\{d_i\}_{i=2:n-1} \geqslant \delta d$,完成对曲线段 S 的抽稀。在此过程中,算法的抽稀

图 3 - 30　D - P 算法计算过程示意图

精度与阈值 δd 相关,δd 越大,抽稀精度越低,保留点越少;反之,抽稀精度越高,保留点越多,形状也越趋于原曲线。

2. 航迹片段检测

针对规划航迹结果的航迹节点过多、航迹片段冗杂的问题,分别从水平平面和高度平面检测航迹节点进行增加和删除。首先检测所有沉降后的航迹点 P_i 处的地形高程数据 alt_i,当航迹片段 $L(P_i \to P_{i+1})$ 碰撞到地形时,需要在其间插入不可删除的航迹点,以避开地形障碍,然后采用 D - P 算法进行航迹片段检测,分别判断节点在水平面和高度平面内能否删减,在保证地形高程约束的同时实现冗杂航迹节点的去除。

对沉降后的三维航迹节点序列 P_i, $i = 1, 2, \cdots, n$ 初始化,分别定义 OXY 平面内的允许残差 δd_{OXY} 和 OXZ 平面的允许残差 δd_{OXZ},残差越小,去除的航迹节点的数量也越少,航迹检测精度越高,航迹片段检测示意如图 3 - 31 所示。

采用 D - P 算法连接高度规划后的 P_i 和 P_{i+k} 生成 OXY 平面的直线 $L_{OXY}(P_i \to P_{i+k})$,计算 P_m, $m = i + 1, i + 2, \cdots, i + k$ 与 $L_{OXY}(P_i \to P_{i+k})$ 的距离

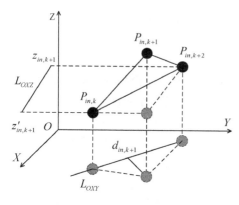

图 3-31　航迹片段检测示意图

$d_m(P_i \rightarrow P_{i+k})$，比较其与 OXY 平面内允许残差 δd_{OXY} 之间的大小关系，若 $d_m(P_i \rightarrow P_{i+k}) < \delta d_{OXY}$，则标记 P_m 水平平面可删除；同理，比较 P_m 的高程值 z_m 和其在 $L_{OXZ}(P_i \rightarrow P_{i+k})$ 直线上相应位置的高程值 z'_m 之差 $| z_m - z'_m |$，比较其与 OXZ 平面允许残差 δd_{OXZ} 之间的大小关系，若 $| z_m - z'_m | < \delta d_{OXZ}$，则该节点标记为竖直平面可删除；当点 P_m 在 OXY 平面和 OXZ 平面均可删除时，则删除该点 P_m，否则保留该点。采用 Douglas-Peucker 算法遍历所有航迹点，直至所有点均被标记为不可删除，则航迹检测结束。

3.5　本章小结

为求解飞行器集群多类任务的航迹规划问题，本章首先给出了航迹规划的相关概念和定义，明晰了研究内容；其次，根据二维航迹规划和高度规划解耦求解的思想给出了典型的 Dubins 算法、二维 A* 算法和二维 RRT 算法及其工程化适应性改进策略；最后，在高度规划方面提出了插值备选航迹点、给定策略沉降、高程坐标补偿、航迹点平滑及其优化检测 5 个步骤的航迹高度工程化规划方法。

第4章

面向打击任务的协同航迹规划方法

4.1　引言

　　飞行器集群具备"发现—评估—决策—攻击—毁伤评估"的作战流程优势,但单架飞行器往往受到作战范围、摧毁能力及攻击精度的限制,导致其完成作战打击任务的成功率较低。若执行任务过程中出现新的目标或飞行器出现故障,则会导致打击任务无法完全完成。针对单架飞行器打击任务执行过程中的缺陷,衍生出了飞行器集群协同打击任务,在线协调多架飞行器从多个角度、多个时间差对多个目标实现饱和式攻击。

　　在打击目标的过程中,随着打击任务航迹规划问题的复杂化,经典优化算法已不能解决复杂的多机协同路径规划问题,同时,启发式算法存在容易陷入局部最优等缺陷,导致优化效率低和结果不稳定。因此,本章提出针对打击任务的协同航迹规划工程化方法,研究如何协调多架飞行器从起始状态最快地按约束转移到目标终点状态。在该过程中,要考虑打击方位角、航迹总长、航迹转折点数目、飞行器转弯半径、飞行器末制导预留横向距离,飞行器打击相对高度、航迹高程避障等关键因素,使得动态场景下生成最优的打击飞行器协调航迹规划方案更加困难,因此需要通过优化打击分配方案和缩短航迹长度来保证打击任务以最优策略完成。

　　因此,本章首先给出打击任务协同航迹规划问题的描述和相关定义,建立飞行器集群协同打击任务模型;然后分别介绍基于"五段式"和基于 Dubins 的协同打击航迹规划方法,以满足动态时间协调需求。基于计算得出的航迹长度,优化打击任务方位角和飞行器与目标的匹配序列。最后,给出工程化算法流程并通过仿真验证算法的正确性。

4.2 打击任务协同航迹规划模型

4.2.1 问题描述

典型的多飞行器协同跟踪打击目标的场景如图 4-1 所示。飞行器集群在执行任务过程中,动态战场环境中往往分布多个具有不确定性的非合作固定目标和移动飞行器等目标。为了在复杂禁飞区、雷达、地形等障碍下实现对目标的准确协同打击,首先需要确定目标位置和飞行状态,并建立集群自组网连接以进行信息交互。然后,通过任务优化决策确定多飞行器与目标之间的跟踪映射序列,并根据打击序列进行分布式航迹优化。由于目标存在一定威胁,为保证集群安全,飞行器在转入末制导状态时需保持一定的相对位置关系以打击目标。

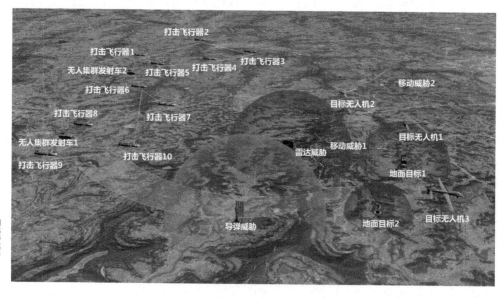

图 4-1　多飞行器目标打击问题示例场景图

飞行器集群在执行任务过程中,可能会受到风干扰,导致飞行器速度损失。同时,环境中存在多处不确定信息,如其他飞行器的运动状态、任务约束时间、动态威胁位置等。这些不确定信息会对集群协同任务的执行效果和航迹规划效能造成极大的干扰,可能导致任务时间协同指标不满足,甚至威胁到集群的安全。针对上述场景问题,当发现动态目标时,立即协商进行在线协同轨迹规划,为保证集群的安全,在此过程中不但要实现固定威胁和动态威胁的避障,还要实现对固定目标和机动目标的饱和打击,在满足时间窗协同的约束条件下,多飞行器分布式实时优化航迹,尽可能地使打击目标任务效能最高。

4.2.2　相关概念及定义

　　面向飞行器集群的实际打击任务工程应用,目标往往具有明显的空间特征,根据目标尺寸与飞行器火控瞄准视场大小的关系,将目标分为点目标、线目标和面目标;根据飞行器实际打击载荷约束,打击过程中应满足火控瞄准距离和末制导段距离约束,如图 4-2 所示;同时根据任务约束可将对目标的打击方式分为全向打击和定向打击模式,如图 4-3 所示,相关定义如下。

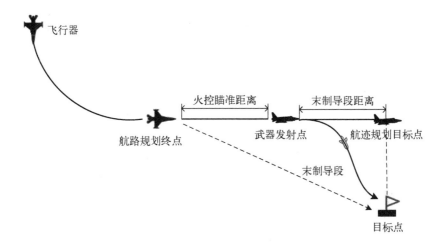

图 4-2　打击目标定义火控瞄准距离和末制导距离

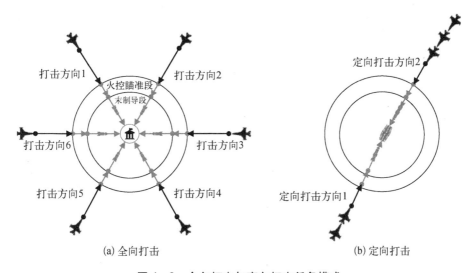

(a) 全向打击　　　　　　　　　　　　(b) 定向打击

图 4-3　全向打击与定向打击任务模式

定义 4.1　点目标(point target)：指单架飞行器打击视场传感器能够瞬时完全覆盖的目标，如地面建筑、坦克车等。

定义 4.2　线目标(line target)：指单架飞行器打击视场传感器无法瞬时完全覆盖，但其威胁宽度小于视场宽度的目标，单架飞行器沿其长边中心线方向飞行即可完全覆盖以打击，如铁路、机场跑道等。

定义 4.3　面目标(area target)：指单架飞行器打击视场传感器无法瞬时完全覆盖，且威胁宽度大于视场宽度的目标，需要多架飞行器按照一定的角度协同定位打击，一般称为区域打击，如厂区、湖泊等。

定义 4.4　火控瞄准距离(fire control sighting distance)：为了保证打击过程对目标的准确锁定，在距离目标一段距离时应开启火控瞄准视场，对应的打击航迹规划点为从目标点反向递推的第二个航迹点。

定义 4.5　末制导段距离(final guiding segment distance)：为了保证对目标的可靠打击，在距离目标一段距离时应转为可靠的弹药末制导过程，对此过程内对应的横向距离即为末制导段距离，对应的打击航迹规划点为从目标点反向递推的第一个航迹点。

定义 4.6　全向打击(omnidirectional strike)：为了提升飞行器集群的协同攻击能力，有必要在打击末端实现饱和式角度控制打击，各飞行器间保证一定的角度间隔，以实现全向打击。

定义 4.7　定向打击(targeted strike)：某些目标，如平面靶标、线目标和面目标为了保证打击效率最大化，往往要求飞行器集群按照一定的约束角度和时间间隔协同打击，此时对应的打击模式称为定向打击。

根据以上相关概念定义及描述，受单架飞行器和载荷性能的限制，飞行器集群协同作战是打击任务的主要应用方式，结合集群打击任务协同航迹规划的特点，选用相对坐标系为参考坐标系，多架飞行器初始时刻独立分布在任务空域，为保证对集群攻击效果，对多个目标优化出最快的协同打击方位角和打击序列，有必要对打击任务进行全面分析，将打击航迹规划相关的要素(飞行器、目标、任务约束等)表示成符号信息，建立飞行器打击载荷能力模型、目标模型和打击任务模型，为航迹规划优化求解方法的提出建立基础，描述为如下六元组：

$$\{U, T, M, \Lambda, Z, D\} \tag{4-1}$$

式中，$U = \{U_i \mid i = 1, 2, \cdots, n_U\}$ 为飞行器集群集合，n_U 为飞行器数目；$T = \{T_j \mid j = 1, 2, \cdots, n_T\}$ 为目标集合，n_T 为目标数目；$M = \{M_j \mid j = 1, 2, \cdots, n_{jT}\}$ 为对目标 T_j 的任务时空协同需求，$\Lambda = \{\Lambda_i \mid i = 1, 2, \cdots, n_U\}$ 为 U 对应的打击任务序列集合，Λ_i 为 U_i 的打击执行序列；Z 为打击任务航迹规划空域；D 为任务环境内的数字高程模型。对六元组模型的具体描述如下所述。

4.2.3　飞行器模型

飞行器均安装有自动驾驶仪,设 $P_{i0}(x_{i0}, y_{i0}, z_{i0})$ 为飞行器 U_i 的初始位置,χ_{i0} 和 γ_{i0} 为飞行器初始航向,$C_i = \{C_{i,1}, C_{i,2}, \cdots, C_{i,n}\}$ 表示 U_i 携带的 n 个打击资源,飞行器执行任务的过程中,打击载荷资源随打击目标次数消耗而减少。飞行器除了满足第 2 章所述的飞行器运动学模型以外,还需根据飞行器打击载荷能力约束建立如下的模型约束条件。

1. 第一个航迹点坐标

根据飞行器飞行能力的约束,要求 U_i 的初始位置 $P_{i0}(x_{i0}, y_{i0}, z_{i0})$ 与第一个航迹点位置 $P_{i1}(x_{i1}, y_{i1}, z_{i1})$ 能够准确地转向下一航迹点巡航飞行,即

$$|P_{i0}P_{i1}| \geqslant d_0 = r_{\min}\tan(\Delta\chi_{\max}/2) + l_0 \tag{4-2}$$

2. 武器发射点坐标

设飞行器 U_i 的武器发射点坐标为 $P_{is}(x_{is}, y_{is}, z_{is})$,此时 U_i 已按照预设打击方位角 β_i 锁定目标,U_i 的末制导段距离为 R_s,则 P_{is} 的坐标为

$$\begin{cases} x_{is} = x_t + R_s\cos(\beta_i + \pi) \\ y_{is} = y_t + R_s\sin(\beta_i + \pi) \end{cases} \tag{4-3}$$

3. 火控开机点坐标

设飞行器 U_i 的火控开机点坐标为 $P_{if}(x_{if}, y_{if}, z_{if})$,火控开机点的航迹方向也为打击方位角 β_i,对应的火控瞄准段距离为 R_f,则 P_{if} 的坐标为

$$\begin{cases} x_{if} = x_t + (R_s + R_f)\cos(\beta_i + \pi) \\ y_{if} = y_t + (R_s + R_f)\sin(\beta_i + \pi) \end{cases} \tag{4-4}$$

4. 载荷使用约束

飞行器 U_i 执行打击任务过程中,除了载荷数目约束、火控瞄准距离及末制导段距离外,还要求火控载荷开机及武器末制导发射时的飞行海拔满足约束条件区间 $H_{if} \in (H_{ismin}, H_{ismax})$ 和 $H_{is} \in (H_{ismin}, H_{ismax})$,如图 4-4 所示。$U_i$ 从初始位置巡航到火控载荷开机点 P_{if} 附近,逐步爬升或俯冲至火控载荷开机约束海拔 H_{if},并保持 R_f 距离,然后爬升或俯冲至武器发射点 P_{is} 的高度 H_{is},并保持平飞 R_s 距离至目标上空,打击完成后,再经过 R_a 距离爬升到巡航高度 H_{ia},完成打击任务纵向平面高度规划。

飞行器在快速爬升/俯冲飞行过程中,需要在给定的高度约束区间内尽快到达目标飞行高度,随后保持给定海拔巡航飞行。首先令航迹点期望高度为给定海拔,然后检测航迹点期望高度是否符合高度区间和性能约束,若不符合,则进行高度纠正。从最后一个航迹点依次向前遍历,获得可行的三维航迹。基于沉降基本算法,

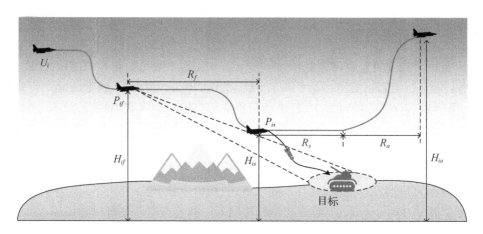

图 4-4　飞行器打击任务高度剖面约束

具体步骤如下：

（1）根据插值步长产生备选航迹点并从最后一个航迹点向前依次遍历节点；

（2）令当前点的期望高度为给定海拔，检测当前点高度是否符合高度约束，若不符合约束，则进行高度区间修正/飞行器爬升俯冲率修正；

（3）循环遍历重复步骤（2），直至当前节点遍历至航迹点序列的起点；

（4）删除多余节点并将剩余节点的高度坐标转化为发射坐标系下的 z 坐标。

4.2.4　目标模型

根据集群任务描述，环境内共存在 n_T 个目标，对第 j 个目标 T_j 的模型可用以下五元组描述如下：

$$T_j = \{\text{type}_j,\ P_{jT},\ r_j,\ \text{value}_j,\ V_{jT}\} \tag{4-5}$$

式中，type_j 为 T_j 的类型，分为点目标、线目标和面目标；P_{jT} 表示 T_j 的位置坐标（点目标的 P_{jT} 点数目为 1；线目标的 P_{jT} 点数目为 2；面目标若为圆形面目标，则 P_{jT} 的点数为 1，若为多边形面目标，则 P_{jT} 的点数目为多边形顶点个数）；r_j 为目标威胁范围（对于点目标和线目标，$r_j = 0$，对于圆形面目标，r_j 为圆半径）；V_{jT} 为 T_j 的移动速度，假设所有目标中只有点目标会移动，面目标和线目标速度均为 0；value_j 为 T_j 的价值，一般由专家经验或目标评估给出。

1.　点目标

假设飞行器火控瞄准段能够瞬时锁定目标，因此对点目标的打击航迹规划终端点为 $P_{jT} = P_{jt}(x_{jt}, y_{jt}, z_{jt})$。点目标终端位置由目标实时速度信息解算，考虑到打击任务需求的不同，根据是否具有打击角度约束，可按照图 4-3 将点目标打击任务分为饱和式全向打击和定向打击,针对打击方位角无约束的目标,其最快进入航迹如图 4-5(a)所示;对于打击方位角有约束的目标,其最快进入航迹如图 4-5(b)所示。

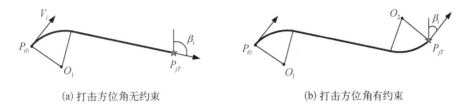

(a) 打击方位角无约束　　　　　　　　　(b) 打击方位角有约束

图 4-5　点目标打击航迹规划示意

2. 线目标

线目标位置可由 $P_{jT} = \{P_{j1}(x_{j1}, y_{j1}, z_{j1}), P_{j2}(x_{j2}, y_{j2}, z_{j2})\}$ 表示,P_{j1} 和 P_{j2} 分别为线目标长边中心线的两个顶点的坐标,假设飞行器沿线目标长边中心线飞行,即可完成对线目标打击任务,即按照 $\overrightarrow{P_{j1}P_{j2}}$ 或 $\overrightarrow{P_{j1}P_{j2}}$ 的方向从任意一端开始打击,其打击航迹示意图如图 4-6 所示。

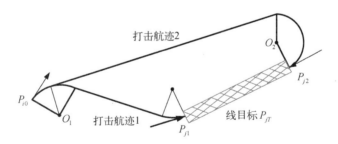

图 4-6　线目标打击航迹规划示意

线目标打击过程中飞行器从目标的任意一端开始打击,P_{j1} 和 P_{j2} 端点进入的打击段航程代价相同,但由于飞行器初始状态使得进入打击段航迹规划代价不同,同时多个线目标的打击任务之间的衔接代价也不同,在航迹规划过程中应考虑线目标打击进入点的影响,以减少航程代价。

3. 面目标

根据区域类型,面目标可分为多边形面目标和圆形面目标,分别为 $P_{jT} = \{P_{j1}(x_{j1}, y_{j1}, z_{j1}), \cdots, P_{jm}(x_{jm}, y_{jm}, z_{jm})\}$,其中 m 为区域顶点个数;$P_{jT} = P_{jc}(x_{jc}, y_{jc}, z_{jc})$,其中 P_{jc} 为圆心坐标,r_j 为圆形面目标威胁范围。根据面目标区域的大小及飞行器打击载荷火控瞄准能力优化可得到打击单个面目标需要的飞行器数目 n_{jT}:

$$n_{jT} = \lceil W_A / d \rceil \qquad (4-6)$$

式中,$\lceil \bullet \rceil$ 表示向上取整运算;W_A 为垂直打击进入方向的面目标的宽度。面目标打击时,假设没有指定的打击方向约束,将多边形面目标区域简化为矩形区域,如图 4-7(a) 所示,将圆形面目标区域外切为正方形区域,同时圆形区域的外切正方形为无限个,根据进入区域打击的航程代价优化出最优角度外切的正方形区域,如图 4-7(b) 所示。

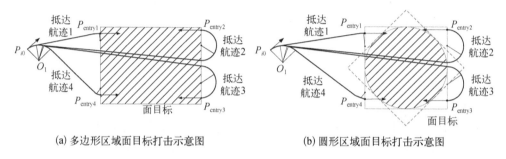

(a) 多边形区域面目标打击示意图   (b) 圆形区域面目标打击示意图

图 4-7   面目标打击航迹规划示意

为节约飞行器资源,平行于区域长轴方向进入所需的飞行器数目小于平行于短轴方向所需的飞行器数目,因此当没有指定的打击方向约束时,以长轴方向作为主要的打击方向,采用 n_{jT} 架飞行器并排同时进入目标区域执行打击任务的航迹。因此,存在 n_{jT} 个协同进入起始点,虽然区域内的打击航迹代价相同,但由于飞行器初始位置状态不同,转移路径代价不同,需要确定最优的进入点匹配序列,其抵达航迹示意图如图 4-8 所示,经过以上步骤,即可将面目标抽象为 n_{jT} 个时间协同进入的线目标。

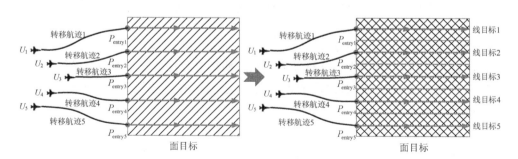

图 4-8   面目标打击航迹示意图

4.2.5   打击任务模型

由图 4-9 可以看出,环境内存在多架飞行器对目标区域内的多个目标进行协同打击,其航迹规划不仅要满足目标和飞行器模型约束,还要满足对应 T 的任务时空协同需求 $M = \{M_j \mid j = 1, 2, \cdots, n_T\}$:

$$M_j = \{n_{jT}, \beta_{\min}, \beta_{\max}, \Delta t_k\}, \quad k = 1, 2, \cdots, n_{jT} \tag{4-7}$$

式中, n_{jT} 表示对 T_j 的打击任务由 n_{jT} 架飞行器 $\{U_1, U_2, \cdots, U_{n_{jT}}\}$ 按约束协同执行; $[\beta_{\min}, \beta_{\max}]$ 表示对 T_j 打击的最小和最大方位角约束; $\Delta t_k (k = 1, 2, \cdots, n_{jT})$ 为对 T_j 的时间协同打击窗口。

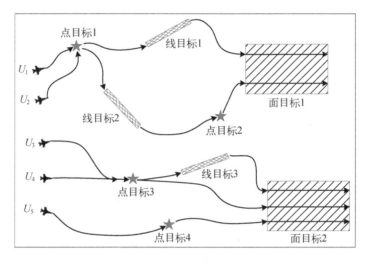

图 4-9　打击任务场景

当出动多架飞行器对多个目标进行协同打击时,由于飞行器初始位置与目标位置、价值等参数的不确定性,需要优化每个目标对应的打击执行飞行器子群,同时每架飞行器也要优化其打击任务执行序列,以实现任务效能最大化。因此,本节将多飞行器对多目标的打击任务航迹规划优化过程描述为多动态旅行商问题(multiple dynamic travelling salesman problem, MDTSP)模型进行研究。

1. 时空协同约束模型

实际应用过程中,为提升打击任务效能,对单个目标 T_j 的任务空间约束为 n_{jT} 架飞行器在 $[\beta_{\min}, \beta_{\max}]$ 的角度区间内执行打击任务,时间约束为 n_{jT} 按时间协同窗口 $\Delta t_k (k = 1, 2, \cdots, n_{jT})$ 完成打击任务。

根据 4.2.2 节内容,全向打击角度约束为在 $[\beta_{\min}, \beta_{\max}]$ 等角度间隔打击,定向打击任务约束为在 $[\beta_{\min}, \beta_{\max}]$ 内寻找集群的最快打击航迹角度 β,表示为

$$\begin{cases} \beta_{k+1} - \beta_k = (\beta_{\max} - \beta_{\min})/n_{jT}, & \text{全向打击} \\ \beta_1 = \beta_2 = \cdots = \beta_{jT} = \beta, \beta \in [\beta_{\min}, \beta_{\max}], & \text{定向打击} \end{cases} \tag{4-8}$$

U_i 的打击角度 β_i 和 β_k 之间不是按顺序对应的关系,对于任意一个 β_k,均存在唯一一个 U_i 与其对应,n_{jT} 架飞行器的打击角度与全向打击的 n_{jT} 个 β_k 角度之间需按照预估航程进行优化匹配。将任务要求的 n_{jT} 架飞行器打击的时间协同窗口 $\Delta t_k(k=1,2,\cdots,n_{jT})$ 定义为集群对 T_j 的第 k 次打击与第一次打击之间的时间间隔,即满足 $\Delta t_k > 0$ 且 $\Delta t_1 = 0$。与角度约束一致,n_{jT} 架飞行器的任务执行时间间隔 Δt_j 与时间协同窗口 Δt_k 不是按序一一映射的,为提升任务执行效能,需对时间窗口进行优化配置,即任务执行时间约束描述为

$$\forall \Delta t_k,\ t_a - t_b = \Delta t_k \pm \delta t,\quad k,\ a,\ b = 1,\ 2,\ \cdots,\ n_{jT} \tag{4-9}$$

式中,δt 为打击任务接收的安全时间冗余性误差。时间协同约束描述为:对任意一个 Δt_k,均存在唯一一个 U_a 和 U_b,使得其任务协同任务完成时间 t_a 和 t_b 满足式(4-9)的约束。

2. MDTSP 模型

以上考虑的约束为对单个目标的协同打击约束,拓展场景至单次航迹规划过程中有 n 架飞行器 $U\{U_1,\ U_2,\ \cdots,\ U_n\}$ 执行对 n_T 个异构目标 $T\{T_1,\ T_2,\ \cdots,\ T_{n_T}\}$ 的协同打击任务,每个目标 T_j 按约束执行打击 n_{jT} 次,每架飞行器从当前位置 $P_{i0}(x_{i0},\ y_{i0},\ z_{i0})$ 出发依次执行多个打击任务,如图 4-9 所示,设 U_i 执行的打击任务序列为 $\Lambda_i\{\Lambda_{i1},\ \Lambda_{i2},\ \cdots,\ \Lambda_{in_i}\}$,其中 $\Lambda_{im} = \{T_k,\ P_{jk},\ \beta_k\}$ 表示 U_i 第 m 次执行打击任务是对第 k 个目标 T_k 以打击角度 β_k 从点 P_{jk} 位置开始执行,n_i 为 U_i 的执行打击任务次数,即打击载荷消耗量,此时 U_i 执行完任务序列 Λ_i 所需航程为 L_i。

以集群最小化打击任务完成时间、最小化打击资源消耗和最大化任务完成价值作为多飞行器打击航迹规划过程中的优化目标,建立 MDTSP 全局优化模型 $\min J$:

$$\min J = \omega_1 \sum_{i=1}^{n} L_i + \omega_2 \sum_{i=1}^{n} n_i - \omega_3 \sum_{j=1}^{n_T} \mathrm{value}_j \tag{4-10}$$

式中,ω_1、ω_2 和 ω_3 分别对应三项任务评价指标的权重系数。

4.2.6　环境模型

飞行器集群打击任务工程化航迹规划过程中,由于环境的限制,存在飞行安全空域 Z 约束及数字高程模型 D 约束。

1. 飞行空域模型

飞行器集群打击任务航迹规划过程中,将飞行空域 Z 建模为矩形区域,其对应的坐标范围由空域左下角经纬高坐标 $P_{ld}(\mathrm{lng}_{ld},\ \mathrm{lat}_{ld},\ \mathrm{alt}_{ld})$ 和右上角经纬高坐标

$P_{ru}(\text{lng}_{ru}, \text{lat}_{ru}, \text{alt}_{ru})$ 表示,U_i 计算得到的航迹点均应满足以下约束:

$$\overrightarrow{P_{ij}P_{ij+1}} \subseteq Z \tag{4-11}$$

2. 数字高程模型

本节采用第 2 章建立的规划飞行空域 Z 的数字高程模型 M_{llh} 定义任务环境中的地形模型,打击航迹任务规划过程中均应保证飞行器的不碰地约束。

4.3 打击任务模块航迹规划方法

4.3.1 协同打击的五段式方法

考虑到飞行器自身性能与打击任务要求,针对打击段不存在威胁的较简单任务场景,采用一种沿打击方位角反方向朝飞行器当前位置逆推的思想,在减少飞行器转弯次数以及航程协同的前提下,提出了一种基于递推思想的简单实用的五段式打击任务二维航迹规划方法;并且在有威胁的情况下,根据航程最短原则调整航迹沿切线避开威胁。

五段式递推算法的主要思想是根据目标状态、飞行器的打击方位角、末制导段距离、火控瞄准距离的约束条件,沿打击方位角的反方向推出末制导航点及火控开启点的位置,再根据火控开启点的位置、飞行器初始状态、飞行器最大转弯角,飞行器最小航迹距离等约束条件,依次递推得到五段式打击任务航迹。

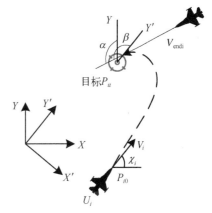

图 4 - 10 飞行器与目标坐标旋转

如图 4 - 10 所示,首先对飞行器 U_i 初始位置沿着速度方向 χ_i 进行坐标旋转至 $OX'Y'$,使得 U_i 的初始速度方向沿着 OY' 轴正方向,坐标旋转后的打击航向角为 β,坐标转换后的 U_i 初始位置为 $P_{i0}(x_{i0}, y_{i0})$,目标位置为 $P_{jt}(x_{jt}, y_{jt})$,对应的武器发射点位置为 $P_{is}(x_{is}, y_{is})$,火控开机点坐标为 $P_{if}(x_{if}, y_{if})$,设 U_i 的最大转弯角 $\Delta\chi_{\max} = 90°$,即飞行器不能转锐角弯,根据坐标旋转后 β 角度的大小分情况对算法流程叙述如下。

1. $\beta \in [-90°, 90°]$

首先判断 $P_{i0}(x_{i0}, y_{i0})$ 和 $P_{if}(x_{if}, y_{if})$ 之间是否满足如下的距离约束:

$$y_{if} - y_{i0} \geq d_0 + [2r_{\min}\tan(90°/2) + l_0] + [r_{\min}\tan(\beta/2) + l_0]\cos\beta \tag{4-12}$$

式中，d_0 表示起始段的距离约束；$2r_{min}\tan(90°/2) + l_0$ 表示连转两个 $90°$ 弯的距离约束；$[r_{min}\tan(\beta/2) + l_0]\cos\beta$ 表示转向火控开机点路径长度沿 OY' 轴的距离。若满足式（4 - 12）中的距离约束，则按照如图 4 - 11 中的方案进行飞行器绕飞方案的航迹规划；当 $\beta \geqslant 0°$ 时，U_i 左转绕飞，若 $\beta < 0°$，U_i 右转绕飞，规划结果共包括五段航迹，分别为 L_{i1}、L_{i2}、L_{i3}、L_{i4} 和 L_{i5}，虚线为 U_i 转弯过程中的实际飞行航线，每段航迹的最小值为

$$
\begin{cases}
L_{i1min} = r_{min} \times \tan(90°/2) + r_{min} \times \tan(90°/2) + l_0 \\
L_{i2min} = r_{min} \times \tan(90°/2) + r_{min} \times \tan(90°/2) + l_0 \\
L_{i3min} = r_{min} \times \tan(90°/2) + r_{min} \times \tan(90°/2) + l_0 \\
L_{i4min} = r_{min} \times \tan(90°/2) + r_{min} \times \tan(|\beta|/2) + l_0 \\
L_{i5min} = r_{min} \times \tan(|\beta|/2) + l_0
\end{cases}
\tag{4-13}
$$

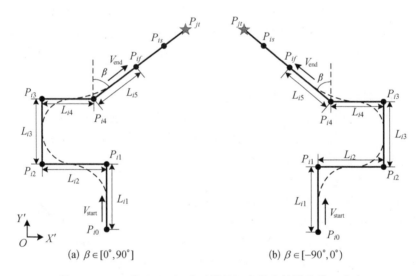

(a) $\beta \in [0°, 90°]$　　　　(b) $\beta \in [-90°, 0°)$

图 4 - 11　$\beta \in [-90°, 90°]$ 时满足距离约束的编队绕飞方案

在满足式（4 - 13）的约束下，当 $\beta \geqslant 0°$ 时，U_i 的航迹点的坐标计算为

$$
\begin{cases}
(x_{i1}, y_{i1}) = (x_{i0}, y_{i0} + L_{i1min}) \\
(x_{i2}, y_{i2}) = \{\min[x_{i1} - L_{i2min}, x_{if} - (y_{if} - y_{i1} - L_{i3min}) \times \tan\beta - L_{i4min}, \\
\quad x_{if} - L_{i5min} \times \sin\beta - L_{i4min}], y_{i1}\} \\
(x_{i3}, y_{i3}) = (x_{i2}, y_{i2} + L_{i3min}) \\
(x_{i4}, y_{i4}) = \{\min[x_{if} - (y_{if} - y_{i3}) \times \tan\beta, x_{if} - L_{i5min} \times \sin\beta], y_{i3}\}
\end{cases}
\tag{4-14}
$$

当 $\beta < 0°$ 时，U_i 的航迹点的坐标计算为

$$\begin{cases} (x_{i1},\ y_{i1}) = (x_{i0},\ y_{i0} + L_{i1\min}) \\ (x_{i2},\ y_{i2}) = \{ \max[x_{i1} + L_{i2\min},\ x_{if} - (y_{if} - y_{i1} - L_{i3\min}) \times \tan\beta + L_{i4\min}, \\ \qquad\qquad x_{if} - L_{i5\min} \times \sin\beta + L_{i4\min}],\ y_{i1} \} \\ (x_{i3},\ y_{i3}) = (x_{i2},\ y_{i2} + L_{i3\min}) \\ (x_{i4},\ y_{i4}) = \{ \max[x_{if} - (y_{if} - y_{i3}) \times \tan\beta,\ x_{if} - L_{i5\min} \times \sin\beta],\ y_{i3} \} \end{cases}$$

$$(4-15)$$

若 U_i 的初始位置 $P_{i0}(x_{i0},\ y_{i0})$ 和终端位置 $P_{if}(x_{if},\ y_{if})$ 不满足式(4-12)距离约束,则按照图 4-12 方案实现 U_i 绕飞方案的航迹规划,仍包括五段航迹,分别为 L_{i1}、L_{i2}、L_{i3}、L_{i4} 和 L_{i5},每段航迹最小值按照式(4-14)计算,当 $\beta \geqslant 0°$ 时,U_i 的航迹点的坐标为

$$\begin{cases} (x_{i4},\ y_{i4}) = (x_{if} - L_{i5\min} \times \sin\beta,\ y_{if} - L_{i5\min} \times \cos\beta) \\ (x_{i3},\ y_{i3}) = [\min(x_{i4} - L_{i4\min},\ x_{i0} - L_{i2\min}),\ y_{i4}] \\ (x_{i2},\ y_{i2}) = [x_{i3},\ \max(y_{i3} + L_{i3\min},\ y_{i0} + L_{i1\min})] \\ (x_{i1},\ y_{i1}) = (x_{i0},\ y_{i2}) \end{cases}$$

$$(4-16)$$

当 $\beta < 0°$ 时,U_i 的航迹点的坐标为

$$\begin{cases} (x_{i4},\ y_{i4}) = (x_{if} - L_{i5\min} \times \sin\beta,\ y_{if} - L_{i5\min} \times \cos\beta) \\ (x_{i3},\ y_{i3}) = [\max(x_{i4} + L_{i4\min},\ x_{i0} + L_{i2\min}),\ y_{i4}] \\ (x_{i2},\ y_{i2}) = [x_{i3},\ \max(y_{i3} + L_{i3\min},\ y_{i0} + L_{i1\min})] \\ (x_{i1},\ y_{i1}) = (x_{i0},\ y_{i2}) \end{cases}$$

$$(4-17)$$

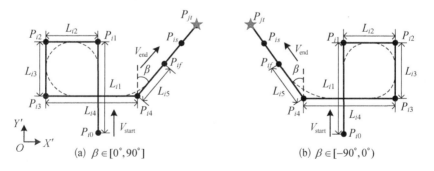

(a) $\beta \in [0°, 90°]$　　　　　　　　(b) $\beta \in [-90°, 0°)$

图 4-12　$\beta \in [-90°, 90°]$ 时不满足距离约束的编队绕飞方案

2. $\beta \in [-180°, -90°) \cup (90°, 180°]$

首先判断 $P_{i0}(x_{i0},\ y_{i0})$ 和 $P_{if}(x_{if},\ y_{if})$ 之间是否满足如下的距离约束:

$$x_{if} - x_{i0} \geqslant 2 \times r_{\min} \times (1 + \sin|\beta|)$$

$$(4-18)$$

若满足距离约束,则按照图4-13方案进行绕飞方案实现航迹规划,当 $\beta \geqslant 0°$ 时, U_i 右转绕飞,若 $\beta < 0°$, U_i 则左转绕飞,规划结果共包括四段航迹,虚线为弹药转转弯过程中的实际飞行航线。

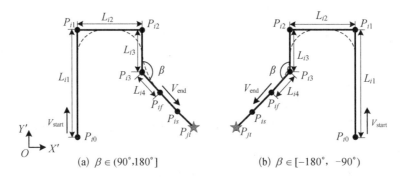

(a) $\beta \in (90°, 180°]$　　　　　(b) $\beta \in [-180°, -90°)$

图4-13　$\beta \in [-180°, -90°) \cup (90°, 180°]$ 时满足距离约束的编队绕飞方案

在满足距离约束下的航迹规划方案结果由 L_{i1}、L_{i2}、L_{i3} 和 L_{i4} 四段航迹组成,每段航迹的最小值可计算为

$$\begin{cases} L_{i1min} = r_{min}\tan(90°/2) + l_0 \\ L_{i2min} = r_{min}\tan(90°/2) + r_{min}\tan(90°/2) + l_0 \\ L_{i3min} = r_{min}\tan(90°/2) + r_{min}\tan(|\beta|/2) + l_0 \\ L_{i4min} = r_{min}\tan(|\beta|/2) + r_{min}\tan(0°/2) + l_0 \end{cases} \quad (4-19)$$

U_i 的航迹点坐标为

$$\begin{cases} (x_{i3}, y_{i3}) = (x_{if} - L_{i4min} \times \sin\beta, y_{if} - L_{i4min} \times \cos\beta) \\ (x_{i2}, y_{i2}) = [x_{i3}, \max(y_{i3} + L_{i3min}, y_{i0} + L_{i1min})] \\ (x_{i1}, y_{i1}) = (x_{i0}, y_{i2}) \end{cases} \quad (4-20)$$

若 U_i 的初始位置 $P_{i0}(x_{i0}, y_{i0})$ 与终端位置 $P_{if}(x_{if}, y_{if})$ 不满足式(4-18)的距离约束,则按照图4-14方案进行飞行器绕飞方案的航迹规划。

不满足式(4-18)方案设计的航迹包括 L_{i1}、L_{i2}、L_{i3} 和 L_{i4} 四段航迹,每段航迹的最小值仍按照式(4-19)所述方法计算,U_i 的航迹点的坐标计算按照式(4-21)进行计算:

$$\begin{cases} (x_{i3}, y_{i3}) = [\min(x_{it} - L_{i4min} \times \sin\beta, x_{i0} - L_{i2min}), (x_{it} - x_{i3}) \times \tan\beta + y_{it}] \\ (x_{i2}, y_{i2}) = [x_{i3}, \max(y_{i3} + L_{i3min}, y_{i0} + L_{i1min})] \\ (x_{i1}, y_{i1}) = (x_{i0}, y_{i2}) \end{cases}$$

$$(4-21)$$

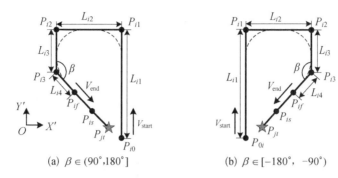

(a) $\beta \in (90°, 180°]$　　　　(b) $\beta \in [-180°, -90°)$

图 4-14　$\boldsymbol{\beta} \in [-180°, -90°) \cup (90°, 180°]$ 时
不满足距离约束的编队绕飞方案

此时,满足动力学约束的航迹规划完成,按照上述方法能满足任务点的固定进入角度约束要求。

4.3.2　基于 Dubins 算法的快速打击方法

基于 Dubins 算法的快速打击航迹规划适用于终端打击无航向或有航向约束的情况,旨在寻找飞行器打击段航程最优的航迹解。根据第 2 章中 Dubins 算法的叙述,Dubins 路径的长度与圆的半径具有直接的映射关系,既可以根据半径计算相应路径的长度,又可以在多机协同航迹规划的过程中,根据期望的路径长度计算相应的圆形半径,以此达到航程协同的目的。因此,可采用 Dubins 曲线作为飞行器的基本路径曲线用于实时的多机协同航迹规划,并采用遍历方向角寻优的方式计算得到最优 β_{best},从而计算得到最小路径长度且不超出任务区域的 Dubins 曲线作为飞行器航迹。

采用上述 Dubins 算法设计航迹优化了打击飞行航程,若某架飞行器总航程不足以执行 Dubins 算法计算的航迹长度,则在分配过程中不能指派该飞行器执行打击任务。因此,总航程的优化应在任务决策和分配过程中考虑,而单次航迹规划过程中仅考虑起点、终点之间的航迹优化。

4.3.3　打击航迹规划时空协同方法

1. 时空协同机制

飞行器集群打击任务空间协同是指多架飞行器从特定的方位抵达同一目标点上空。时间协同是指多架飞行器抵达目标上空的时间必须满足任务约束的时间窗口,主要分为同时打击和依序打击。实现时间协同的主要方式是补偿飞行器的预估完成时间和期望完成时间之间的差值。现有方法包括三类,分别为速度协同、机动协同、航程协同和混合协同的方式,如图 4-15 所示。

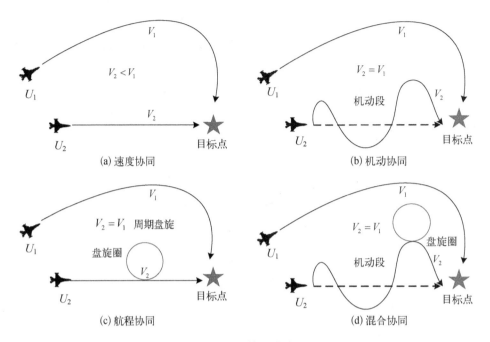

图 4 - 15　四种协同方式原理

1）速度协同方式

在航迹规划过程中,各个飞行器飞行速率稳定,通过增加较长航程的飞行器速率和降低较短航程的飞行器速率来调节任务预估完成时间。然而,由于飞行器速率的限幅约束,该方式的补偿范围有限。

2）机动协同方式

航迹规划过程中,对于有协同关系的飞行器集群协调规划,以集群协同完成任务时间最小为规划目标。飞行器通过侧向机动协同的方式实现时间补偿,但由于飞行器最大转弯角和任务空域的限制,可能导致机动协同方式无法保证时间协同。

3）航程协同方式

当多架飞行器的任务时间协同要求差距过大时,考虑到飞行器的最大转弯角约束,侧向机动协同方式难以规划以满足协同需求,采用航程协同的方式,在预估时长较短的飞行器航迹上增加迂回机动（通常为根据最小转弯角生成的盘旋段航迹）,以等待预估时长较长的飞行器。飞行器的盘旋周期与多飞行器的航程间隔有关,由于盘旋圈数均为整数,该方法无法实现航程的精确调节。

4）混合协动方式

机动和航程协同方式均存在一定的不足,因此结合机动协同和航程协同方式建立混合协同方式。优先采用航程协同方式,并对航程协同后的航迹进行机动调节补偿,以提高集群的时空调节能力范围和调节精度,整个航迹采用均匀巡航方式,提高打击任务作战效能。

2. 基于混合机动方式的时空协同方法

1) 打击方位角协同优化

根据打击任务需求,对目标 T_j 协同打击的 n_{jT} 架飞行器 $U = \{U_1, U_2, \cdots, U_{n_{jT}}\}$ 的任务航向角约束从小到大排序为 $\beta = \{\beta_1, \beta_2, \cdots, \beta_{n_{jT}}\}$,按照五段式或 Dubins 打击航迹规划方法生成 n_{jT} 架飞行器的针对每个打击方位角的最短航迹距离矩阵 L:

$$L = \begin{bmatrix} L_{11} & L_{12} & \cdots & L_{1n_{jT}} \\ L_{21} & L_{22} & \cdots & L_{2n_{jT}} \\ \vdots & \vdots & \ddots & \vdots \\ L_{n_{jT}1} & L_{n_{jT}2} & \cdots & L_{n_{jT}n_{jT}} \end{bmatrix} \quad (4-22)$$

式中, L_{ik} 表示 U_i 从 β_k 方位角对目标 T_j 进行打击,为实现集群打击效能最大,将单个目标协同打击时长优化为平均时长最短,即求取 L 中不同行、不同列元素和的最小值,建立邻接矩阵 L 的二分图 $G_{n_{jT}} = (U, \beta)$,边权重 $\omega_{ik} = L_{ik}$,采用匈牙利算法——库恩-曼克尔斯(Kuhn-Munkres, KM)算法计算二分图的最优匹配 L_{best},算法步骤如下。

(1) 采用贪心算法初始化标杆 L_U 和 L_β:

$$\begin{cases} L_U = \begin{bmatrix} 0 & 0 & \cdots & 0 \end{bmatrix}^{\mathrm{T}} \\ L_\beta = \begin{bmatrix} \min(L_{k1}) & \min(L_{k2}) & \cdots & \min(L_{kn_{jT}}) \end{bmatrix}^{\mathrm{T}} \quad k = 1, 2, \cdots, n_{jT} \end{cases}$$
$$(4-23)$$

对于集合 U 中的每个顶点 U_i,其标杆 $L_U(U_i)$ 被初始化为 0;对于集合 β 中的每个顶点 β_k,其标杆 $L_\beta(\beta_k)$ 被初始化为与其相连的边权的最小值,用于求解最小匹配问题。

(2) 遍历 β 的各个顶点,初始化点集 S 和 T 为 $\varnothing$,从第一个节点 β_1 开始扫描到 $\beta_{n_{jT}}$,根据式(4-24)判断是否有合法的匹配路径 U_i:

$$U_i \notin T \cap L_\beta[k] + L_U[i] = L[k][i] \quad (4-24)$$

则有

$$T = T \cup U_i \quad (4-25)$$

接着判断 U_i 是否未匹配,或者 U_i 的当前匹配 β_m 是否能够通过另一条增广路径找到另一匹配 U_j,即

$$U_i \notin \text{Line} \cup \text{Line}\{\beta_m\} = U_j \quad (4-26)$$

则将其反选补充至路径集合 $\text{Line} = \beta_{\text{vis}} \rightarrow U_{\text{vis}} = \{\beta_m \rightarrow U_i\}$ 和已选点集 T。

（3）当遍历到 β_k 时，若无合法路径，则构建如下点集 S 和 T：

$$\begin{cases} S = \{\beta_k\} \cup \{\beta_m, \beta_m \in \mathrm{Line}\} \\ T = \{U_i, U_i \in \mathrm{Line}\} \end{cases} \qquad (4-27)$$

此时从 S 中匹配未连成有效路径的 $U-T$ 中的权值变化最大值 d：

$$d = \max(L_\beta[a] + L_U[b] - L[a][b]), \quad \beta_a \in S; \ U_b \in U-T \qquad (4-28)$$

按照下式更新标杆 L_U 和 L_β 的值：

$$\begin{cases} L_\beta[a] = L_\beta[a] - d, \quad \beta_a \in S \\ L_U[c] = L_U[c] + d, \quad U_c \in T \end{cases} \qquad (4-29)$$

　　根据更新后的标杆值重新构建 β_k 的合法的匹配路径，若存在则加入路径集合 Line，否则根据式（4-27）~式（4-29）更新 L_U 和 L_β 的值，转步骤（2）~步骤（3），直至找到合法路径。

　　（4）遍历完所有 β，生成完备路径 Line，对应得到各个飞行器的最优打击序列 $L_{\mathrm{best}} = \mathrm{Line}$。算法伪代码如表4-1和表4-2所示。

表4-1　采用 KM 算法寻找匹配路径

function bool findpath(k)
1： $S = S \cup \{\beta_k\}$
2： for $i = 1:1:n_{jT}$
3： **if** $U_i \notin T \cap L_\beta[k] + L_U[i] == L[k][i]$
4： $T = T \cup \{U_i\}$
5： **if** Line$\{U_j\} == -1 \parallel$ findpath(Line$\{U_j\}$)
6： Line$\{U_j\} = \beta_k$
7： **return true**
8： **return false**
end function

表4-2　采用 KM 算法计算二分图的最优匹配

function void KM(k)
1： **for** $k = 1:1:n_{jT}$
2： **while true**

function void KM(k)

3:	$S.\text{clear}(\ ),T.\text{clear}(\ )$
4:	**if** $S = S \cup \{\beta_k\}$
5:	**break while**
6:	**else**
7:	**for** $a = 1:1:n_{jT}$
8:	**if** $\beta_a \in S$
9:	**for** $b = 1:1:n_{jT}$
10:	**if** $U_b \notin T$
11:	$d = \max(L_\beta[a] + L_U[b] - L[a][b])$
12:	**end for**
13:	**end for**
14:	**for** $a = 1:1:n_{jT}$
15:	**if** $\beta_a \in S$
16:	$L_\beta[a] = L_\beta[a] - d$
17:	**end for**
18:	**for** $c = 1:1:n_{jT}$
19:	**if** $U_c \in T$
20:	$L_U[c] = L_U[c] + d$
21:	**end for**
22:	**end for**
23:	$L_{\text{best}} = \text{Line}$
end function	

2) 打击时间协同优化

飞行器 U_i 根据以上五段式方式或 Dubins 快速打击方法生成的 $n_i + 1$ 个二维航迹点的航迹序列 P_i：

$$P_i = \{P_{i0}(x_{i0}, y_{i0}, \chi_{i0}, l_{i0}), P_{i1}(x_{i1}, y_{i1}, \chi_{i1}, l_{i1}),$$
$$P_{i2}(x_{i2}, y_{i2}, \chi_{i2}, l_{i2}), \cdots, P_{in_i}(x_{in_i}, y_{in_i}, \chi_{in_i}, l_{in_i})\} \quad (4-30)$$

式中，$l_{ik}(k = 1, \cdots, n_i)$ 为 P_{ik} 与 P_{ik-1} 之间的预估航程，计算如下：

$$l_{ik} = |P_{ik-1}P_{ik}| - \{r_{ik-1}[\tan(|\Delta\chi_{ik-1}|/2) - |\Delta\chi_{ik-1}|/2]$$
$$+ r_{ik}[\tan(|\Delta\chi_{ik}|/2) - |\Delta\chi_{ik}|/2]\} \quad (4-31)$$

因此，U_i 预估完成打击任务的时间 t_i 为

$$t_i = L_i/V_i = \sum_{k=1}^{n_i} l_{ik} \Big/ V_i \tag{4-32}$$

式中，L_i 为 U_i 的预估打击任务航程，对目标 T_j 参与时空协同的 n_{jT} 架飞行器 $\{U_1, U_2, \cdots, U_{n_{jT}}\}$ 的预估时长按照从小到大排序为 $\{t_1, t_2, \cdots, t_{n_{jT}}\}$，分配时间间隔约束为 $\{\Delta t_1, \Delta t_2, \cdots, \Delta t_{n_{jT}}\}$，建立如下期望打击时间矩阵 δt：

$$\delta t = [\begin{matrix} \delta t_1 & \delta t_2 & \cdots & \delta t_{n_{jT}} \end{matrix}] = [\begin{matrix} 0 & t_2 - t_1 & \cdots & t_{n_{jT}} - t_1 \end{matrix}] \tag{4-33}$$

确定 U_i 与期望任务完成时间间隔 δt_i 与时间间隔 Δt_i 的时间差 τ_i 为

$$\tau_i = \delta t_i - \Delta t_i \max \tag{4-34}$$

计算 τ_i 的最大值 $\max\tau = \max_{i=1,2,\cdots,n_{jT}} \tau_i$，则 U_i 的期望协同任务完成时间 t_i^d 和期望任务完成航程 L_i^d 分别为

$$\begin{cases} t_i^d = \begin{cases} t_1 + \Delta t_i, & \max\tau \leqslant 0 \\ t_1 + \max\tau + \Delta t_i, & \max\tau > 0 \end{cases} \\ L_i^d = t_i^d \times V_i \end{cases} \tag{4-35}$$

根据 t_i^d 和 L_i^d 进行 U_i 打击任务航迹的预估时长调整，五段式协同打击航迹规划算法的计算过程如下。

（1）$\beta \in (0°, 90°] \cup \beta \in (-90°, 0°]$。飞行器队形切换方案如图 4-11 和图 4-12 所示，按式(4-36)调整 U_i 的规划结果：

$$\begin{cases} P_{i2}(x_{i2}, y_{i2}) = P_{i2}(x_{i2} - 0.5 \times L_i^d, y_{i2}) \\ P_{i3}(x_{i3}, y_{i3}) = P_{i3}(x_{i3} - 0.5 \times L_i^d, y_{i3}) \end{cases}, \quad \beta \in (0°, 90°] \tag{4-36a}$$

$$\begin{cases} P_{i2}(x_{i2}, y_{i2}) = P_{i2}(x_{i2} + 0.5 \times L_i^d, y_{i2}) \\ P_{i3}(x_{i3}, y_{i3}) = P_{i3}(x_{i3} + 0.5 \times L_i^d, y_{i3}) \end{cases}, \quad \beta \in (-90°, 0°] \tag{4-36b}$$

此航迹调整方案可看作在 4.3.1 节中不考虑时间协同航迹规划的基础上，根据是否满足约束将图 4-11 和图 4-12 中的 P_{i2} 和 P_{i3} 沿着 OX' 轴正负方向各拓展 $0.5 \times L_i^d$ 距离，以路径长度补偿的思想实现飞行器的时间协同航迹调整。

（2）$\beta \in (90°, 180°] \cup \beta \in (-180°, -90°]$。飞行器队形切换方案如图 4-13 和图 4-14 所示，调整 U_i 的规划结果：

$$\begin{cases} P_{i1}(x_{i1},\, y_{i1}) = P_{i1}(x_{i1},\, y_{i1} + 0.5 \times L_i^d) \\ P_{i2}(x_{i2},\, y_{i2}) = P_{i2}(x_{i2},\, y_{i2} + 0.5 \times L_{ii}^d) \end{cases},\quad \beta \in (90°,\, 180°] \cup \beta \in (-180°,\, -90°]$$

$$(4-37)$$

此航迹调整方案可看作在 4.3.1 节不考虑时间协同航迹规划的基础上,将图 4-13 和图 4-14 中的 P_{i1} 和 P_{i2} 沿着 OY' 轴正方向各延长 $0.5 \times L_i^d$ 距离,补偿路径长度实现飞行器的时间协同航迹调整。

编队内的任意飞行器按照以上方案进行飞行器时间协同航迹调整后,更新飞行器的航迹规划结果,可保证编队各飞行器满足到达时间约束。此时,飞行器的航迹均在转换后的坐标系 $OX'Y'$ 下进行设计,进行坐标逆变换,得到坐标系 OXY 下的结果,设 $P_{ij}(x_{ij},\, y_{ij})$ 为 U_i 在 $OX'Y'$ 坐标系下规划得到的第 j 个航迹点,则 $P_{ij}(x_{ij},\, y_{ij})$ 对应的 OXY 坐标系下的航迹点 $P_{ij}^o(x_{ij}^o,\, y_{ij}^o)$ 为

$$P_{ij}^o(x_{ij}^o,\, y_{ij}^o) = P_{ij}(-x_{ij} \times \sin\chi_i + y_{ij} \times \cos\chi_i,\, x_{ij} \times \cos\chi_i + y_{ij} \times \sin\chi_i)$$

$$(4-38)$$

对所有航迹点进行坐标逆变换后即可得到飞行器的协同打击任务航迹点。

当采用 Dubins 算法生成飞行器集群打击任务航迹时,此时首先判断 L_i^d 与飞行器绕圈航迹大小之间的关系:

$$n_{\mathrm{loop}} = \lfloor L_i^d / (2\pi r_{\min}) \rfloor$$

$$(4-39)$$

式中, $\lfloor \bullet \rfloor$ 为向下取整符号。U_i 从起始位置 P_{i0} 盘旋 n_{loop} 圈,生成绕圆外切线航迹,绕圆后的距离误差 $L_i^d = 2\pi r_{\min} n_{\mathrm{loop}}$,采用第 2 章所述的 Dubins 航迹协同路径补偿进行计算,从而通过混合机动的方式实现集群的时间协同。

4.3.4　飞行器集群打击任务优化方法

根据 4.3.1~4.3.3 节的内容即可计算多飞行器对单个目标的协同打击航迹及任务预估完成时间,当集群对多个目标执行打击任务航迹规划时,由于目标代价及路径转移代价的不同,根据 MDTSP 模型优化得到 $U\{U_1,\, U_2,\, \cdots,\, U_n\}$ 的打击任务序列 $\Lambda_i\{\Lambda_{i1},\, \Lambda_{i2},\, \cdots,\, \Lambda_{in_i}\}$,为提升飞行器集群协同打击任务航迹规划算法的求解能力和工程化应用能力,根据贪心算法依次进行对评价指标较高的目标进行协同分配,直至完成对场景内所有目标的分配打击。

贪心算法通过一系列选择来求出问题的最优解,在每个决策点做出当前看来最佳的选择,即通过局部最优(贪心)选择来构造全局最优解。贪心算法依赖于之前做出的选择,但不依赖于将来的选择。因此,贪心算法的集群航迹规划具有简单实用的特点,计算复杂度低,优化计算结果确定,受初始条件影响小,易实现且效率

高,适用于多种复杂动态条件下的集群航迹规划问题,其求解流程如图 4 - 16 所示。

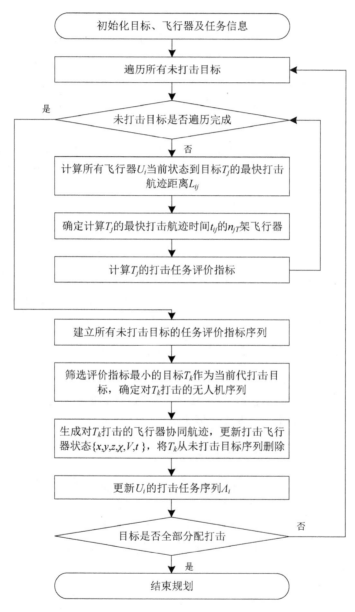

图 4 - 16 飞行器集群打击任务优化方法的求解流程

1. 初始化

根据静态与动态规划过程起点处飞行器和目标状态初始化集群航迹规划模型

$U = \{U_i \mid i = 1, 2, \cdots, n_U\}$，$T = \{T_j \mid j = 1, 2, \cdots, n_T\}$，$M = \{M_j \mid j = 1, 2, \cdots, n_T\}$，$Z$ 和 D，初始化飞行器的现有打击资源 C_i，未打击目标集合 NOT $= T$，初始化打击任务序列 $\Lambda = \varnothing$，初始时刻所有飞行器对应的预估飞行时刻 time $=$ $\{\text{time}_i \mid i = 1, 2, \cdots, n_U\} = 0$。

2. 选择飞行器序列

遍历所有未打击目标 $T_j \in$ NOT，基于 4.3.1~4.3.3 节所述算法，计算具备打击能力的飞行器 U_i 从当前位置状态 $\{x_i, y_i, z_i, V_i, \chi_i, \gamma_i, \text{time}_i, C_i\}$ 开始，对 T_j 打击的最短航迹距离 $\min L_{ij}$，计算 U_i 的对 T_j 最快打击任务完成时间 time_{ij}：

$$\text{time}_{ij} = \text{time}_i + \min L_{ij} / V_i \tag{4-40}$$

从飞行器集合 $U, \{U_i \mid C_i > 0\}$ 中按照贪心算子选择最小的 n_{jT} 个 time_{ij} 对应的无人机集合 U_{T_j} 作为当前代对 T_j 的打击飞行器序列。按照约束 M_j 计算 U_{T_j} 对 T_j 的时空协同航迹，并根据式(4-10)计算对 T_j 的协同打击任务代价 J_{T_j}。

3. 选择目标

当未打击目标遍历完成后，生成所有未打击目标的协同任务代价 $\{J_{T_j} \mid T_j \in$ NOT$\}$，采用贪心算法筛选评价指标最小的 $T_k(J_{T_k} = \min[J_{T_j} \mid T_j \in$ NOT$_j])$ 作为当前选择的最优打击目标，T_k 对应的协同打击飞行器序列为 U_{T_k}，对应的时空协同航迹 $P_{ik}(U_i \in U_{T_k})$ 已计算完成，以最后一个航迹点位置状态更新 $U_i \in U_{T_k}$ 的位置状态：

$$\begin{cases} x_i = P_{ik}.\text{end}().x \\ y_i = P_{ik}.\text{end}().y \\ z_i = P_{ik}.\text{end}().z \\ V_i = P_{ik}.\text{end}().V \\ \chi_i = P_{ik}.\text{end}().\chi \\ \gamma_i = P_{ik}.\text{end}().\gamma \\ \text{time}_i = \text{time}_i + \text{length}(P_{ik})/V_i \end{cases} \tag{4-41}$$

添加 $U_i \in U_{T_k}$ 对 T_k 的打击序列 $\Lambda_{im} = \{T_k, P_{jk}, \beta_k\}$ 至 Λ_i。

4. 收敛判断

判断目标是否全部分配，若已完成，则存储 U 的所有打击任务序列 Λ 及其对应的航迹点信息；否则，转到步骤 2 继续迭代优化，寻找下一最优打击目标，直至对所有目标完成打击任务。

4.4　仿真与分析

　　针对以上面向打击任务的航迹规划模型建立和算法设计,本节分别对三类目标模型,综合考虑飞行器武器发射距离、火控开机距离、最小转弯半径、最小航迹夹角、任务时空协同等约束条件,设计了单个飞行器打击单个三类典型目标场景、多个飞行器打击单个三类典型目标场景、多个飞行器协同打击多个典型目标的复杂场景,以及突发未知目标的动态场景,分别进行三维航迹的仿真试验,由此得到满足多约束条件的多飞行器打击任务飞行航迹,实现对所有目标的全部打击。

4.4.1　单飞行器对单目标打击规划仿真

　　1. 点目标快速打击

　　构建单飞行器打击单点目标仿真场景,环境中存在四处威胁,假设飞行器尚未起飞,初始位置为(92.813 873°, 36.529 541°, 3 824.7 m),相对地面高度0 m,初始发射角度为北偏东45°,目标初始位置为(93.655 526°, 36.814 684°, 2 768.5 m),相对地面高度0 m,采用4.3节算法生成飞行器对点目标的打击航迹,如图4-17(a)所示,最终打击角度为北偏东60°,任务高度约束飞行器从初始位置出发,等相高2 000 m巡航飞行至火控开机点,对目标持续监视,此过程维持相高1 500 m飞行5 000 m,随后转入武器发射段,在发射点处,飞行器需满足对地相对高度1 000 m,距离目标3 000 m的约束条件,由此计算得到的飞行器飞

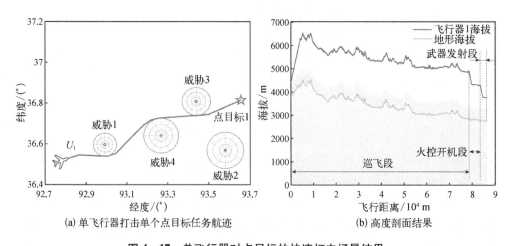

(a) 单飞行器打击单个点目标任务航迹　　(b) 高度剖面结果

图4-17　单飞行器对点目标的快速打击场景结果

行高度剖面曲线及航迹点经纬度下方地形海拔之间的变化结果如图 4 - 17(b)所示,从图中可以看到飞行器在满足机动能力约束、任务约束和高度约束的条件下,计算生成了合理的打击航迹,实现对目标的高效打击。

2. 线目标快速打击

构建单个飞行器打击单个线目标仿真场景,飞行器初始状态与点目标快速打击场景状态一致,线目标两端点坐标分别为(93.678 868°, 36.740 214°, 2 795.4 m)和(93.915 581°, 36.828 683°, 2 733.2 m),线目标方位角为北偏东45°,因此飞行器打击线目标角度必须为北偏东45°或北偏西135°,任务高度约束飞行器从初始位置出发,等相高 2 000 m 巡航飞行至飞行器火控开机点,监视高度为等相高 1 500 m,飞行 5 000 m 转入武器发射段,武器发射高度为相高 1 000 m,距离目标 3 000 m,计算飞行器合理的打击线目标任务航迹,得到的结果如图 4 - 18(a)和图 4 - 18(b)所示,可以看到飞行器在满足航迹距离最短的优化目标和避开环境威胁的安全目标约束下,按照指定的高度进行巡航至北偏东45°方向的火控开机点,并按照距离和高度约束完成了武器发射和打击目标,实现了对线目标的有效打击。

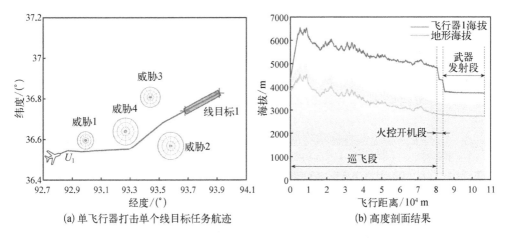

(a) 单飞行器打击单个线目标任务航迹　　(b) 高度剖面结果

图 4 - 18　单飞行器对线目标的快速打击场景结果

3. 面目标快速打击

构建单个飞行器打击单个面目标仿真场景,飞行器初始状态与点目标快速打击场景状态一致,面目标设计为圆形目标,其圆心位置为(93.747 786°, 36.801 509°, 2 761.8 m),覆盖范围为 6 140.8 m,设计单个飞行器覆盖面目标范围为 $W_A = 8\,000\,\text{m}$,因此此类场景下单个飞行器即可覆盖对整个面目标的打击,面目标打击方向自由,要求在满足飞行器飞行安全的前提下,生成打击总距离最短的任务航迹,同时任务高度约束飞行器从初始位置出发,等相高 2 000 m 巡航飞行直至飞行器火控开机点,监视高度为等相高 1 500 m,飞行 5 000 m 转入武器发射段,武器发射高度为相高 1 000 m,距目标 3 000 m,采用 4.3 节算法计算飞行器打击面目标任务航迹,得到的结果如图 4-19(a)和图 4-19(b)所示,从图中可以看到飞行器按照指定高度约束巡航至面目标附近,并按照北偏东 62°方向和指定高度对面目标实现火控开机、武器发射和有效打击,充分说明了本章打击航迹规划工程化算法的有效性。

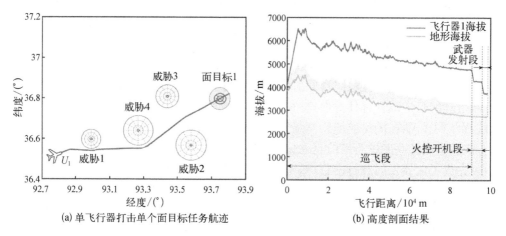

(a) 单飞行器打击单个面目标任务航迹　　　(b) 高度剖面结果

图 4-19　单飞行器对面目标的快速打击场景结果

4.4.2　多飞行器对单目标打击规划仿真

1. 多飞行器对单个点目标协同打击

构建多个飞行器打击单个点目标仿真场景,设环境中存在四架飞行器,其初始位置分别为 U_1(93.120 395°, 36.259 318°, 8 705.6 m),初始航向角为北偏东 15°;U_2(93.112 037°, 37.819 287°, 8 708.9 m),初始航向角为北偏东 45°;U_3(95.013 524°, 37.806 474°, 7 188.6 m),初始航向角为北偏西 45°;U_4(95.006 252°, 36.253 074°, 7 479.8 m),初始航向角为北偏西 45°,四架飞行器初始均为相对当地海拔 1 000 m 巡航飞行状态,速度为 230 m/s,此时发现点目标位置(94.067 688°, 36.919 556°, 2 705.6 m),该点目标根据态势分析需要四架飞行器时间协同地按照 90°夹角间隔打击,同时要求飞行器固定相对飞行高度 2 000 m 飞抵火控开机点,在距离点目标 8 000 m 时火控开机,并以相对飞行高度 1 500 m 巡航飞行 5 000 m,在距离目标 3 000 m 时,四架飞行器同时转入武器发射段,此时要求相对飞行高度为 1 000 m。根据以上的任务时空约束和高度约束,得到的多飞行器对单个点目标协同打击航迹规划结果如图 4-20(a)所示,高度剖面结果如图 4-20(b)所示,可以看到四架飞行器的航迹规划结果均满足时空协同约束,预计在 633 s 后实现对点目标的协同打击。

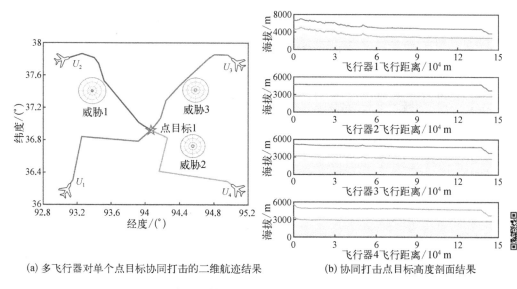

(a) 多飞行器对单个点目标协同打击的二维航迹结果　　　　(b) 协同打击点目标高度剖面结果

图 4-20　多飞行器对单个点目标的协同打击场景结果

2. 多飞行器对单个线目标协同打击

构建多个飞行器打击单个线目标仿真场景,设环境中存在四架飞行器初始飞行状态与多飞行器对单个点目标协同打击仿真场景一致,此时发现线目标两个端点位置分别为(93.588 737°, 37.069 029°, 2 748.6 m)和(94.038 345°, 36.929 568°, 2 695.6 m),线目标方位约为北偏东 110°,根据态势分析,需要四架飞行器按照方位关系分为两组,分别从线目标的两个端点按照指定方位角时间协同地打击,同时要求飞行器以固定相对飞行高度 2 000 m 飞抵火控开机点,在距离线目标两个端点 8 000 m 时火控开机,并以相对飞行高度 1 500 m 巡航飞行 5 000 m,在距离目标 3 000 m 时四架飞行器同时转入武器发射段,为避免飞行器碰撞,采用高度分层打击线目标的方式,要求四架飞行器相对飞行高度分别为(1 000±50)m 和(1 000±100)m。根据以上的任务时空约束和高度约束,得到的多飞行器对单个线目标协同打击航迹规划结果如图 4-21(a)所示,高度剖面结果如图 4-21(b)所示,从图中可以看到四架飞行器的航迹规划结果均满足时空协同约束,预计在 633 s 后实现对线目标的协同打击。

3. 多飞行器对单个面目标协同打击

构建多个飞行器打击单个面目标仿真场景,设环境中存在四架飞行器初始飞行状态与多飞行器对单个点目标协同打击仿真场景一致,此时发现面目标为圆形面目标,圆心坐标为(93.977 981°, 37.081 518°, 2 698.3 m),面目标半径范围为 15 000 m,单个飞行器覆盖面目标范围为 W_A = 8 000 m,因此任务需求四架飞行器对该面目标协同打击,要求在满足飞行器飞行安全的前提下,优化四架无人机的进入面目标方位角,使得四架飞行器时间协同打击面目标的总耗时最短,仿真结果如图 4-22(a)所

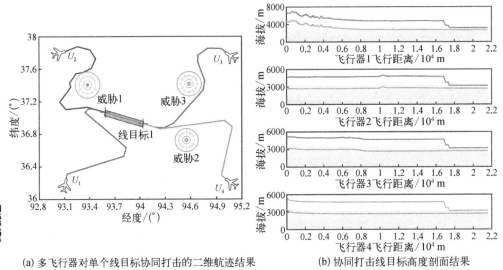

(a) 多飞行器对单个线目标协同打击的二维航迹结果　　(b) 协同打击线目标高度剖面结果

图 4-21　多飞行器对单个线目标的协同打击场景结果

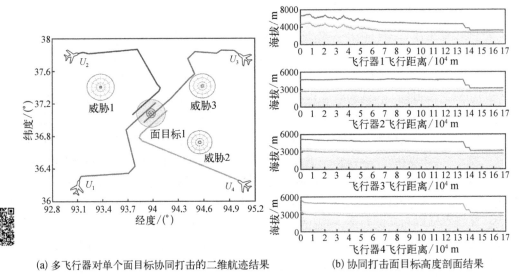

(a) 多飞行器对单个面目标协同打击的二维航迹结果　　(b) 协同打击面目标高度剖面结果

图 4-22　多飞行器对单个面目标的协同打击场景结果

示,飞行器 U_1 和 U_4 的打击方位角为北偏东 $41°$,U_2 和 U_3 的打击方位角为北偏西 $131°$,同时要求飞行器以固定相对飞行高度 2 000 m 飞抵火控开机点,在距离进入面目标 8 000 m 时火控开机,并以相对飞行高度 1 500 m 巡航飞行 5 000 m,在距离进入面目标 3 000 m 时四架飞行器同时转入武器发射段,其规划高度剖面结果如图 4-22(b)所示,预计经过 572.9 s 转入火控开机段,594.6 s 后转入武器发射段,

607.7 s 后进入面目标区域,732 s 后从面目标区域完成打击驶出。

4.4.3　多飞行器协同对多目标打击规划仿真

从 4.4.1 节和 4.4.2 节仿真结果可以看出,本章算法能够满足多飞行器时空协同约束和安全约束,生成对单个目标打击的三维航迹规划,飞行器集群应用过程中,环境中往往分布着未知数目、未知类型的多个目标,如何在有限的任务资源约束下实现最优的打击航迹规划是飞行器集群研究中的关键问题,因此本节设计了多飞行器协同对多目标打击仿真场景,环境中存在 8 架飞行器、2 个点目标、1 个线目标和 1 个面目标,其初始信息如表 4-3 和表 4-4 所示。

表 4-3　仿真场景飞行器初始信息

飞行器	初 始 位 置	初始航向	初始速度	初始相对高度
U_1	(95.185 946°, 36.922 003°, 3 687.2 m)	北偏东 0°	230 m/s	1 000 m
U_2	(94.887 331°, 37.743 240°, 4 091.0 m)	北偏西 90°	230 m/s	1 000 m
U_3	(94.040 998°, 37.647 589°, 3 716.8 m)	北偏西 120°	230 m/s	1 000 m
U_4	(95.083 324°, 36.433 432°, 3 781.0 m)	北偏西 30°	230 m/s	1 000 m
U_5	(93.636 819°, 36.130 832°, 5 843.4 m)	北偏东 30°	230 m/s	1 000 m
U_6	(92.865 230°, 37.459 199°, 3 753.3 m)	北偏东 60°	230 m/s	1 000 m
U_7	(93.416 405°, 36.319 654°, 4 786.1 m)	北偏东 0°	230 m/s	1 000 m
U_8	(93.017 395°, 36.681 468°, 4 269.9 m)	北偏东 60°	230 m/s	1 000 m

表 4-4　仿真场景目标初始信息

目　标	初 始 位 置	覆盖范围	协同打击飞行器数目
点目标 1	(93.469 901°, 37.103 264°, 2 772.0 m)	—	2
点目标 2	(93.910 764°, 36.862 440°, 2 725.3 m)	—	2
线目标 1	(94.035 208°, 37.312 106°, 2 693.5 m) (94.469 723°, 37.457 508°, 2 739.2 m)	—	1
面目标 1	(94.378 424°, 36.742 334°, 2 723.0 m)	15 000 m	4

根据以上初始分布飞行器和目标,采用 4.3 节算法生成多个飞行器对多个不同类型的目标打击航迹如图 4-23 所示,可以看到多个目标均被 8 架飞行器按照指定的约束条件打击覆盖,说明生成的航迹结果满足飞行器机动性能和目标打击任务时空约束。

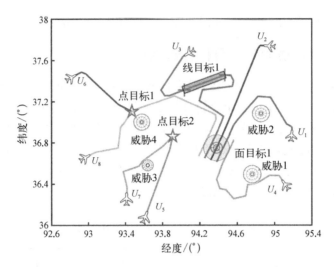

图 4-23　多飞行器协同对多目标打击的仿真场景结果

4.4.4　突发未知目标的动态规划仿真

多飞行器执行任务过程中往往存在多种动态事件,如某架飞行器被敌方威胁探测毁伤,或多飞行器任务执行过程中出现突发未知目标,本节针对以上事件设计动态场景,采用 4.3 节算法实现集群协同打击任务航迹临机规划,验证算法的有效性和可靠性。

如图 4-24 所示,8 架飞行器按照图 4-23 所示的打击任务航迹规划结果对 4 个目标执行协同打击任务,当任务执行至 523 s 时,U_6 和 U_8 完成了对点目标 1 的

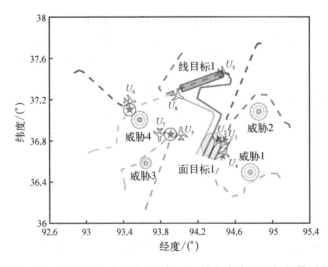

图 4-24　多飞行器协同对多目标打击的突发未知目标场景时刻

协同打击任务,此时 U_6 无后续任务,U_6 保持绕点目标 1 持续盘旋动作;U_5 和 U_7 完成了对点目标 2 的协同打击任务,U_5 和 U_7 也无后续任务,因此两架飞行器协同绕点目标 2 持续盘旋;U_3 完成对线目标 1 的打击任务,U_1、U_2 和 U_4 协同执行对面目标 1 的打击任务,U_3 和 U_8 正在巡航至面目标 1 进行打击,此时场景中出现了两个突发未知目标,分别对应新增点目标(94.095 272°, 37.459 984°, 2 692.1 m),该点目标需要 3 架飞行器协同打击;新增线目标 (93.607 735°, 37.441 386°, 2 700.0 m)和(93.797 823°, 37.662 558°, 2 711.6 m);此外,面目标移动至新的坐标位置(94.414 196°, 36.938 108°, 2 704.2 m),因此需对面目标重新规划打击航迹。

　　针对以上新增目标和移动目标,在满足多机打击动态任务执行过程中的时空协同约束和飞行器安全约束条件下,生成的临机规划航迹结果如图 4-25 所示,其中,U_1、U_2、U_4、U_5 和 U_7 被分配至协同打击移动面目标 1,打击方位角为北偏东 101°,U_3、U_6 和 U_8 被分配至协同打击新增点目标,同时 U_8 在打击点目标完成后执行对新增线目标的打击任务,结果表明本章所提出的面向打击任务的协同航迹规划工程化方法能够有效解决多飞行器对多个多类型目标的协同打击任务离线和在线航迹规划问题,具有一定的工程应用前景。

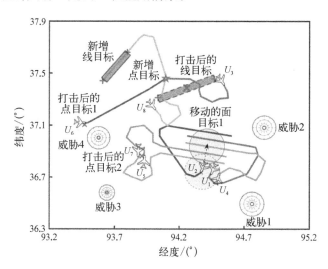

图 4-25　多飞行器协同对多未知目标的动态规划仿真结果

4.5　本章小结

　　为解决复杂场景下的打击任务航迹规划问题,本章对打击任务场景和相关概念进行了详细描述,并建立了飞行器模型,主要考虑了打击方位角、航迹总长、航迹转折点数目、飞行器转弯半径、飞行器末制导预留横向距离、飞行器打击相对高度、航迹高程避障等关键因素。同时,建立了点目标、线目标和面目标的打击约束模型。在此基础上,构建了多飞行器对多目标打击任务航迹规划的 MDTSP 模型。

为实现对模型的优化求解,分别提出了基于"五段式"和基于 Dubins 算法的协同打击航迹规划方法,完整地介绍了算法思想。当出现动态时间协调需求时,基于飞行器实时状态,提出了基于 KM 算法的动态打击航迹时空协同方案,以优化打击飞行器的方位角和时间匹配关系。最后,给出了工程化算法思想及验证流程,并通过仿真验证了算法的正确性。

第5章

面向侦察任务的协同航迹规划方法

5.1 引言

当任务要求飞行器进入如威胁度高、交通不便、态势紧急的区域进行全覆盖推扫时,衍生出了飞行器集群的协同侦察任务,可应用于农业生产、城市管理、战场侦察目标确认等方面。该任务存在多类场景约束和任务约束,因此实时全覆盖航迹规划(dynamic coverage path planning, DCPP)问题是研究过程中的重点。如何在保证集群覆盖所有目标区域和安全避碰的前提下,实现飞行器总航程最短,有效提高飞行器的生存概率和任务效率,是面向侦察任务的协同航迹规划工程化方法的设计重点和难点。

第 4 章介绍的面向打击任务的航迹规划问题多是点对点的,即规划出满足约束的飞行器起点至目标点的一条有效飞行路径,本章在此基础上求解面向复杂区域协同覆盖的航迹规划问题,即最快地覆盖不规则的任务区域。在该过程要考虑载荷约束、区域覆盖率、覆盖重叠率、侦察方向、航迹总长、航迹转折点数目、飞行器转弯半径、航迹高程规划等关键因素,使得动态场景下航迹规划更具困难。因此,工程上往往要求通过优化缩短转移路径和减少转弯次数,来保证侦察航迹最优。

环境的复杂性与动态性使得追求侦察任务航迹规划指标的全局最优通常是不现实的,需要在任务指标的最优性和实时性之间找到一个平衡点,使其具备动态反馈机制和规划能力。本章建立飞行器侦察载荷模型、侦察区域模型、地形高程模型及侦察任务模型,以多飞行器协同侦察总作业时间最短为优化目标,一方面,根据多飞行器和多个区域的位置关系进行侦察资源匹配调度和区域划分,优化多飞行器协同侦察方向角;另一方面,采用第 2 章的 Dubins 工程化方法生成避开实时威胁的多飞行器全覆盖航迹规划(coverage path planning, CPP)航迹,并基于改进动态规划算法实现侦察航迹点优化配置,充分发挥飞行器集群的协同侦察性能。

5.2　协同侦察任务航迹规划模型

5.2.1　问题描述

　　如图 5 - 1 所示,环境中存在多处潜在目标分布的复杂侦察任务区域,初始状态下,集群仅通过己方雷达得知敌方目标的大致位置信息,因此集群在太阳光照等环境信息和平台能力等约束条件下,对区域内的目标进行协同侦察定位,获得精确的目标信息。侦察区域中存在地形障碍和敌方目标威胁,在保证集群安全的前提下,实现目标位置状态的准确定位。为此将集群拆分为能力相近的效地编队,实现多方向、多波次地对敌方威胁持续电子探测、电磁压制和电子封控,透明化战场态势,触发集群对目标打击和评估等任务,增加集群强度、任务灵活性和生存能力。在多架携带不同侦察载荷能力的异构飞行器在起飞前或沿规划路径执行任务的过程中,随时出现新的待侦察任务区域,要满足出现即侦察,侦察则全覆盖的任务要求,因此飞行器集群执协同执行侦察任务过程中必须具有空间协同、时间协同和任务协同特性。

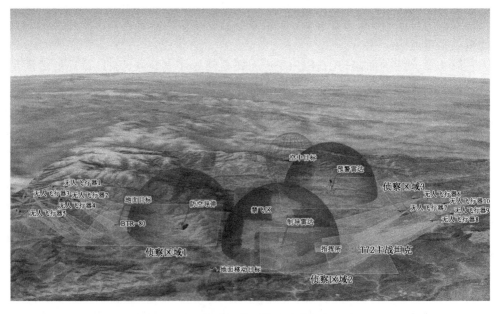

图 5 - 1　飞行器集群协同动态侦察任务示意图

　　为了实现上述动态过程,当集群收到新的待侦察区域信息时,考虑到单架飞行器无法满足该区域的资源需求,需要确定最合理的飞行器任务执行序列和航迹,以最大化任务效能并保持集群的稳定性和连通性。为此,需在飞行器飞行性能、区域状态、战场威胁、通信状态、战场环境、任务协同,以及空间和时间等动态约束下,优化任务执行的时间间隔和进入角度。在动态战场环境中,集群不断发现新目标,并根据目标动态调整任务,直至完成对区域内所有目标的侦察。通过建立可靠的航迹规划模型和算法,确保任务的高效执行,同时保持集群的协同运作和任务成功率。

5.2.2　相关概念及定义

根据以上问题描述,将飞行器集群协同 DCPP 问题描述如下:给定 n_U 架不同类型的飞行器 U_1, U_2, $\cdots$, U_{n_U} 和 n_Z 个待侦察区域 Z_1, Z_2, $\cdots$, Z_{n_Z},每架飞行器上携带有不同性能的侦察载荷传感器。根据飞行器及携带传感器的性能对飞行器执行覆盖任务的能力进行评估,将 n_Z 个待侦察区域分配给 n_U 架飞行器进行航迹规划,对相关概念定义如下。

定义 5.1　侦察区域(scan zone)为集群待侦察的复杂地块,在一般自然地形下,侦察区域边界具有随机性,往往不是规则图形。

飞行器集群往返侦察全覆盖航迹规划问题对应的飞行航迹可分为三部分:一是进入路径;二是侦察路径;三是转移路径,如图 5-2 所示。

定义 5.2　进入路径(entry path):飞行器集群从当前位置至侦察起点的飞行路径,进入路径的优化配置决定了集群开始侦察的时间,进入路径的终点为飞行器打开载荷视场点。

定义 5.3　侦察路径(scan path):飞行器集群载荷视场打开后执行侦察任务的飞行路径,也称作业路径。

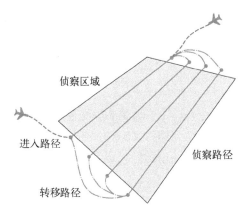

图 5-2　飞行器集群协同侦察的三种路径

定义 5.4　转移路径(transfer path):又称过渡路径,对应两条作业路径之间的切换转移路径,为实现侦察任务时间最优,需重点研究起始路径和转移路径的节点配置及执行次序优化。

根据以上相关概念定义及描述,在规划航迹之前,有必要对侦察任务进行全面分析,研究其约束特点,将飞行环境中与航迹规划相关的要素(侦察区域、机载传感器探测视场性能、任务约束等)表示成符号信息,建立飞行器集群协同动态侦察数学模型。同时,随着飞行器侦察路径的状态转移,对应的转移距离代价不断更新变化,因此飞行器集群复杂区域协同 DCPP 是一种特殊的动态优化问题。与传统

CPP 不同,该问题的转移代价参数变化与解本身有关,对求解算法的实时性要求更高。因此本节建立飞行器侦察载荷能力模型、侦察区域模型、侦察地形模型和侦察任务模型,为 DCPP 优化求解方法的提出建立基础,其模型描述为如下五元组:

$$\{U,\ T,\ Z,\ D,\ \alpha\} \tag{5-1}$$

式中,$U = \{U_i \mid i = 1,\ 2,\ \cdots,\ n_U\}$ 为飞行器集群集合,n_U 为集群内的飞行器数目;$T = \{T_j \mid j = 1,\ 2,\ \cdots,\ n_T\}$ 为威胁集合,n_T 为威胁数目;$Z = \{Z_k \mid k = 1,\ 2,\ \cdots,\ n_Z\}$ 为待侦察任务区域集合,n_Z 为区域数目;D 为任务环境内的数字高程模型;$\alpha = \{\alpha_i \mid i = 1,\ 2,\ \cdots,\ n_U\}$ 为 U 对应的侦察方向角集合,α_i 为第 i 架飞行器 U_i 的侦察方向角,对五元组模型的具体描述如下面所述。

5.2.3 侦察区域模型

当侦察区域边界为光滑曲线或者过于弯曲等复杂情况,即为含有 1 个或 1 个以上的凹陷边缘的轮廓地块,为方便开展侦察航迹规划算法的研究,将不规则侦察区域近似压缩为对应的复杂多边形,设定一定的压缩阈值 δd,采用第 2 章叙述的 Douglas - Peucker 算法对侦察区域进行简化,流程如下。

(1) 设定第 j 个侦察区域 Z_j 边界上的某一点为坐标起点,按照一定的步长进行链码操作,得到区域边界各个位置点的坐标顺序形成点集 N,并利用矢量叉积公式(5-2)根据相邻点坐标选择凸点存入特征点集 M 中。

$$(x_i - x_{i-1})(y_{i+1} - y_i) - (x_{i+1} - x_i)(y_i - y_{i-1}) > 0 \tag{5-2}$$

式中,$(x_i,\ y_i)$ 为第 i 个位置点的坐标。

(2) 根据式(5-3)依次计算点集 M 中各点与相邻两点组成的三角形面积 S,并设置面积阈值 S_0,若 $S \geqslant S_0$,则将该点存入分段点集 T。

$$S = x_{i-1}(y_i - y_{i+1}) + x_i(y_{i+1} - y_{i-1}) + x_{i+1}y_{i-1} - x_iy_i \tag{5-3}$$

(3) 根据压缩阈值 δd 分段使用 Douglas - Peucker 算法对 T 内各点进行数据抽稀。

(4) 循环完成则认为多边形近似建立成功,依次连接各个顶点形成多边形侦察区域 Z_j,选择抽稀后的 T 内距离坐标原点最近的点作为起始顶点 P_1^Z,逆时针排列生成侦察区域 Z_j 的坐标点集合和边集:

$$\begin{cases} P_m^Z = (x_m,\ y_m,\ z_m) = (\lng_m,\ \lat_m,\ h_m) \\ E_{m(m+1)} = [x_{m+1} - x_m,\ y_{m+1} - y_m,\ z_{m+1} - z_m] \end{cases} \tag{5-4}$$

式中,$m = 1,\ 2,\ \cdots,\ n_j^Z$,$n_j^Z$ 为区域 Z_j 的顶点个数;$E_{m(m+1)}$ 为 Z_j 上 P_m^Z 和 P_{m+1}^Z 顶点连成的边;$(\lng_m,\ \lat_m,\ h_m)$ 为区域坐标顶点 P_m^Z 对应的经度、纬度和海拔。

经过以上步骤,针对一封闭区域 Z_j 对应的坐标点集 N,设计面积阈值 $S_0 =$

0.2max S, 计算点集 T 中最长的顶点距离, 以该距离的 20% 作为压缩阈值 δd, 凸化和抽稀前后区域形状如图 5-3 和图 5-4 所示。

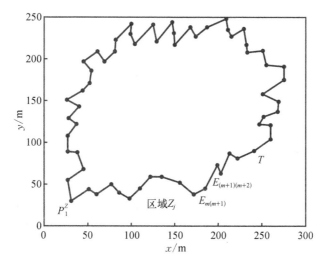

图 5-3　点集 N 确定的优化前封闭区域

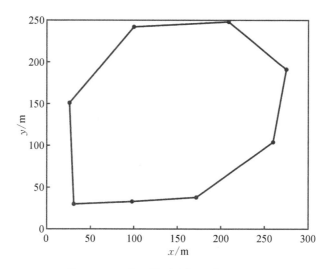

图 5-4　凸化和抽稀后得到的封闭区域

基于以上区域优化, 如图 5-5 所示, n_u 架飞行器对 n_z 个封闭的多边形区域 Z 进行覆盖式侦察时, 由于每架飞行器上携带的传感器性能不同, 根据各飞行器的传感器性能参数、区域形状大小、区域侦察次数之间的关系, 为提高侦察效率, 分别计算凸化后的侦察区域 Z 中的 n_z 个侦察区域面积, 分别为 $\mathrm{area}(Z_1)$, $\mathrm{area}(Z_2)$, $\cdots$, $\mathrm{area}(Z_{n_z})$, 满足:

$$\mathrm{sub}_j = \frac{c_j \times \mathrm{area}(Z_j)}{\displaystyle\sum_{i=1}^{n_Z} c_i \times \mathrm{area}(Z_i)} \qquad (5-5)$$

式中，sub_i 为各侦察任务区域所需的性能参数占比，将 n_Z 个子侦察区域根据区域面积大小和区域侦察次数分配给 n_Z 个飞行器子群进行航迹规划。

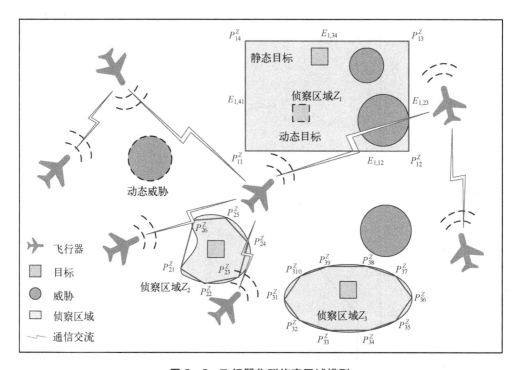

图 5-5　飞行器集群侦察区域模型

5.2.4　侦察视场模型

　　飞行器执行区域覆盖任务的能力与飞行器及其携带的传感器性能有密切的关系，为精细化描述飞行器侦察能力，本节建立侦察视场模型，如图 5-6 所示。其中，图 5-6(a) 为全景图，图 5-6(b) 为侧视图，图 5-6(c) 为俯视图。为了避免侦察图像边缘出现模糊的现象，将梯形 $ABCD$ 作为飞行器视场对地的探测区域，H 为飞行器飞行对地相对高度，γ 为俯仰角，V 为飞行速度，α_m 为传感器安装角（即机体纵轴与机体与视场中心连线之间的夹角），α_v 为垂直视场张角，α_h 为水平视场张角，l_f 为探测区域长度（即梯形 $ABCD$ 的高度），d_f 为视场侦察前向距离（即飞行器在地面上的投影同探测区域中心之间的距离），w_b 为视场后扫描宽度，w_f 为视场前

扫描宽度,其计算公式为

$$w_b = 2H\tan\frac{\alpha_h}{2}\Big/\sin\left(\alpha_m - \gamma + \frac{\alpha_v}{2}\right) \tag{5-6}$$

$$w_f = 2H\tan\frac{\alpha_h}{2}\Big/\sin\left(\alpha_m - \gamma - \frac{\alpha_v}{2}\right) \tag{5-7}$$

$$l_f = H\Big/\tan\left(\alpha_m - \gamma - \frac{\alpha_v}{2}\right) - H\Big/\tan\left(\alpha_m - \gamma + \frac{\alpha_v}{2}\right) \tag{5-8}$$

$$d_f = 0.5H\Big/\tan\left(\alpha_m - \gamma - \frac{\alpha_v}{2}\right) + 0.5H\Big/\tan\left(\alpha_m - \gamma + \frac{\alpha_v}{2}\right) \tag{5-9}$$

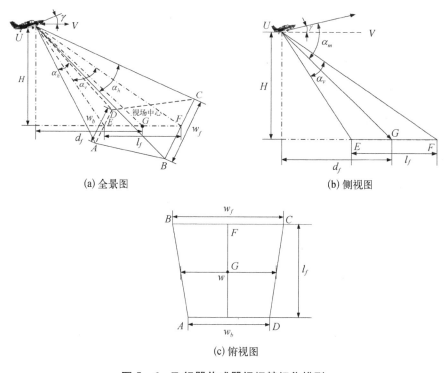

(a) 全景图 (b) 侧视图

(c) 俯视图

图 5-6 飞行器传感器视场精细化模型

为实现对区域的精确覆盖,避免视场边缘出现模糊的现象,选取视场中心梯形宽度作为飞行器侦察宽度 w,视场中心与飞行器位置的前向距离作为侦察前向距离 l:

$$w = (w_b + w_f)/2 \tag{5-10}$$

$$l = d_f + l_f/2 \tag{5-11}$$

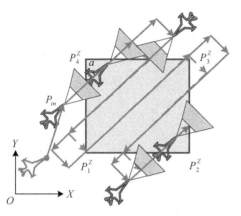

图 5-7 目标侦察飞行器侦察
视场与航迹的关系

图 5-7 为沿着侦察方向视场覆盖与飞行器位置关系示意图,矩形为待侦察区域,根据以上飞行器视场建模,设飞行器 U_i 的巡航速度为 V_i,侦察视场宽度为 w_i,侦察前向距离为 l_i,其单位时间内覆盖的区域面积为 area_i:

$$\mathrm{area}_i = w_i V_i = V_i(w_{ib} + w_{if})/2 \tag{5-12}$$

U_i 的任务载荷性能参数 K_i 定义为单位时间的覆盖的区域面积 area_i,由此可得,飞行器集群执行覆盖任务的性能评价向量 K 为

$$K = \begin{bmatrix} K_1 & K_2 & \cdots & K_n \end{bmatrix} = \begin{bmatrix} \mathrm{area}_1 & \mathrm{area}_2 & \cdots & \mathrm{area}_n \end{bmatrix} \tag{5-13}$$

5.2.5 侦察任务模型

1. 侦察方式

为了保证对区域的持续压制监控,根据侦察遍历次数可以将侦察任务分为单次遍历侦察和多次全覆盖式侦察两种,前者指飞行器集群对指定区域完成侦察后,区域内任一点均被侦察一次(不考虑侦察视场重叠的部分),后者指完成区域侦察后,区域内任一点均被侦察多次(不考虑侦察视场重叠的部分),单次、多次遍历侦察分别如图 5-8 所示。

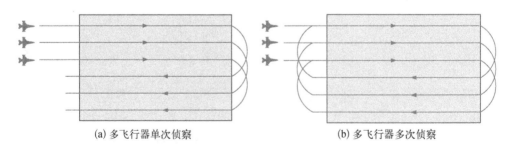

(a) 多飞行器单次侦察 (b) 多飞行器多次侦察

图 5-8 单次侦察与多次侦察示意图

根据单次侦察和多次侦察之间的任务需求,全区域覆盖侦察航迹规划分为"并排进入侦察""回形侦察"和"分块侦察"三种侦察方式。

1) 并排进入侦察

如图 5-9 所示,并排进入侦察指多架飞行器在纵向以较大间隔并排进入执行侦察任务,依据飞行器数量、侦察性能和区域大小将侦察区域划分成若干航带并将其平均分配给每个飞行器,当航带数量无法满足平均分配的需求时,可以考虑增减航带间的重叠率来达成飞行器侦察相同数目航带的目的。并排进入侦察策略保障侦察区域内每一点获得均等的侦察效果,充分发挥每个飞行器的侦察性能,但是转弯段航迹占整个侦察航迹的比例较高,执行侦察任务的总体效率较低,且需要调节重叠率参数。

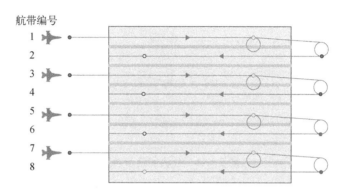

图 5-9　并排进入侦察示意图

2)回形侦察

如图 5-10 所示,回形侦察策略中多架飞行器同样以纵向排列开始侦察,与并排进入侦察的区别在于,其相邻飞行器间仅有一个航带的间距宽度,回形侦察策略规划简单,转弯段航迹所占的比例较低,通常应用于对侦察效率较为严格的侦察任务,但往往由于航带数量与飞行器数量无法整除,造成飞行器侦察资源的浪费,同时每个飞行器的侦察航迹分布于整个侦察区域,只有当所有飞行器完成各自区域的侦察时,侦察任务才结束,因此总体时间较长。

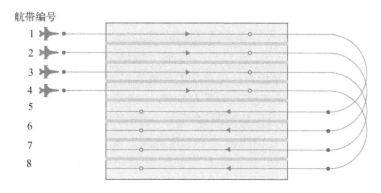

图 5-10　回形侦察策略示意图

　3）分块侦察

　　如图 5 - 11 所示,分块侦察策略指将侦察区域均分为若干等分,每个子区域分配部分飞行器执行侦察任务,分块侦察策略需要为每个区域规划单独的侦察航迹,因此设计较为复杂,同时需要考虑不同区域间飞行器的规避情况,但由于将整体区域分为若干块同时执行侦察,其侦察效率是最高的。

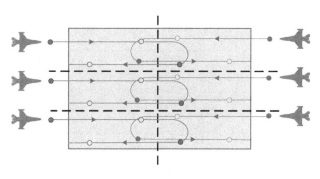

图 5 - 11　分块侦察示意图

　2. 侦察任务约束

　　根据 5.2.3 节建立的侦察区域模型和 5.2.4 节建立的飞行器侦察任务能力模型,设封闭区域 Z_j 需要 n_j 架飞行器对其协同侦察,其侦察方向角为 $\alpha_j \in [\alpha_{\min}, \alpha_{\max}]$,当不考虑飞行器视场受到光照等自然因素的影响时,$\alpha_{\min} = -\pi$,$\alpha_{\max} = \pi$,否则应根据实验条件给定指定的侦察方向角优化范围 $\alpha_{\min}$、$\alpha_{\max}$ 来求解最优 α_j。

　　同时,为保证对区域的协同推扫,各飞行器之间需保持一定的相对位置关系,同时开始侦察,由此建立侦察区域 Z_j 任务的时空协同约束指标 M_j:

$$M_j = \{c_j, n_j, \alpha_{\min}, \alpha_{\max}, d_{\text{gap}}, l_{\text{gap}}, \Delta t\}, \quad j = 1, 2, \cdots, n_Z \quad (5 - 14)$$

式中,c_j 为 Z_j 的覆盖式重复侦察次数;d_{gap} 为相邻两架飞行器垂直侦察速度方向之间的间隔;l_{gap} 为相邻两架飞行器沿侦察速度方向之间的间隔,一般 $l_{\text{gap}} = 0$,d_{gap} 和 l_{gap} 共同构成侦察队形样式,一般为"一"字形平推侦察;Δt 为侦察进入的时间间隔,一般取 $\Delta t = 0$。多区域侦察任务单次航迹规划过程中,考虑一架飞行器仅对一个区域进行覆盖式侦察,不考虑飞行器 U_i 侦察区域 Z_j 完成后转移到 Z_k 的情况,将多区域侦察任务建模为组合优化问题模型,非 MDTSP 模型。

　　全区域覆盖是飞行器集群协同侦察航迹规划的重要指标,工程化应用要求算法需要具备运行高效性、低能量消耗且控制简单、易于实现的特点,建立如下评价标准:

　（1）飞行器的飞行航迹对应的视场能够覆盖整个区域;

（2）飞行器的飞行航迹对应的视场要在保证重叠率的前提下尽可能地避免重复或者重复最少；

（3）集群航迹总距离和飞行总时间应最小；

（4）采用简单的运行策略和算法，使计算速度加快，且规划航迹控制易于跟踪实现。

根据以上模型和评价标准建立协同侦察任务航迹规划工程化方法如下所述。

5.3　协同侦察任务航迹规划工程化方法

为了满足 5.2.5 节所提出的侦察任务航迹规划评价指标，本节首先在 5.3.1 节提出基于飞行器任务能力的区域优化方法，并根据飞行器载荷任务能力划分区域；其次在 5.3.2 节采用简洁实用的基于扫描线法的侦察路径生成方法，其天然地满足了评价指标值中的第 1 点和第 2 点；从而在 5.3.3 节建立多区域的飞行器分配指标，确定对单个区域的侦察飞行器数目和集合；然后考虑到飞行器转弯半径过大的情况，在 5.3.4 节设计了此类情况下转移航迹的优化策略；为了满足评价指标中的第 3 点，在 5.3.5 节建立进入和转移路径节点的优化模型，基于离线和在线规划策略分别设计基于改进动态规划算法和贪心算法的航迹点优化策略，以减少路径转移过程中的航迹损失；最后当区域存在多次侦察需求时，在 5.3.6 节给出了飞行器集群多次侦察任务的算法流程。

5.3.1　区域侦察角度优化方法

在对地探测过程中，飞行器需要保持机身的稳定，以保证传感器视场的探测质量。因此，在任务区域内，飞行器保持定速巡航，稳定直飞，不进行转弯。当单次侦察驶出区域后，再折返回来对未覆盖区域进行推扫。在此过程中，为了提高侦察效率并减少燃料消耗，转弯次数应尽可能少。这与区域的大小、协同推扫的飞行器数量及侦察方位角相关。因此，侦察任务评价指标优化的要点是确定区域 Z_j 侦察所需的飞行器子集 $U_j \subseteq U$，并优化侦察方位角 α_j，以最少的转弯次数实现全面覆盖。

多飞行器侦察凸多边形区域的路径如图 5-12 所示，为提升航迹规划的在线求解能力，垂直于多边形最小宽度 w_{min} 且与凸多边形的一条边平行的方向是转弯次数最少的方向，设计区域 Z_j 侦察所需的飞行器数目及最优进入角度如图 5-12 所示，可以看出侦察方向 1 是实现最小转弯次数的覆盖式侦察进入方向。

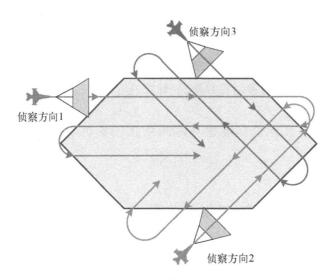

侦察方向3

侦察方向1

侦察方向2

图 5-12　实现最小转弯次数的覆盖示例

遍历区域 Z_j 的所有顶点坐标 $P^Z_{j,k}$，计算 $P^Z_{j,k}$ 与多边形每条边 $E_{j,m(m+1)}$ 之间的距离 $\mathrm{dis}_{j,km}$：

$$\mathrm{dis}_{j,km} = \frac{\mid E_{j,km} \cdot E_{j,m(m+1)} \mid}{\mid E_{j,m(m+1)} \mid} \qquad (5-15)$$

式中，$E_{j,km} = \overrightarrow{P^Z_{j,k} P^Z_{j,m}}$，遍历 $E_{j,m(m+1)}$，得到 $P^Z_{j,k}$ 对应的最小距离宽度 $\mathrm{dis}_{j,k} = \min(\mathrm{dis}_{j,km})$，再遍历 $P^Z_{j,k}$ 即可求得区域 Z_j 的最小宽度 $w_{\min} = \max(\mathrm{dis}_{j,k})$，此时的边和顶点即为最小宽度对应的顶点编号 $\mathrm{no}_{\min}$ 和边 $E_{j,w(w+1)}$，该过程的时间复杂度为 $O(n^2_{Z,k})$，过顶点 $P^Z_{j,\mathrm{no}_{\min}}$ 求取最小宽度的垂直线向量 $E_{j,\mathrm{no}_{\min}}$，其对应的方向角即为区域 Z_j 的最优侦察角 α_j 和 $\alpha_j + \pi$，当存在角度约束时，存在：

$$\alpha_j = \begin{cases} \alpha_j, & \alpha_j \in [\alpha_{\min}, \alpha_{\max}] \cup (\alpha_j + \pi) \in [\alpha_{\min}, \alpha_{\max}] \\ \alpha_{\min}, & \alpha_j \notin [\alpha_{\min}, \alpha_{\max}] \cap \mid \alpha_{\min} - \alpha_j \mid < \mid \alpha_{\max} - \alpha_j \mid \\ \alpha_{\max}, & \alpha_j \notin [\alpha_{\min}, \alpha_{\max}] \cap \mid \alpha_{\min} - \alpha_j \mid \geqslant \mid \alpha_{\max} - \alpha_k \mid \end{cases} \quad (5-16)$$

5.3.2　基于扫描线法的侦察航迹生成方法

在最短时间内以最有效的方式实现对指定区域的持续探测区域覆盖是飞行器侦察任务的主要目的，基于"扫描线"法的侦察航迹规划方法是一种高效而简洁的方法，具有重复覆盖区域少、规划简单的工程化应用特点。对于指定的区域，采用扫描线法，基于侦察方向生成飞行器对地侦察作业航迹，选择合适的转移航迹次序获得较少的转弯次数，从而达到提高侦察效能的目的。

侦察进入方向确定后,根据 α_j 旋转坐标系至 $OX'Y'$ 坐标,即侦察方向沿着 OY' 轴,以图 5-13 所示的侦察区域为例,当 n_j 架飞行器进入 Z_j 循环推扫时,在满足飞行器任务要求的视场推扫重叠宽度 w_{ovl}、相邻进出节点的横向距离 $d_{gap} = w - w_{ovl}$、进出区域侦察前向距离 l 和侦察方位角 α_j 的约束条件下,确定 n_l 条飞行器侦察作业路径:

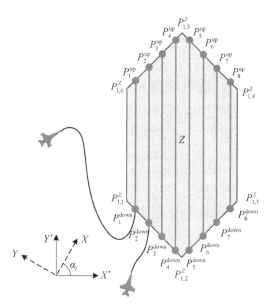

$$n_l = \lceil (d_{vertex} - w_{ovl})/(w - w_{ovl}) \rceil \tag{5-17}$$

式中, d_{vertex} 为区域垂直于 α_j 方向上的宽度,即多边形的最短宽度 w_{min}。区

图 5-13　基于扫描线法的飞行器侦察作业航迹

域 Z_j 的侦察航迹点集合为 $L = \{L_s\}$, $s = 1, 2, \cdots, n_l$, $L_s = \{P_s^{down} \Leftrightarrow P_s^{top}\}$ 即为从区域左侧至右侧数起的第 s 条侦察作业路径, P_s^{down} 和 P_s^{top} 分别对应 L_s 的侦察作业的下航迹点和上航迹点。

设 $OX'Y'$ 坐标系下侦察区域 Z_j 的顶点集合 $P_{j,k}^Z(k = 1, 2, \cdots, n_{Z_j})$,对应的最左侧的顶点 $P_{j,left}^Z \in \{P_{j,k}^Z\}$: $\min(x_{j,k}^Z)(k = 1, 2, \cdots, n_{Z_j})$,记 $P_{j,left}^Z$ 的 x 坐标为 $x_0 = \min(x_{j,k}^Z)$,从而得到 L_s 的直线解析式为

$$x_s = x_0 + d_{gap}(s - 0.5) \tag{5-18}$$

对于直线 L_s 与区域边 $E_{j,k(k+1)} = \overrightarrow{P_{j,k}^Z P_{j,k+1}^Z}$: $(x_{j,k}^Z, y_{j,k}^Z) - (x_{j,k+1}^Z, y_{j,k+1}^Z)$,当满足以下条件时说明 L_s 与边 $E_{j,k(k+1)}$ 相交:

$$(x_s - x_{j,k}^Z)(x_s - x_{j,k+1}^Z) \leqslant 0 \tag{5-19}$$

交点 $P_s(x_s, y_s)$ 的坐标为

$$\begin{cases} x_s = x_0 + d_{gap}(s - 0.5) \\ y_s = \dfrac{y_{j,k}^Z \mid x_s - x_{j,k+1}^Z \mid + y_{j,k+1}^Z \mid x_s - x_{j,k}^Z \mid}{\mid x_s - x_{j,k}^Z \mid + \mid x_s - x_{j,k+1}^Z \mid} \end{cases} \tag{5-20}$$

对凸区域 Z_j 的所有边 $E_{j,k(k+1)}$ 与 L_s 共存在两个交点 P_s^1 和 P_s^2,其中 y 坐标较大的为 P_s^{top}, y 坐标较小的即为 P_s^{down},遍历所有作业路径直线方程,即可求解得到 Z_j 对应的所有侦察作业路径。

5.3.3   飞行器任务能力的区域侦察飞行器数目优化

由以上飞行器集群侦察任务航带及转弯段航迹规划的叙述可知，L_s 的一个端点作为该侦察航迹的驶入端 $P_s^{\text{in}}(x_s^{\text{in}}, y_s^{\text{in}})$，另一端作为驶出端 $P_s^{\text{out}}(x_s^{\text{out}}, y_s^{\text{out}})$，即当 $P_s^{\text{in}} = P_s^{\text{top}}$ 时，$P_s^{\text{out}} = P_s^{\text{down}}$，如图 5-14 所示，假设同一作业路径上下进入的航迹长度相同，由 5.3.4 节计算 L_s 航带内 $P_s^{\text{in}} \to P_s^{\text{out}}$ 间的航迹距离 $d_{ss}^{\text{in} \to \text{out}}$ 为

$$d_{ss}^{\text{in} \to \text{out}} = d_{ss}^{\text{down} \to \text{up}} = d_{ss}^{\text{up} \to \text{down}} = d\left[L(x_s^{\text{in}}, y_s^{\text{in}}, 0, r_{\min}) \to L(x_s^{\text{out}}, y_s^{\text{out}}, 0, r_{\min})\right] \tag{5-21}$$

从而可得 Z_j 内飞行器侦察作业航迹长度为

$$d_j^{\text{in} \to \text{out}} = \sum_{s=1}^{n_l} d_{ss}^{\text{in} \to \text{out}} \tag{5-22}$$

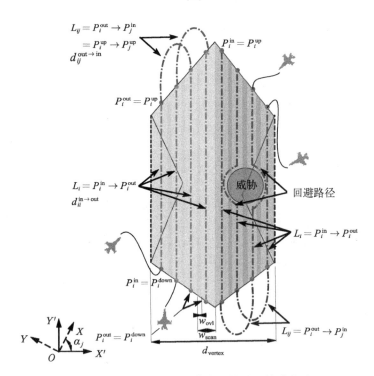

图 5-14   飞行器集群侦察作业航迹及转移航迹

为实现基于飞行器集群侦察任务能力和区域重要度的飞行器侦察数目优化，计算各飞行器 U_i 位置状态 (x_i, y_i, χ_i) 到进入区域 Z_j 开始侦察的最短距离的进入点 $P_{ij\,\text{best}}^{\text{in}}$，对应的最短进入距离为 $d_{ij\,\min}^{\text{in}}$，建立 U 对所有区域 Z 的最短距离

矩阵 $d_{\min}^{in} = \left[d_{ij\,\min}^{in} \right]_{n_U \times n_Z}$，区域 Z_j 的威胁度（价值指标为 val_j），建立区域 Z_j 的分配指标 J_j 为

$$J_j = \omega_1 \frac{\sum\limits_{i=0}^{n_U} \left(\dfrac{d_{ij\,\min}^{in}}{n_U} \right)}{\sum\limits_{k=1}^{n_Z} \sum\limits_{i=1}^{n_U} \left(\dfrac{d_{ik\,\min}^{in}}{n_U} \right)} + \omega_2 \frac{n_{l,j}}{\sum\limits_{k=1}^{n_Z} n_{l,k}} + \omega_3 \frac{c_j d_j^{in \to out}}{\sum\limits_{k=1}^{n_Z} c_k d_k^{in \to out}} + \omega_4 \frac{\mathrm{val}_j}{\sum\limits_{k=1}^{n_Z} \mathrm{val}_k} \qquad (5-23)$$

式中，符号右侧第一项为 U 进入区域侦察的最短航迹距离代价；第二项为作业路径数目代价；第三项为多次侦察的作业路径长度代价；最后一项为区域威胁度代价；ω_1、ω_2、ω_3、ω_4 为权重系数，根据以上代价函数，采用贪婪算法思想将 Z 的威胁度从大到小排列，从 $d_{\min}^{in}$ 中按代价函数选择 Z_j 对应的 n_j 架飞行器 U_j，n_j 的计算公式为

$$n_j = \mathrm{round}\left(n_U \times J_j \Big/ \sum_{k=1}^{n_Z} J_k \right) \qquad (5-24)$$

式中，$\mathrm{round}(\cdot)$ 表示四舍五入关系。

5.3.4　转弯半径太大情况下的转移路径优化

当飞行器在两条覆盖作业路径之间转移时，若作业路径间隔距离较小或飞行器转弯能力较弱时，可能无法直接以最小转弯半径直接转入紧挨着的下一侦察航带，如图 5-15 所示，因此需研究如何以更为高效的方式实现转弯机动，本节考虑到侦察航带之间的坐标距离 d_{gap} 和飞行器最小转弯半径 $r_{\min}$ 之间的关系，分以下三种情况设计转移段转弯过渡路径。

1. $2r_{\min} < d_{gap}$

当转弯前后的航带宽度 d_{gap} 大于两倍转弯半径时，理想转弯航迹如图 5-16(a) 所示，飞行器当前的侦察作业路径终点为 P_s^{top}，受侦察载荷前视距离 l 和最小转弯半径 $r_{\min}$ 的约束，飞行器航迹从点 P_s 开始经由转弯航迹点 P_A、P_B 转向点 P_I 开启侦察载荷，从而自上而下地经由 P_I^{top} 进入 L_I 侦察航带，P_I 与 P_I^{top} 之间的距离为 l，根据飞行器的内切转弯特性，为达到图 5-16(a) 中的实际飞行效果，需要对转弯段航迹点重新设计，航迹点规划方案

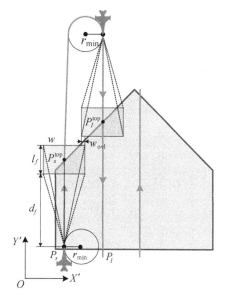

图 5-15　侦察任务转弯航迹规划示意

如图 5－16(b) 所示,该情况下的外切转弯段规划航迹由 P_1、P_2 和 P_3 三个点组成,侦察路径所在直线为 L_1 和 L_2,与转弯圆 O_1、O_2 同时相切的航迹段所在的直线为 L_3,与 O_2 相切且与 L_2 垂直的航迹段为 L_4,驶出段航带为 $L_s = L_1$,进入段航带为 $L_I = L_2$,则计算 P_1、P_2、P_3 分为从自上而下侦察和自下而上侦察分别计算位置计算如下:

$$
\begin{cases}
x_1 = x_s^{\text{top}} \parallel x_s^{\text{down}} \\
y_1 = y_s^{\text{top}} - l + r_{\min}\tan(\theta_1/2) \parallel y_s^{\text{down}} + l - r_{\min}\tan(\theta_1/2) \\
x_2 = x_I^{\text{top}} \pm r_{\min}\{1 + r_{\min}\tan[(\pi/2 - \theta_1)/2]\} \parallel x_I^{\text{down}} \pm r_{\min}\{1 + r_{\min}\tan[(\pi/2 - \theta_1)/2]\} \\
y_2 = y_I^{\text{top}} + (l + r_{\min}) \parallel y_I^{\text{down}} - (l + r_{\min}) \\
x_3 = x_I^{\text{top}} \parallel x_I^{\text{down}} \\
y_3 = y_2
\end{cases}
$$

$$(5-25)$$

式中,若 L_s 航带为自下而上侦察,则 P_1、P_2 和 P_3 的计算过程取 $(x_s^{\text{top}}, y_s^{\text{top}})$ 和 $(x_I^{\text{top}}, y_I^{\text{top}})$ 坐标进行计算;若 L_s 航带为自下而上侦察,则取 $(x_s^{\text{down}}, y_s^{\text{down}})$ 和 $(x_I^{\text{down}}, y_I^{\text{down}})$ 坐标进行计算。同样地,若 L_I 位于 L_s 右侧平面,则对应的转弯段为右转转弯,x_2 的计算过程中对应的为正,否则为负。

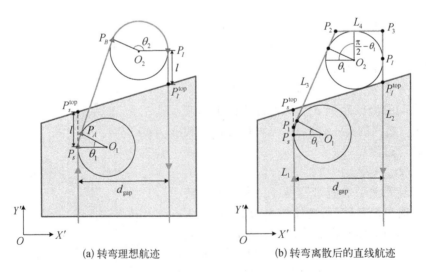

(a) 转弯理想航迹　　　　　　(b) 转弯离散后的直线航迹

图 5－16　$2r_{\min} < d$ 情况下的航迹过渡转弯策略设计

2. $d_{\text{gap}} < 2r_{\min} < d_{P_1P_2}$

在该情况下,飞行器需要先向外侧转弯一定角度,然后转入转弯结束点处的转弯半径圆,完成转弯航迹设计。同样地,由于侦察前向距离 l 约束,飞行器在点 P_s 关闭侦察载荷,从以 $r_{\min}$ 为半径的圆 O_1 上的 $P_A(x_A, y_A)$ 切出,此后一直沿着 P_AP_B

段直飞,并从点 $P_B(x_B, y_B)$ 转入 L_l 航带的转弯半径圆 O_2,理想飞行航迹如图 5 - 17(a)所示,对理想航迹的外切工程化计算如图 5 - 17(b)所示,转弯段规划航迹由 P_1、P_2、P_3、P_4 四个点共同组成,确定四个点的坐标位置,即可导引飞行器使其以理想航迹飞行。P_1、P_2、P_3、P_4 航迹点的位置如下:

$$
\begin{cases}
x_1 = x_s^{\text{top}} \parallel x_s^{\text{down}} \\
y_1 = y_s^{\text{top}} - l + r_{\min}\tan(\theta_1/2) \parallel y_s^{\text{down}} + l - r_{\min}\tan(\theta_1/2) \\
x_2 = (x_l^{\text{top}} \parallel x_l^{\text{down}}) \pm 2r_{\min} \\
y_2 = y_s^{\text{top}} + |x_2 - x_1| / \tan\theta_1 \parallel y_s^{\text{down}} - |x_2 - x_1| / \tan\theta_1 \\
x_3 = x_2 \\
y_3 = \max\{y_l^{\text{top}} + l + r_{\min}, \ y_2 + r_{\min}[\tan(\theta_1/2) + 1]\} \parallel \\
\qquad \min\{y_l^{\text{down}} - (l + r_{\min}), \ y_2 - r_{\min}[\tan(\theta_1/2) + 1]\} \\
x_4 = x_l^{\text{top}} \parallel x_l^{\text{down}} \\
y_4 = y_3
\end{cases}
\tag{5-26}
$$

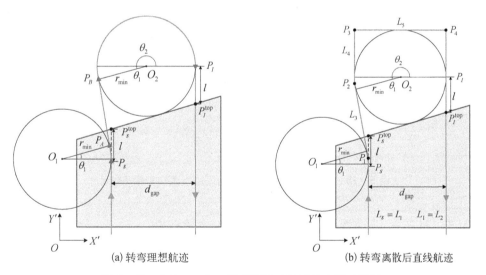

(a) 转弯理想航迹　　　　　　　　　(b) 转弯离散后直线航迹

图 5 - 17　$d < 2r_{\min} < d_{P_1 P_2}$ 情况下航迹过渡转弯策略设计

3. $d_{p_1 p_2} < 2r_{\min}$

此种情况下,飞行器飞行航迹为弧 $P_1 A$、弧 AB、直线段 BP_2,如所图 5 - 18(a)所示,工程化外切航迹如图 5 - 18(b)所示,将转弯段规划的曲线航迹离散为由 P_1、P_2、P_3、P_4 四点共同组成的直线航迹,确定四个点的位置,即可导引飞行器使其以理想航迹飞行。P_1、P_2、P_3、P_4 航迹点的位置如下:

$$
\begin{cases}
x_1 = x_s^{\text{top}} \parallel x_s^{\text{down}} \\
y_1 = y_s^{\text{top}} - l + r_{\min}\tan(\theta_1/2) \parallel y_s^{\text{down}} + l - r_{\min}\tan(\theta_1/2) \\
x_2 = (x_I^{\text{top}} \parallel x_I^{\text{down}}) \pm 2r_{\min} \\
y_2 = y_s^{\text{top}} + \mid x_2 - x_1 \mid /\tan\theta_1 \parallel y_s^{\text{down}} - \mid x_2 - x_1 \mid /\tan\theta_1 \\
x_3 = x_2 \\
y_3 = \max\{y_I^{\text{top}} + l + r_{\min},\ y_2 + r_{\min}[\tan(\theta_1/2) + 1]\} \parallel \\
\qquad \min\{y_I^{\text{down}} - (l + r_{\min}),\ y_2 - r_{\min}[\tan(\theta_1/2) + 1]\} \\
x_4 = x_I^{\text{top}} \parallel x_I^{\text{down}} \\
y_4 = y_3
\end{cases}
\tag{5-27}
$$

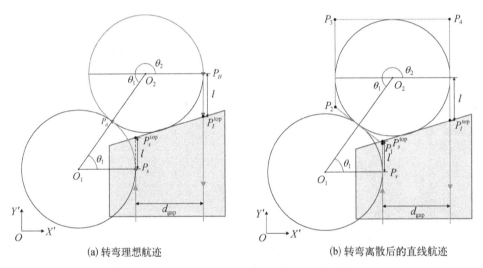

(a) 转弯理想航迹　　　　　　　　　　(b) 转弯离散后的直线航迹

图 5-18　$d < 2r_{\min} < d_{P_1 P_2}$ 情况下的航迹过渡转弯策略设计

5.3.5　基于改进动态规划算法的转移航迹点优化

1. 转移航迹点优化问题建模

根据 5.3.4 节中的描述，根据飞行器转弯半径和转弯角约束分三类情况计算两条作业路径 L_i 和 L_k 之间的过渡航迹 L_{ik}，但当 n_j 架飞行器 U_j 协同侦察区域 Z_j 并满足 $n_j w_{\text{scan}} - (n_j - 1)w_{\text{ovl}} < 2r_{\min}$ 时，相邻进出节点的转回段航迹会造成较多的航迹长度浪费，如图 5-19 所示，因此本节针对此问题进行多飞行器平推侦察的转移航迹节点优化，设决策变量 e_{ui}^{in} 表示 U_j 中第 u 架飞行器 $U_{j,u}$ 从初始位置到进入第 i 条作业路径开始侦察的连接关系，即进入侦察路径为 $P_u \rightarrow P_i^{\text{in}}$，对应的作业路径为 $P_i^{\text{in}} \rightarrow P_i^{\text{out}}$，$e_{ik}^{\text{trans}}(i, k = 0, 1, 2, \cdots, n_l)$ 表示作业路径 L_i 和 L_k 的连接关系，即作业

路径为 $P_i^{\text{in}} \to P_i^{\text{out}} \to P_k^{\text{in}} \to P_k^{\text{out}}$；飞行器进行路径和转移路径均包含上方节点和从下方节点进入区域两种方式，因此 e_{ui}^{in} 和 e_{ik}^{trans} 可表示如下：

$$e_{ui}^{\text{in}} = \begin{cases} 1, & U_{j,u} \text{ 从上方进入至 } L_i \text{ 开始侦察} \\ 0, & U_{j,u} \text{ 不从 } L_i \text{ 开始侦察} \\ -1, & U_{j,u} \text{ 从下方进入至 } L_i \text{ 开始侦察} \end{cases} \qquad (5-28)$$

式中，$u = 1, \cdots, n_j; i = 1, \cdots, n_l$。

$$e_{ik}^{\text{trans}} = \begin{cases} 1, & L_i \text{ 从上方转移至 } L_k \\ 0, & L_i \text{ 不转移至 } L_k \\ -1, & L_i \text{ 从下方转移至 } L_k \end{cases} \qquad (5-29)$$

式中，$i, k = 1, \cdots, n_l$。

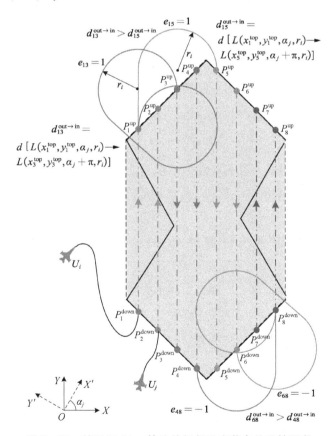

图 5-19　基于 Dubins 算法的相邻进出节点航迹转回段

因此，建立进入路径和转移路径的节点转移矩阵 $E = [e_{ik}]_{(n_l+n_j) \times n_l}$：

$$
E = \begin{bmatrix}
e_{11}^{\text{in}} & e_{12}^{\text{in}} & \cdots & e_{1n_l}^{\text{in}} \\
\vdots & \vdots & \ddots & \vdots \\
e_{n_j 1}^{\text{in}} & e_{n_j 2}^{\text{in}} & \cdots & e_{n_j n_l}^{\text{in}} \\
0 & e_{12}^{\text{trans}} & \cdots & e_{1n_l}^{\text{trans}} \\
e_{21}^{\text{trans}} & 0 & \cdots & e_{2n_l}^{\text{trans}} \\
\vdots & \vdots & \ddots & \vdots \\
e_{n_l 1}^{\text{trans}} & e_{n_l 2}^{\text{trans}} & \cdots & 0
\end{bmatrix}
\tag{5-30}
$$

E 的前 n_j 行对应飞行器从初始位置至开始侦察的进入段转移关系;后 n_l 行对应作业路径之间的转移关系,优化目标是求解 U_j 对 Z_j 侦察总耗时最短的节点转移关系。因此,通过转移矩阵 E 的建立可以看出飞行器进入路径、作业路径 L_i 航程和 L_i 转移至 L_k 的转移距离均与飞行器进入区域方向相关,具有双值性,分别表示为 $\otimes d_{ui}^{\text{in}}$、$\otimes d_{ii}^{\text{in}\to\text{out}}$ 和 $\otimes d_{ik}^{\text{out}\to\text{in}}$,计算如下:

$$
\begin{cases}
\otimes d_{ui}^{\text{in}} = \begin{bmatrix} d_{ui}^{\text{top}} \\ d_{ui}^{\text{down}} \end{bmatrix} = \begin{cases} d\{L[(x_i, y_i, \chi_i, r) \to (x_i^{\text{top}}, y_i^{\text{top}}, \alpha + \pi, r)]\}, & e_{ui}^{\text{in}} = 1 \\ d\{L[(x_i, y_i, \chi_i, r) \to (x_i^{\text{down}}, y_i^{\text{down}}, \alpha, r)]\}, & e_{ui}^{\text{in}} = -1 \end{cases} \\[2em]
\otimes d_{ii}^{\text{in}\to\text{out}} = \begin{bmatrix} d_{ii}^{\text{top}\to\text{down}} \\ d_{ii}^{\text{down}\to\text{top}} \end{bmatrix} = \begin{cases} d\{L[(x_i^{\text{top}}, y_i^{\text{top}}, \alpha + \pi, r) \to (x_i^{\text{down}}, y_i^{\text{down}}, \alpha + \pi, r)]\}, & e_{ui}^{\text{in}} = 1 \parallel e_{si}^{\text{trans}} = 1 \\ d\{L[(x_i^{\text{down}}, y_i^{\text{down}}, \alpha, r) \to (x_i^{\text{up}}, y_i^{\text{up}}, \alpha, r)]\}, & e_{ui}^{\text{in}} = -1 \parallel e_{si}^{\text{trans}} = -1 \end{cases} \\[2em]
\otimes d_{ik}^{\text{out}\to\text{in}} = \begin{bmatrix} d_{ik}^{\text{top}} \\ d_{ik}^{\text{down}} \end{bmatrix} = \begin{cases} d\{L[(x_i^{\text{top}}, y_i^{\text{top}}, \alpha, r) \to (x_k^{\text{top}}, y_k^{\text{top}}, \alpha + \pi, r)]\}, & e_{ik}^{\text{trans}} = 1 \\ d\{L[(x_i^{\text{down}}, y_i^{\text{down}}, \alpha + \pi, r) \to (x_k^{\text{down}}, y_k^{\text{down}}, \alpha, r)]\}, & e_{ik}^{\text{trans}} = -1 \end{cases}
\end{cases}
\tag{5-31}
$$

由此建立多固定翼飞行器对 Z_j 的侦察航迹点转移距离矩阵 $D = [\otimes d_{ik}]_{(n_j + n_l) \times n_l}$:

$$
D = \begin{bmatrix}
\otimes d_{11}^{\text{in}} + \otimes d_{11}^{\text{in}\to\text{out}} & \otimes d_{12}^{\text{in}} + \otimes d_{22}^{\text{in}\to\text{out}} & \cdots & \otimes d_{1n_l}^{\text{in}} + \otimes d_{n_l n_l}^{\text{in}\to\text{out}} \\
\vdots & \vdots & \ddots & \vdots \\
\otimes d_{n_j 1}^{\text{in}} + \otimes d_{11}^{\text{in}\to\text{out}} & \otimes d_{n_j 2}^{\text{in}} + \otimes d_{22}^{\text{in}\to\text{out}} & \cdots & \otimes d_{n_j n_l}^{\text{in}} + \otimes d_{n_l n_l}^{\text{in}\to\text{out}} \\
0 & \otimes d_{12}^{\text{out}\to\text{in}} + \otimes d_{22}^{\text{in}\to\text{out}} & \cdots & \otimes d_{1n_l}^{\text{out}\to\text{in}} + \otimes d_{n_l n_l}^{\text{in}\to\text{out}} \\
\otimes d_{21}^{\text{out}\to\text{in}} + \otimes d_{11}^{\text{in}\to\text{out}} & 0 & \cdots & \otimes d_{2n_l}^{\text{out}\to\text{in}} + \otimes d_{n_l n_l}^{\text{in}\to\text{out}} \\
\vdots & \vdots & \ddots & \vdots \\
\otimes d_{n_l 1}^{\text{out}\to\text{in}} + \otimes d_{11}^{\text{in}\to\text{out}} & \otimes d_{n_l 2}^{\text{out}\to\text{in}} + \otimes d_{22}^{\text{in}\to\text{out}} & \cdots & 0
\end{bmatrix}
$$

$$
\tag{5-32}
$$

为求解多飞行器侦察区域航迹优化问题,建立优化数学变量 X,优化结果为 U_j 对应的航迹节点 $R = \{R_1, R_2, \cdots, R_{n_j}\}$:

$$\begin{cases} X = \{\alpha, E, D\}, & \alpha \in [-\pi, \pi] \\ R_u = \{N_u, D_u, E_u\} \end{cases} \tag{5-33}$$

式中,R_u 为 $U_{j,u}$ 的节点优化结果;N_u 为转移节点;D_u 对应转移过程的距离矩阵;E_u 为与 P_u 和 D_u 对应的节点转移关系。分别表示如下:

$$\begin{cases} N_u = \{P_u \to L_{u_1} \to L_{u_2} \to, \cdots, L_{u_{\sigma_u}}\} = \{P_u, P_{u_1}^{\text{in}}, P_{u_1}^{\text{out}}, P_{u_2}^{\text{in}}, P_{u_2}^{\text{out}}, \cdots, P_{u_{\sigma_u}}^{\text{in}}, P_{u_{\sigma_u}}^{\text{out}}\} \\ D_u = \{\otimes d_{uu_1}^{\text{in}} + \otimes d_{u_1 u_1}^{\text{in} \to \text{out}}, \otimes d_{u_1 u_2}^{\text{out} \to \text{in}} + \otimes d_{u_2 u_2}^{\text{in} \to \text{out}}, \cdots, \otimes d_{u_{\sigma_u-1} u_{\sigma_u}}^{\text{out} \to \text{in}} + \otimes d_{u_{\sigma_u} u_{\sigma_u}}^{\text{in} \to \text{out}}\} \\ E_u = \{e_{uu_1}, e_{u_1 u_2}, \cdots, e_{u_{\sigma_u-1}^{k_u}}\} \end{cases} \tag{5-34}$$

式中,σ_u 为 $U_{j,u}$ 覆盖侦察的作业路径总数;$\{u_1, u_2, \cdots, u_{\sigma_k}\} \in \{1, 2, \cdots, n_l\}$;$N_u$ 表示 $U_{j,u}$ 从起点 P_u 出发,从 $P_{u_1}^{\text{in}}$ 进入开始侦察,该过程对应的决策变量为 e_{uu_1},航程为 $d_{uu_1}^{\text{in}}$,若 $e_{uu_1} = 1$,则 $d_{uu_1}^{\text{in}} = d_{uu_1}^{\text{up}}$,若 $e_{uu_1} = -1$,则 $d_{uu_1}^{\text{in}} = d_{uu_1}^{\text{down}}$;第一段侦察作业路径为 $L_{u_1}: P_{u_1}^{\text{in}} \to P_{u_1}^{\text{out}}$,作业长度为 $d_{u_1 u_1}^{\text{in} \to \text{out}}$,若 $e_{uu_1} = 1$,则 $d_{u_1 u_1}^{\text{in} \to \text{out}} = d_{u_1 u_1}^{\text{up} \to \text{down}}$,若 $e_{uu_1} = -1$,则 $d_{u_1 u_1}^{\text{in} \to \text{out}} = d_{u_1 u_1}^{\text{down} \to \text{up}}$;接着 $U_{j,u}$ 从作业路径 L_{u_1} 过渡至 L_{u_2},对应的过渡决策变量为 $e_{u_1 u_2}$,为了保证任意一条作业路径均与其余一条作业路径通过转移航迹相连,因此当 $e_{uu_1} = -1$ 时,$e_{u_1 u_2} = 1$,当 $e_{uu_1} = 1$ 时,$e_{u_1 u_2} = -1$,即当 $U_{j,u}$ 从 L_{u_1} 下侧进入由下而上地侦察时,转移到的下一作业路径 L_{u_1} 必是从上而下地侦察,从而完成 L_{u_2} 作业路径覆盖,重复此过程,直至完成 $L_{u_{\sigma_u}}$ 作业路径的侦察,单次区域覆盖过程中每条作业路径仅被侦察覆盖一次,所有作业路径均覆盖后,U_j 根据任务需求进行多次侦察、执行另一任务或者返航,因此优化过程中的航迹节点 R 应满足如下约束:

$$\text{s. t.} \begin{cases} R_1 \cup R_2 \cup \cdots \cup R_{n_j} = \{P_1, P_2, \cdots, P_{n_j}, c_j \cdot P_{\text{scan}}\} \\ R_u \cap R_v = \varnothing, & c = 1, \forall u, v = 1, 2, \cdots, n_j \\ \sigma_u \geqslant \sigma, & \forall u = 1, 2, \cdots, n_j \\ e_{u_{m-1} u_m} e_{u_m u_{m+1}} = -1, & \forall u = 1, 2, \cdots, n_j; \forall m = 1, 2, \cdots, \sigma_u - 1 \end{cases} \tag{5-35}$$

优化目标为

$$\min f = \sum_{u=1}^{n_j} [\text{sum}(D_u)] \tag{5-36}$$

式中，$\text{sum}(D_u)$ 表示 $U_{j,u}$ 优化三类路径航程总和。

2. 基于改进动态规划算法的转移节点优化问题计算

从上述问题建模可以看出，将以上建立的最短路径模型建模为多旅行商问题（multiple traveling salesman problem, MTSP），描述为多个旅行者要去若干个城市旅游，该旅行者分别从相同或不同的城市出发，需要经过所有城市后，回到出发地，使总的行程最短。MTSP 是一个 NP-hard 问题，若使用遍历所有可能的方式进行求解，问题规模则会随着城市数量的增加迅速增长，常用的求解方式有动态规划法、整数规划法及使用智能优化算法求解，其中动态规划（dynamic programming, DP）法可将待求解问题分解成若干个子问题，先求解子问题，然后由这些子问题的解再得到原问题的解，因此适用于求解 MTSP，且能够有效地进行多线程编码，大大提高优化求解速度，在 MTSP 领域求解具有一定优势，针对本节研究的问题，采用改进动态规划法进行优化求解。求解步骤如下。

步骤 1：初始化 MTSP 模型。不同于典型动态规划算法，如式（5-34）所示，设共有 $(n_j + n_l)$ 个城市节点 V，共有 n_j 个旅行商，旅行商初始位置固定在前 n_j 个城市，对应飞行器的初始位置为 $\{P_1, P_2, \cdots, P_{n_j}\}$，后 n_l 个城市为待访问城市，对应的作业路径集合为 $\{L_1, L_2, \cdots, L_{n_l}\}$，转移距离矩阵为 D，第 u 架飞行器第 k 次状态转移过程中，城市节点包含编号 u_k、转移关系 $e_{(k-1)k}$、路程距离 $\otimes \; d_{(k-1)k}^{\text{out}\to\text{in}} + \otimes \; d_{kk}^{\text{in}\to\text{out}}$ 等信息，算法初始化为

$$\begin{cases} V_{\text{last}} = \{V_{\text{last}1}, V_{\text{last}2}, \cdots, V_{\text{last}\,n_j}\} = \{P_1, P_2, \cdots, P_{n_j}\} \\ d_{\text{last}} = \{d_{\text{last}1}, d_{\text{last}2}, \cdots, d_{\text{last}\,n_j}\} = \{0, 0, \cdots, 0\} \\ e_{\text{last}} = \{e_{\text{last}1}, e_{\text{last}2}, \cdots, e_{\text{last}\,n_j}\} = \{0, 0, \cdots, 0\} \\ V' = \{L_1, L_2, \cdots, L_{n_l}\} \end{cases} \quad (5-37)$$

式中，V_{last} 为飞行器多旅行商最后一次访问的城市集合；d_{last} 为多旅行商总路程；e_{last} 为多旅行商最后访问的城市方向；V' 为待访问城市集合；

步骤 2：令 $d(V_{\text{last}}, V')$ 表示 n_j 个旅行商分别从城市 $V_{\text{last}1}, V_{\text{last}2}, \cdots, V_{\text{last}\,n_j}$ 出发，按照式（5-35）中的约束，经过 V' 中的各个节点各一次，不回到出发城市节点 P_1，$P_2, \cdots, P_{n_j}$ 的最短路径长度，则可分为以下两类情况讨论：

（1）当 V' 为空集时，$d(V_{\text{last}}, V')$ 表示飞行器已经覆盖完所有侦察作业路径，此时根据任务需求进行二次侦察航迹规划或者等待调度执行下一任务，此类情况下，$d(V_{\text{last}}, V') = 0$；

（2）当 V' 不为空集时，$d(V_{\text{last}}, V') = 0$ 可以拆分为对子问题的求解，设 n_j 架飞行器下次访问的城市为 $V_j = L_j$，该城市可能由任意一架飞行器访问，此类情况下对应的转移后飞行器多旅行商状态为

$$\begin{cases} V'_{\text{last}} \in \{\{V_i, V_{\text{last2}}, \cdots, V_{\text{last}\,n_j}\}, \cdots, \{V_{\text{last1}}, V_{\text{last2}}, \cdots, V_i\}\} \\ d_{\text{last}} \in \{\{d_{\text{last1}} + \otimes d_{\text{last1}i}, d_{\text{last2}}, \cdots, d_{\text{last}\,n_j}\}, \cdots, \{d_{\text{last1}}, d_{\text{last2}}, \cdots, d_{\text{last}\,n_j} + \otimes d_{\text{last}\,n_j i}\}\} \\ e_{\text{last}} \in \{\{-e_{\text{last1}}, e_{\text{last2}}, \cdots, e_{\text{last}\,n_j}\}, \cdots, \{e_{\text{last1}}, e_{\text{last2}}, \cdots, -e_{\text{last}\,n_j}\}\} \end{cases}$$

$$(5-38)$$

式中,$\otimes d_{\text{last1}i}$ 为飞行器 $U_{j,1}$ 从其当前状态 V_{last1} 转移至城市 V_i 的距离,若当前状态为起点,则 $\otimes d_{\text{last1}i} = \otimes d_{1i}^{\text{in}} + \otimes d_{ii}^{\text{in}\to\text{out}}$,若当前状态为侦察路径节点,则 $\otimes d_{\text{last1}i} = \otimes d_{\text{last1}i}^{\text{out}\to\text{in}} + \otimes d_{ii}^{\text{in}\to\text{out}}$。因此,单次访问的城市节点 V_j 包含以下三个信息:由哪个旅行商飞行器访问、对应的访问方向和访问距离,此后更新未访问城市集合为 $V' = V' - V_i$,按照上述步骤逐步划分每个城市的访问过程,转换为动态规划过程中的迭代子问题。

步骤 3:构建状态转移方程。根据划分成的子问题,建立如下改进动态规划法求解 MTSP 的状态方程:

$$\begin{cases} d(V_{\text{last}}, V') = \min_{V_i \in V'}\{\otimes d_{\text{last}_u i}^{\text{out}\to\text{in}} + \otimes d_{ii}^{\text{in}\to\text{out}} + d(V'_{\text{last}}, \{V' - V_i\})\} \\ d(V_{\text{last}}, \{\varnothing\}) = 0 \\ V_{\text{last}_u} = V_i \\ e_{\text{last}_u} = -1 \times e_{\text{last}_u} \end{cases}$$

$$(5-39)$$

式中,$u \in (1, 2, \cdots, n_j)$。

步骤 4:储存状态值存表。结合一简单例子进一步解释:假设共有 $n_j = 2$ 个飞行器旅行商,共有 $n_l = 4$ 个航带,共有 6 个城市节点,编码为 0、1、2、3、4、5,问题转换为 U_1 和 U_2 分别从城市 0 和 1 出发,寻找两条经过其余城市的距离和最小的转移路径,则问题表示为

$$d(\{0, 1\}, \{2, 3, 4, 5\}) \qquad (5-40)$$

初始化 $V_{\text{last}} = \{V_{\text{last1}}, V_{\text{last2}}\} = \{0, 1\}$,$V' = \{2, 3, 4, 5\}$,则 $d(\{0, 1\}, \{2, 3, 4, 5\})$ 按照式(5-41)计算:

$$\begin{aligned} &d(\{0, 1\}, \{2, 3, 4, 5\}) \\ &= \min \begin{cases} \otimes d_{02} + d(\{2, 1\}, \{3, 4, 5\}),\ \otimes d_{03} + d(\{3, 1\}, \{2, 4, 5\}) \\ \otimes d_{04} + d(\{4, 1\}, \{2, 3, 5\}),\ \otimes d_{05} + d(\{5, 1\}, \{2, 3, 4\}) \\ \otimes d_{12} + d(\{0, 2\}, \{3, 4, 5\}),\ \otimes d_{13} + d(\{0, 3\}, \{2, 4, 5\}) \\ \otimes d_{14} + d(\{0, 4\}, \{2, 3, 5\}),\ \otimes d_{15} + d(\{0, 5\}, \{2, 3, 4\}) \end{cases} \end{aligned}$$

$$(5-41)$$

式中，$\otimes d_{02} = \otimes d_{02}^{\text{in}} + \otimes d_{22}^{\text{in}\rightarrow\text{out}}$ 为第 1 个旅行商到第 2 个城市的进入段距离和作业段距离之和，$\otimes d_{02}$ 的大小与进入方向有关，接着以 $d(\{2,1\}, \{3, 4, 5\})$ 为例进行第二次状态转移，计算如下：

$$
\begin{aligned}
&d(\{2, 1\}, \{3, 4, 5\}) \\
&= \min\left\{\begin{array}{l} \otimes d_{23} + d(\{3, 1\}, \{4, 5\}), \ \otimes d_{24} + d(\{4, 1\}, \{3,5\}), \\ \qquad \otimes d_{25} + d(\{5, 1\}, \{3, 4\}) \\ \otimes d_{13} + d(\{2, 3\}, \{4, 5\}), \ \otimes d_{14} + d(\{2, 4\}, \{3, 5\}), \\ \qquad \otimes d_{15} + d(\{2, 5\}, \{3, 4\}) \end{array}\right\}
\end{aligned}
$$

$$(5-42)$$

值得注意的是，若 $\otimes d_{02}$ 转移过程中对应 $e_{02} = 1$，则 $\otimes d_{23}$、$\otimes d_{24}$ 和 $\otimes d_{25}$ 的转移过程对应的 e_{23}、e_{24} 和 e_{25} 均为 -1，航程分别为 $\otimes d_{23} = d_{23}^{\text{down}} + d_{33}^{\text{in}\rightarrow\text{out}}$，$\otimes d_{24} = d_{24}^{\text{down}} + d_{44}^{\text{in}\rightarrow\text{out}}$ 和 $\otimes d_{25} = d_{25}^{\text{down}} + d_{55}^{\text{in}\rightarrow\text{out}}$；由于 U_2 在此处转移过程中仍处起点位置，即 $e_{\text{last2}} = 0$，则 $\otimes d_{13}$、$\otimes d_{14}$ 和 $\otimes d_{15}$ 的转移过程对应的 e_{13}、e_{14} 和 e_{15} 可为 ± 1，以 $\otimes d_{23} + d(\{3, 1\}, \{4, 5\})$ 为例进行下一步转移，计算如下：

$$
d(\{3, 1\}, \{4, 5\}) = \min\left\{\begin{array}{l} \otimes d_{34} + d(\{4,1\}, \{5\}), \ \otimes d_{35} + d(\{5, 1\}, \{4\}) \\ \otimes d_{14} + d(\{3, 4\}, \{5\}), \ \otimes d_{15} + d(\{3, 5\}, \{4\}) \end{array}\right\}
$$

$$(5-43)$$

同理，转移过程中应满足式(5-39)的约束，最后以 $\otimes d_{34} + d(\{4, 1\}, \{5\})$ 为例进行节点转移：

$$
d(\{4, 1\}, \{5\}) = \min\{\otimes d_{45} + d(\{5, 1\}, \{\varnothing\}), \ \otimes d_{15} + d(\{4, 5\}, \{\varnothing\})\}
$$

$$(5-44)$$

经过以上分析，可以看出在节点转移过程中，可通过式(5-44)可求出式(5-43)，进而求出式(5-42)和式(5-41)，最后得到优化目标[式(5-40)]的解，将上述求解过程可以使用图 5-20 所示树状图直观地表示。从图中可以看出，改进动态规划求解 MTSP 有两个特点：

（1）自上而下地拆解：上层大问题可以不断拆分为下层子问题；

（2）自下而上地求解：上层大问题的求解依赖于下层子问题的求解。

为了方便地使用编程语言求解动态规划问题，一般使用"填表法"生成 DP 表进行求解，将已知量记录在表格中并使用动态规划方程不断迭代计算，如此反复，直至求出最终解。DP 表的每一个元素代表一种，其中行索引为 i，列索引为 j，例如式(5-40)对应的 DP 表如表 5-1 所示。

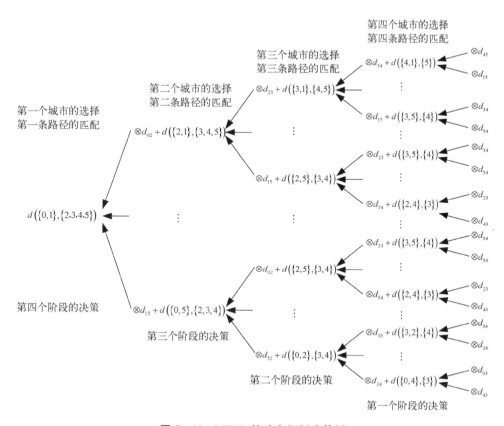

图 5 - 20　MTSP 的动态规划决策树

表 5 - 1　MTSP 的动态规划 DP 表

V_i	{∅}	2	3	4	5	2,3	2,4	2,5	3,4	3,5	4,5	2,3,4	2,3,5	2,4,5	3,4,5	2,3,4
0	—			—				—						—		—
1	—			—				—						—		
2	—			—				—						—		
3	—			—				—						—		
4	—			—				—						—		
5	—			—				—						—		
填表顺序	第一步	第二步				第三步						第四步				第五步

3. 基于贪心算法的作业路径转移次序优化

当某一飞行器集群处于侦察状态时,若出现新的待侦察区域,部分飞行器被其他更重要的任务调度而退出侦察任务,或者出现坠机等故障时,需执行动态侦察任务规划,以保证对区域的完整覆盖,在线临机规划过程中,往往追求的不是式(5-36)要求的航迹最优性,而是要求平衡算法的最优性和高效性,不仅要符合应用过程中的实际在线状态条件,还要满足优化计算计算时间短,在损失较少任务完成时间的前提下可获得较优的系统效能。

当作业路径较少(一般不超过 15 条作业路径)时,使用 5.3.5 节所述的改进动态规划法可以快速求解出最优作业路径转移次序,而当作业路径数量较多时,改进动态规划法的时间复杂度呈指数上升,会导致计算时间大大增加,不适用于动态场景下的在线侦察任务规划方法,而是适用于全场景态势信息明确、全链路连通、任务规划时间裕度大的任务预规划情况。因此,在 $n_l > 15$ 时可以使用贪心算法求得次优解,其求解速度快、灵活度高,既可以用于求解编队侦察的作业路径次序优化,也可以用于求解非编队侦察的作业路径次序优化。

贪心算法在计算作业路径次序时仅考虑下一步的转移距离。由于飞行器要不重复地遍历所有作业路径,可以将作业路径次序优化问题转化为指派问题,即将所有作业路径分配给执行侦察任务的飞行器。若每架飞行器在选取作业路径时均选择转移距离最小的作业路径,可能会发生不同飞行器选取同一作业路径的情况。因此,每次为飞行器分配作业路径时需要考虑冲突消解,直至全部作业路径均被分配。算法流程如图 5-21 所示。

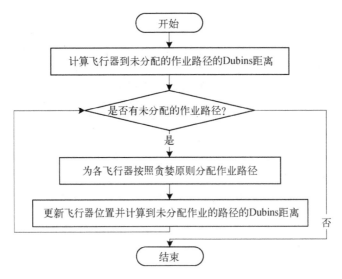

图 5-21　基于贪心算法的作业路径次序优化算法流程

5.3.6　飞行器集群多次侦察任务的在线规划算法流程

与单次遍历侦察类似,多次遍历侦察同样采取并排进入侦察、回形侦察和分块侦察三种侦察策略,每种侦察策略的优缺点同单次侦察一致。根据 5.3.1~5.3.5 节所述的各算法模块,飞行器集群多次侦察任务在线规划算法流程如图 5 - 22 所示。

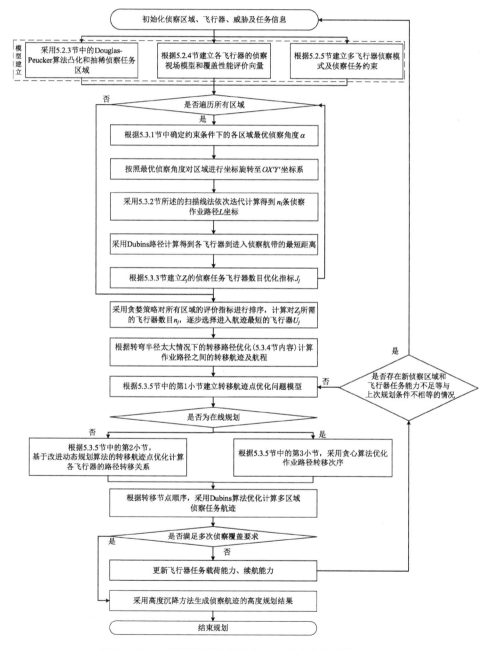

图 5-22 飞行器集群多次侦察任务均在线规划算法流程

5.4 仿真与分析

针对以上侦察任务场景建模和算法设计,本节假设飞行器视场均为前向探测,综合考虑了飞行器侦察视场对地探测宽度、侦察视场前向距离、最小转弯半径、最小航迹夹角、任务时空协同等约束条件,分别对单区域协同进入编队侦察、不协同侦察;多区域协同和不协同进入编队侦察;部分飞行器坠机或退出当前任务等异常条件和新增未知侦察区域等动态条件下的侦察任务航迹规划场景进行仿真,由此得到满足多约束条件的多飞行器飞行航迹,实现对未知区域的全范围覆盖。

5.4.1 单区域侦察任务仿真

假设有三架飞行器分别位于(104.504 9°, 39.340 1°, 2 808.0 m)、(104.550 7°, 39.344 1°, 2 796.6m)、(104.760 9°, 39.353 5°, 2 790.2 m)处,需要侦察顶点为(104.453 4°, 39.785 6°)、(104.240 4°, 39.461 0°)、(104.696 9°, 39.342 7°)、(104.980 9°, 39.447 5°)、(105.237 9°, 39.812 7°)的五边形区域,本节设计了以一字队形编队侦察和不编队快速侦察两种方式,均以航程最短为优化指标,采用改进的动态规划法优化二维航迹点,并根据高度沉降方法规划出相对地形500m高度侦察的三维区域覆盖航迹。

1. 单区域编队协同侦察

单区域编队协同侦察航迹规划结果如图 5-23 所示,由于飞行器初始位置位

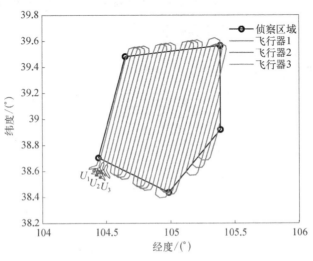

图 5-23   单区域编队侦察协同航迹仿真结果

于区域的左下方,编队从最下方作业路径的左侧进入侦察区域,依次循环侦察,直至覆盖完成整个区域,其三维航迹规划结果如图 5-24(a)所示,航迹高度与正下方地形海拔剖面和航迹飞行距离的关系如图 5-24(b)所示,从图中可以看出,三架无人机按照固定的机间相对位置关系保持稳定的相对高度,实现了对未知侦察区域的推扫探测。

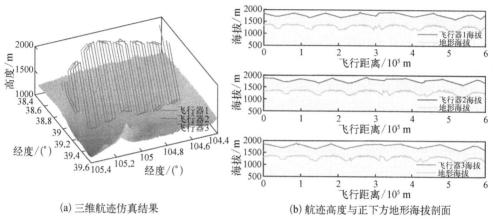

(a) 三维航迹仿真结果　　　　　　　　　(b) 航迹高度与正下方地形海拔剖面

图 5-24　侦察航迹高度规划结果

2. 单区域不协同侦察

若此次侦察任务对机间相对位置关系无约束,且区域的作业路径数量较多时,任务建模为不协同侦察任务场景,采用改进动态规划算法求得可行解,如图 5-25

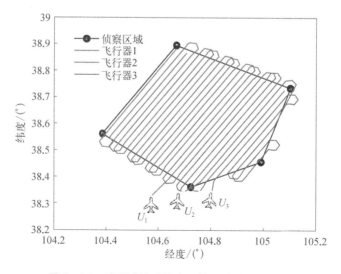

图 5-25　单区域编队侦察不协同航迹仿真结果

所示,可以看出,相比图 5 - 23 所示的仿真结果,U_1、U_2 和 U_3 无固定的机间相对位置关系,对区域进行分块探测,保障了对区域的最快全覆盖。

5.4.2 多区域侦察任务仿真

为验证本章算法对多区域侦察任务的应用情况,本节设计 6 架随机分布的飞行器对两个位置区域的协同侦察和不协同侦察场景,其中区域 1 为凸区域,区域 2 为非凸区域,首先采用 Douglas - Peucker 算法对区域 2 进行凸化,建立区域的分配指标,优化不同的飞行器航迹,所得结果如下所述。

1. 多区域编队协同侦察

给定多机按照相对位置关系的协同侦察任务场景,所得结果如图 5 - 26 所示,其中侦察区域 1 的面积大且威胁度较高,因此分配 U_1、U_2、U_3 和 U_6 对区域 1 协同执行任务,为满足相对位置关系约束,四架飞行器从区域右上角以"一"字形进入协同侦察,由于 U_3 的初始位置较远,其余三架无人机侧向机动绕飞,等待协同进入区域;同样,U_4 和 U_5 协同进入凸化后的区域 2 进行侦察,验证算法满足了规划过程中的时空约束条件。

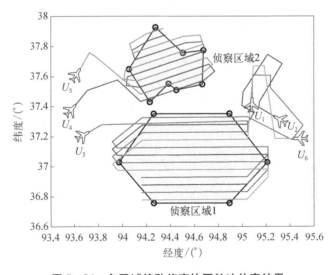

图 5 - 26   多区域编队侦察协同航迹仿真结果

2. 多区域不协同侦察

若多飞行器续航能力不足或者任务不要求协同进入探测,即多机不需满足机间相对关系,所得的航迹结果如图 5 - 27 所示,可以看出该分配方案结果与图5 - 26 结果保持一致,但由于无协同约束,各无人机在满足初始航向角和最小转弯半径等机动约束的前提下,选择自身最优的进入路径、作业路径和转移路径,使得对区域的完全覆盖时间小于有协同约束的侦察任务。

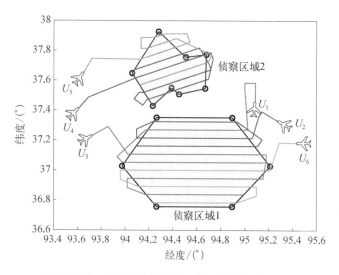

图 5-27　多区域编队侦察不协同航迹仿真结果

5.4.3　动态条件下侦察任务仿真

多飞行器对多类不确定的环境因素的适应性存在优势,其任务执行过程中往往存在多类动态因素,例如,某架飞行器因故障坠机,某架飞行器被突发调度执行其他任务或出现未知待侦察区域等,诸如上述的复杂动态场景,往往对航迹规划算法的工程应用性提出了重大挑战。

为了验证本章侦察任务航迹规划工程化方法对动态环境的适应性,本节以 5.4.2 节不协同侦察任务场景为基础,假设多飞行器同时刻出发按照图 5-27 所示的航迹执行任务,在如图 5-28 所示的某一时刻分别触发了 U_1 坠机或退出当前侦察任务,以及新增未知待侦察区域两类典型的动态场景,分别进行动态侦察任务航迹规划仿真,如下所述。

1. 部分飞行器坠机或退出当前任务情况的动态侦察

飞行器 U_1 出现退出当前侦察任务等异常情况时,以多飞行器当前位置和任务状态为仿真起点,确定未覆盖到的作业路径,包括了 U_1 掉线未完全覆盖的作业路径,并再次进行动态飞行器分配,得到 U_2、U_3 和 U_6 对区域 1 协同执行动态任务,U_4 和 U_5 对区域 2 执行动态任务,重新规划航迹,仿真结果如图 5-29 所示,从图中可以看出各在线飞行器首先执行完成当前未覆盖完全的作业路径,并优化转移路径,由 U_2 对 U_1 尚未覆盖完全的作业路径进行侦察,保障了对区域的无死角覆盖。

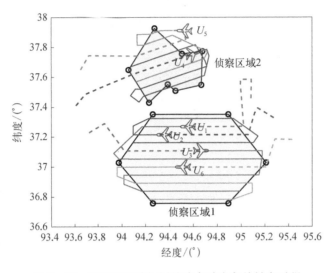

图 5-28　飞行器跟踪规划航迹点动态条件触发时刻

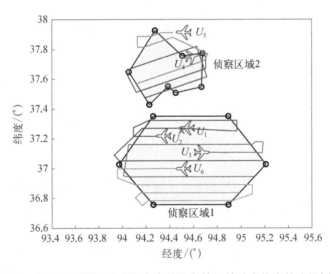

图 5-29　部分飞行器坠机或退出当前任务情况的动态侦察航迹规划结果

2. 新增未知区域的动态侦察

如图 5-30 所示,当出现新增未知区域时,对新增区域 3 进行建模,确定其评价指标,动态分配飞行器 U_1 对区域 3 覆盖,由于 U_1 当前仍处于作业路径载荷视场打开探测状态,因此 U_1 首先覆盖完成当前作业路径再转至区域 3 侦察,U_2,U_3 和 U_6 在执行完成当前作业路径的基础上,重新进行了转移航迹优化,生成了对区域 1 的全方位覆盖航迹,填补了 U_1 被动态分配后的作业路径空白,验证了本章算法在该动态场景下仍能保证对所有区域的全覆盖侦察。

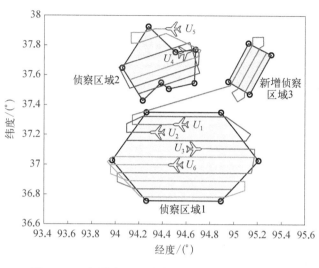

图 5 - 30　新增未知区域的动态侦察航迹规划结果

5.5　本章小结

　　本章针对飞行器集群对多个不规则区域最快覆盖侦察问题,提出了一种协同侦察航迹规划工程化方法,首先对协同侦察问题及其相关概念进行整体描述,建立侦察区域模型并采用 Douglas - Peucker 算法对其进行简化;然后结合飞行器载荷能力建立侦察视场模型,主要约束为侦察宽度、侦察长度、前向距离、覆盖重叠率等;最后建立飞行器集群对多区域的侦察任务模型,给出三类典型侦察方式,将多区域侦察任务建模为组合优化问题模型并提出评价指标。

　　基于以上模型的建立,以多飞行器协同侦察总作业时间最短为优化目标,在航迹规划求解过程中:一方面,根据多飞行器和多个区域的位置关系进行侦察资源匹配调度和区域划分,优化多飞行器协同侦察方向角,并采用扫描线法生成侦察作业路径;另一方面,采用第 2 章所述的 Dubins 工程化方法生成避开实时威胁的飞行器侦察转移段航迹,并基于改进动态规划算法实现侦察航迹点优化配置,充分发挥飞行器集群的协同侦察性能。最后,给出飞行器集群对多个区域执行多次侦察任务的航迹规划工程化算法流程并通过仿真实验证明所建立模型和提出算法的可靠性。

第**6**章

其他典型任务的协同航迹规划方法

6.1　引言

　　飞行器集群因其执行任务的多样性和高效性而受到广泛研究和关注,除了第4章和第5章介绍的侦察打击任务外,当任务要求飞行器进入威胁度高、地形复杂的任务区域时,为提高飞行器的生存效能,需要进行集群避障航迹规划,衍生出集群突防任务;当集群对目标精确定位或通信遭受屏蔽需要多架飞行器进行盘旋信使,或要对某个目标进行高精度定位时,衍生出了协同中继盘旋任务;当任务要求集群必须经过某一固定位置点进行资源补充时,衍生出集群必经任务;当所有侦察、打击等前序任务执行完毕时,要求对集群执行效能整体评估,衍生出集群评估任务。此类典型任务均存在多种场景约束,因此需要针对不同任务执行时的特点建立不同的航迹规划模型,研究实时航迹规划问题,保障集群应用多样性的同时提高集群的生存概率和任务效率。

　　本章根据飞行器集群其他典型任务的应用特点,给出协同突防、中继盘旋、必经和评估任务的场景概念描述,并建立不同任务的航迹规划约束模型及效能模型,基于第3章的典型工程化航迹规划方法进行航迹优化,设计不同的任务算例进行仿真验证,最后给出采用任务驱动的方式计算飞行器集群的航迹序列的应用流程,以上一个任务生成航迹的终端状态作为下一任务航迹规划的初始状态逐步生成多任务航迹,实现飞行器集群执行任务过程中的时空协同,充分发挥集群的协同任务性能。

6.2　其他典型任务场景概念描述

6.2.1　典型任务应用场景概述

　　如图6-1所示,多架异构飞行器集群分为多簇,分别执行突防压制、信使中继盘旋、必经补充弹药、平推评估等多任务,各任务间互不干扰,飞行器携带多类任务载荷,由地面指挥调度系统进行任务决策分配确定飞行器集群分簇成员及其任务执行类型、执行约束及执行序列,其应用场景如下所述。

在实际任务环境中,飞行器集群面对的任务环境通常是存在山岭或起伏山脉的高原、平原、沙漠等,在上百千米的任务区域内,地形高低起伏较大,地面海拔往往呈现多数时连续缓慢变化少数时剧烈变化的情况,同时在较为平缓的地貌通常会分布敌方布置的威胁工事,如探测雷达、地面高炮等,这些威胁会对上方或附近一定范围内的空域进行封锁,集群飞行途经此类威胁时需绕飞或爬升一定高度来保证自身安全的同时,对此类威胁进行压制,如图 6-1 中的集群簇(a)所示。

目标定位是协同任务执行的先决条件,获取特定目标的高质量实时信息,可以为后续的多域协同任务提供信息支撑,其精度直接影响后续任务的决策与执行。然而,由于传感器误差、环境干扰、任务等因素,目标定位往往存在一定的误差,此外,单架飞行器存在载荷、成本等方面的限制,导致单机定位能力有限。因此,采用集群对目标持续盘旋压制,当目标区域内的重要目标暴露在任意飞行器的视线范围内时,飞行器通过群内信息网络共享目标状态,同时召集其他成员节点实现协同定位航迹规划,提高定位信息质量,进一步还可以衍生为对某一区域的协同巡逻任务,如图 6-1 中的集群簇(b)所示。

通信的持续稳健性是集群所有任务执行的前提,当任务空域过大导致通信范围不能完整覆盖或存在山体等对机间通信的遮蔽时,集群派出多架飞行器担当信使中继节点,鉴于固定翼飞行器的运动学约束和保证通信中继的持续稳定,飞行器集群在固定的范围内持续盘旋,通过增加盘旋半径以提高通信覆盖范围,在集群分簇内的节点进入协同通信中继状态时,使各节点均匀分布在绕飞圆上,以实现最佳的通信覆盖范围和张角,如图 6-1 中的集群簇(c)所示。

飞行器集群的任务能力有限,当任务场景过大时,为了将集群飞行器低成本、低战损、高机动性、高灵活性的优势发挥到极致,回收补充载荷将会是任务执行过程中不可或缺的一环,从而实现集群"投放—工作—回收补充—工作—……—回收返航"的任务执行模式,能够大大提高集群效费比,在此任务中,飞行器按照一定的方位角约束、时间约束、回收高度等返回至补充点,如图 6-1 中的集群簇(d)所示。

集群打击等任务执行完成后,为确定集群对目标的打击效果,需要对目标进行毁伤过程评估和易损性分析,借助于数值模拟与仿真、理论与方法评估或现场试验等手段,从毁伤机理、影响因素等方面对集群任务执行效能进行综合性评价,驱动集群应用性能不断迭代,评估任务根据目标类型及评估方式进行划分,如图 6-1 中的集群簇(e)所示。

飞行器集群按照规划航迹执行任务过程中具有空间协同,时间协同和任务协同特性,因此在集群工程化应用过程中,往往存在多种任务组合和约束,任务航迹

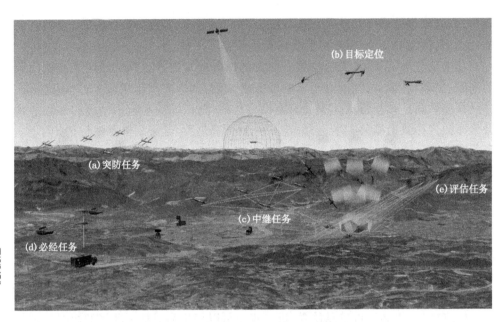

图 6-1 飞行器集群协同多任务执行过程示意图

规划需要满足飞行器单体飞行性能、环境威胁、任务切换、任务要求、时空协同等多种约束,同时任务及态势信息的不确定性、复杂性和动态性使得追求生成全局最优通常是不现实的。战场不确定态势的实时变化要求集群实时调整其任务序列,并实时规划航迹序列,为保障航迹规划的快速性及不同任务航迹之间切换的易跟踪和平滑性,将多机多任务航迹规划分为航迹生成、航迹协同和航迹平滑衔接三个过程,根据飞行器运动学模型及约束任务航迹,按动态任务驱动的方式以上一阶段任务航迹的终端状态作为当前任务航迹规划的初始状态,各飞行器通过机间通信链路共享态势信息,由地面指挥调度系统或机上计算系统进行航迹规划。为满足任务执行效能的最大化,飞行器集群按照指挥控制要求的编队队形、任务时间和方位等约束执行航迹规划,飞行器集群在动态战场环境内不断更新、替换、填充任务,直至执行完成序列中的全部任务。

6.2.2 相关概念及定义

定义 6.1 突防任务(breakthrough defense mission):任务要求飞行器进入威胁度高、地形复杂的任务区域时,为提高飞行器的生存效能并对敌雷达等威胁进行持续压制,由此衍生出集群突防任务,需要进行集群突防任务航迹规划,在此过程中,要保证集群在满足突防起点和突防终点位置及速度方向的约束下,在固定区域内进行有效突防。

定义 6.2 突防区域(breakthrough defense zone):在飞行器集群执行协同突防

任务的过程中,存在一处突防区域,为实现对敌威胁的高度压制,约束飞行器所有航迹点均位于此区域内,为简化任务要求一般假定为矩形区域,如图 6-2 所示。

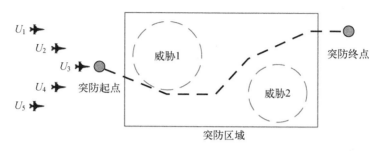

图 6-2　突防区域示意图

定义 6.3　中继盘旋任务(relay hovering mission):当集群对目标精确定位或通信遭受屏蔽需要多架飞行器进行盘旋信使或要对某个目标进行高精度定位时,衍生出了协同中继盘旋任务,需要进行集群突防任务航迹规划,在此过程中,要根据任务约束角度和盘旋方向、半径等设计合适的盘旋进入航迹和盘旋航迹。

定义 6.4　中继盘旋圈(relay hovering circling):根据飞行器性能约束和中继盘旋任务有无固定盘旋中心点,盘旋半径、盘旋进入方位等设计合适的中继盘旋圈是保证中继盘旋任务能否高效完成的先决条件,如图 6-3 所示。

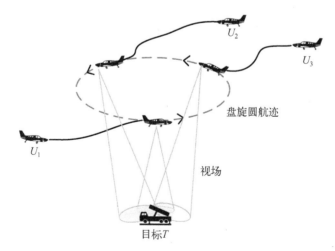

图 6-3　中继盘旋任务及中继盘旋圈示意图

定义 6.5　必经任务(mandatory mission):当任务要求集群必经经过某一固定位置点进行资源补充时,衍生出集群必经任务,通过编队任务要求可以衍生出其余多任务类型,如编队任务、编队切换、集群返航回收等。

定义 6.6 必经队形(mandatory formation)：若必经任务在必经点约束了一定的机间相对位置关系,则在航迹规划过程中在必经点应形成一定的编队队形和编队航向,如图 6-4 所示。

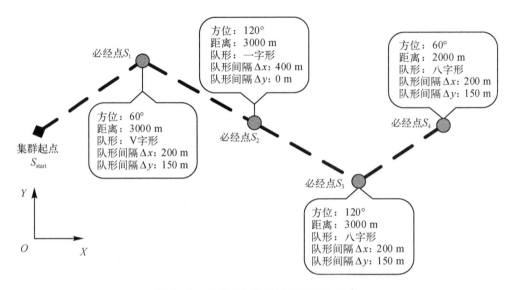

图 6-4 必经点编队队形结构输入示意

定义 6.7 评估任务(assessment mission)：当集群打击等前序任务执行完毕,要求对集群打击效能进行评估,衍生出集群评估任务,飞行器按照指定的时间抵达目标点上空,通过评估载荷对目标毁伤后的状态进行评估,以驱动下一步任务决策是否对目标进行二次打击任务航迹规划,如图 6-5 所示。

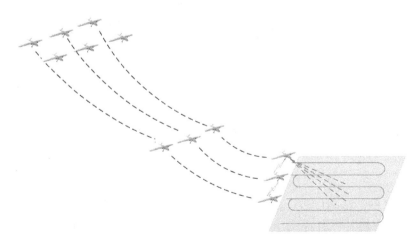

图 6-5 集群协同评估任务示意图

定义 6.8　二分图(bipartite graph)：二分图是图论中的一种特殊模型。设 $G =$ (V, E) 是一个无向图,如果顶点 V 可分割为两个互不相交的子集 (A, B),并且图中的每条边 (i, j) 所关联的两个顶点 i 和 j 分别属于这两个不同的顶点集 $(i \in A, j \in B)$,则将图 G 称为二分图。

定义 6.9　完全匹配(perfect matching)：给定一个二分图 G,在 G 的一个子图 M 中,M 的边集 $\{E\}$ 中的任意两条边都不依附于同一个顶点,则称 M 是 G 的一个匹配,若 M 中每个顶点都和图中某条边相关联,则称此匹配为完全匹配,也称作完备匹配。

定义 6.10　交替路径(alternating paths)：对于二分图 G 的一个匹配 M,由匹配边和非匹配边交替组成的路径 P 称为 M 的交替路径。

定义 6.11　增广路径(augmenting path)：如果交替路径 P 中的所有匹配边都在 M 中且其端点是自由的,相对于 M 的交替路径 P 称为相对于 M 的增广路径。

根据以上相关概念定义及描述,在每个任务的规划航迹之前,有必要对每个任务进行全面分析,研究其约束特点,将飞行环境中与该任务航迹规划相关的要素表示成符号信息建立飞行器集群协同动态航迹规划数学模型,并根据不同的任务的优化评价指标基于第 2 章的协同航迹规划的工程化方法设计不同的适应改进方案,本章接下来将对以上四类典型任务依次进行分析和求解。

6.3　协同突防任务模型及航迹规划方法

飞行器在规划空间中的飞行轨迹是三维空间内的一条曲线,为解决飞行器的协同突防任务航迹规划问题,通常做法是在布有飞行威胁的飞行区域内,生成一组满足飞行器飞行性能约束、避开威胁区域的连接起始点到终止点的三维离散点,因此需设计出符合飞行器自身的性能约束、飞行空间范围约束、障碍威胁避碰约束,收敛速度快、计算资源占用小、适应不同异构飞行器平台飞行性能、满足集群协同性要求的航迹规划算法。

6.3.1　协同突防任务建模

在飞行器集群执行任务过程中,当面对敌方威胁布置区域时,须避开地形、敌方雷达、禁飞区等多类威胁,实现多威胁的连续避障,使集群突防效率最大化,任务能力损失最小化,实现集群对敌方威胁的主动远离及压制。随着飞行器集群从突防起点到终点逐步突防,对应的突防任务代价不断更新变化,同时动态环境下往往存在未知突发威胁,因此动态避障对求解算法的实时性要求更高,为解决以上问题,本节根据飞行器运动学模型、威胁障碍模型、突防区域模型、地形模型和突防任务约束模型,为动态突防航迹规划优化求解方法的提出建立基础,其模型描述为如下五元组:

$$\{U, T, Z, D, M\} \tag{6-1}$$

式中,$U = \{U_i \mid i = 1, 2, \cdots, n_U\}$ 为飞行器集群集合,n_U 为集群内的飞行器数目;$T = \{T_j \mid j = 1, 2, \cdots, n_T\}$ 为威胁集合,n_T 为威胁数目;Z 为突防区域;D 为突防环境内的数字高程模型;M 为突防任务的约束集合。飞行器集群 U、威胁模型 T 及数字高程模型 D 如第 1 章所述,突防区域模型 Z 和任务约束模型 M 如下所述。

1. 突防区域模型

在多机执行任务过程中,存在一处突防管道区域 P_z,为简化任务要求,假定 P_z 为矩形区域,四个顶点坐标为 $\{P_{Z,1}, P_{Z,2}, P_{Z,3}, P_{Z,4}\}$,区域内存在多处威胁,多机突防航迹必须位于 P_Z 内,因此 U_i 的突防航迹点 $[x_i, y_i, z_i]^\mathrm{T}$ 满足的约束见式(6-2),突防过程如图 6-6 所示。

$$p_j = [x_j, y_j, z_j]^\mathrm{T} \in P_Z \tag{6-2}$$

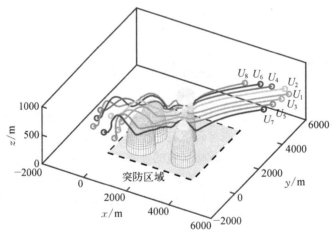

图 6-6　突防过程示意

2. 任务约束模型

飞行器集群从突防起点出发,经突防区域从突防出口驶出,在此过程中突防任务包括时间协同约束和空间协同约束,叙述如下。

1) 时间协同约束

突防任务飞行计划约束各个飞行器从飞行起点到飞行终点的飞行时间,并期望飞行时长相同。本节使用飞行航迹的长度近似计算为飞行器的飞行时间。对于两段相同长度的飞行航迹,认为其航迹飞行时长一致。定义约束时间:

$$t_n \leqslant t_{\lim} \tag{6-3}$$

式中,$t_{\lim}$ 表示各期望飞行器到达终点的约束时间;t_n 表示所有飞行器航迹飞行时间的标准差:

$$t_n = \sqrt{\frac{\sum_{i=1}^{n}(t_i - \bar{t})^2}{n}} \tag{6-4}$$

式中,$\bar{t}$ 表示飞行器航迹飞行时间的平均值。

2）角度协同约束

飞行器集群执行突防任务时,为保证任务的完成效率,满足下一任务的初始条件,对集群到达突防终点的航向角 $\chi_{i,\text{end}}$ 和爬升角 $\gamma_{i,\text{end}}$ 约束如下:

$$\begin{cases} |\chi_{i,\text{end}} - \chi_{i,\text{exp}}| \leqslant \Delta\chi \\ |\gamma_{i,\text{end}} - \gamma_{i,\text{exp}}| \leqslant \Delta\gamma \end{cases} \tag{6-5}$$

式中,$\chi_{i,\text{exp}}$ 和 $\gamma_{i,\text{exp}}$ 表示 U_i 突防任务完成时期望角度;$\Delta\chi$ 和 $\Delta\gamma$ 为飞行器终端角度收敛允许误差范围。

6.3.2　突防任务航迹规划方法

RRT 算法通过随机采样对航迹进行扩展,其扩展速度较快、对规划空间的搜索程度较高,并且具有概率完备的特点,当搜索时间充分时一定能找到存在的可行解。同时,RRT 算法无需对整个规划空间进行预处理,避免了搜索路径时计算复杂度随规划空间维度上升而呈指数倍增的问题,基于以上优点,RRT 算法在工程化求解三维空间的突防任务航迹规划问题中得到应用,然而基础 RRT 算法的随机性太强,生成的叶节点会分布于整个规划空间,产生许多无用节点,导致收敛速度过慢,浪费算力。同时,RRT 算法生成的航迹路径不能耦合飞行器飞行性能,生成的路径不可飞。因此,本节基于第 3 章的基础 RRT 算法进行改进,给出以下改进策略。

1. RRT 算法的改进策略

1）采用启发机制的待生长点选取方法

相较于基础 RRT 算法节点的随机生长过程,本节采用启发机制对 2.3.3 节节点拓展过程改善选取机制,给予树明确的生长方向,加快生长速度,提高算法效率,并且避免了随机树逐渐靠近终点 P_{end} 时的方向性逐渐减弱的情况,具体方法如下。

首先计算规划空间内起点 P_S 到终点 P_E 的距离 d_{SE}，然后在规划空间即突防区域内随机生成随机点 P_{rand}，计算当前生成树内所有点 P_n 到 P_{rand} 的距离 d_{rand}，同时计算生成树内点到终点 P_E 的距离 d_E。对树内所有点 P_n 计算启发值 f_n：

$$f_n = (d_{rand}/d_{SE} + 1)d_E \tag{6-6}$$

选择树内相对启发值 f_n 最低的点 P_k 作为生长点 $P_{current}$：

$$P_{current} = P_k : f_k = f_{min} = \min\{f_1, f_2, \cdots, f_N\} \tag{6-7}$$

式中，下角 N 表示树内点的总数。同时，若被选中的点为放弃点（$P_{k,s} \mid s = 3$），则回溯到此点的父节点，如图 6-7 所示。

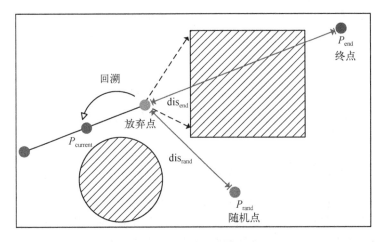

图 6-7   待生长点选取方法示意图

2）飞行性能约束下随机树快速生长的方法

基础 RRT 算法的生长随机性过强、方向性太弱，因此当启发机制选取出合适的待生长点 $P_{current}$ 后，始终优先向终点 P_E 方向生长，若生长的航迹经过了威胁区域，则标记此点为随机点，并尝试向随机方向生长，直至生长出符合要求的子节点 P_{new}。若此待生长点 $P_{current}$ 的生长次数多于 L_t 时仍未找到 P_{new}，则放弃此点并标记为放弃点。该过程如图 6-8 所示。同时，点 $P_{current}$ 生长时，其生长方向 $angle_i(\chi_i, \gamma_i)$ 需满足飞行器飞行性能约束：

$$\chi_i = \begin{cases} \chi_{max}, & \chi_i \geqslant \chi_{max} \\ \chi_i, & -\chi_{max} < \chi_i < \chi_{max} \\ -\chi_{max}, & \chi_i \leqslant -\chi_{max} \end{cases} \tag{6-8}$$

$$\gamma_i = \begin{cases} \gamma_{\max}, & \gamma_i \geqslant \gamma_{\max} \\ \gamma_i, & -\gamma_{\max} < \gamma_i < \gamma_{\max} \\ -\gamma_{\max}, & \gamma_i \leqslant -\gamma_{\max} \end{cases} \qquad (6-9)$$

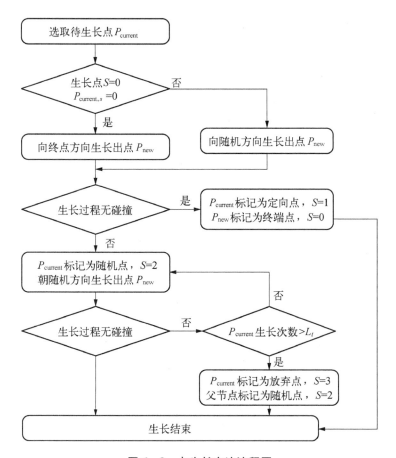

图 6-8　点生长方法流程图

3）冗余点裁剪与航迹重塑

随机树生长完成后,回溯生成最初的路径,为保留关键节点通过路径裁剪修建冗余节点:当两点之间直接连线不经过障碍威胁时,这两点之间的所有点均为无效点,并将无效点剔除,保留下的点满足:

$$\begin{cases} \overline{P_n P_m} \cap B^3 = \varnothing, & 1 \leqslant n < m \leqslant N \\ \overline{P_n P_{m+1}} \cap B^3 \neq \varnothing, & 1 \leqslant n < m \leqslant N \end{cases} \qquad (6-10)$$

式中,B^3 表示包含障碍威胁的空间的集合;n 和 m 表示航迹点的序号;N 表示生成的路径内包含航迹点的总个数；$\overline{P_n P_m}$表示P_n和P_m连接的线段。遍历所有点，直至剔除完成。

图6-9(a)为冗余裁剪前航迹，图6-9(b)为裁剪后航迹，可以看出经过冗余点裁剪能够有效剔除无效路径，航迹点数目大幅减少，但仍存在不满足飞行器性能约束的航迹点，此时将裁剪后的航迹点作为中间节点，采用随机树快速生长方法，按航迹点顺序重新连接相邻航迹点的中间节点生成可飞航迹，该过程称为航迹重塑，如图6-9(c)所示。

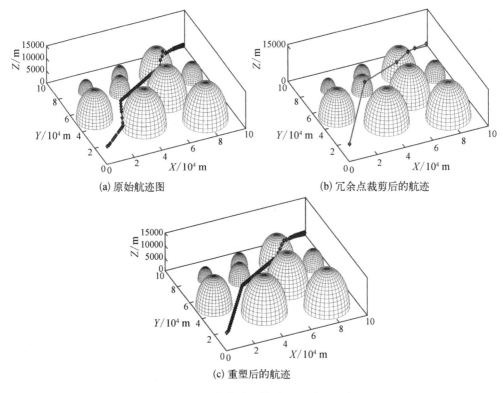

图6-9　冗余点裁剪和航迹重塑过程示意图

2. 三维空间下的多机协同算法设计

1) 多机协同随机树快速生长方法

为满足多机协同到达终点的约束要求，评估每架飞行器的航迹长度，对其进行编辑使其满足协同性能指标约束，即在三维空间中，采用同一随机点P_{rand}获取随机方向，作为所有飞行器路径拓展方向，生成随机树，如图6-10所示。

图6-10中，$P_{tree}(i)$表示第i条随机树，对应飞行器U_i的航迹，待各随机树生

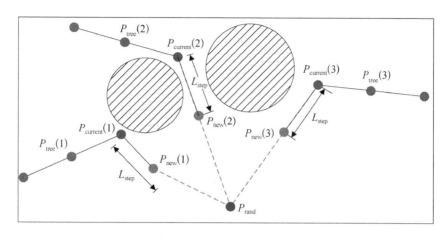

图 6 - 10　多飞行器航迹拓展随机生长方向选择

长结束后，采用 6.3.2 节中的冗余点裁剪与航迹重塑方法优化飞行器路径。

2）多机协同航迹编辑

为满足集群时间协同约束，重塑后航迹预估飞行时长最大的航迹作为协同指标 $\max t = \max(t_{SE,i})$，$i = 1, 2, \cdots, n_u$，RRT 算法中其他飞行器的路径通过机动调节的方式实现时间协同，考虑到飞行器的机动性能约束，RRT 算法对某条航迹进行编辑时，机动条件只发生在 U_i 连续定向点组成的航迹片段 $P_m \to P_n$，该航迹片段应满足如下约束：

$$\begin{cases} P_{j,s} > 1, & i = m - 1 \parallel i = n + 1 \\ P_{j,s} \leqslant 1, & m \leqslant j \leqslant n \\ \mathrm{dis}_{m,n} > \mathrm{dis}_{\min} \end{cases} \quad (6-11)$$

式中，$P_{j,s}$ 表示 U_i 第 j 个航迹点的属性 s；$\mathrm{dis}_{m,n}$ 表示航迹片段 $P_m \to P_n$ 的长度；$\mathrm{dis}_{\min}$ 表示约束的最小编辑航迹长度。遍历 U_i 所有航迹找到所有符合式(6-11)约束的共 N_p 段航迹片段进行机动协同，其过程如图 6-11 所示。

图 6-11 中，P_1^{cor} 和 P_2^{cor} 表示机动协同生成的控制点，$P_m \to P_n$ 航迹段拓展的机动航迹距离 $\mathrm{dis}_{m,n}^{\mathrm{cor}}$ 为

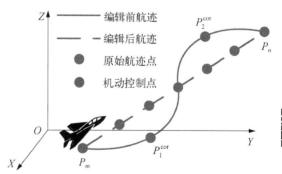

图 6 - 11　多机协同航迹编辑机动协同示意图

$$
\begin{cases}
\mathrm{dis}_{\mathrm{ext}} = (\max t - t_{SE,i}) \times V_i \\
\mathrm{dis}_{m,n}^{\mathrm{cor}} = \mathrm{dis}_{\mathrm{ext}} \times \mathrm{dis}_{m,n} \Big/ \displaystyle\sum_{l}^{N_p} \mathrm{len}_l
\end{cases}
\tag{6-12}
$$

式中，$\mathrm{dis}_{\mathrm{ext}}$ 表示 U_i 与集群预估最大飞行时长之间的机动航程差；len_l 表示第 l 段航迹片段的长度。将图 6-11 投影至 XOY 平面内，如图 6-12 所示。

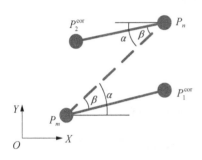

图 6-12 中，α 表示 $P_m \to P_n$ 航迹片段与 OX 轴的夹角，β 表示机动航迹与 $P_m \to P_n$ 航迹片段的夹角。设对于 $P_m \to P_n$ 有 $2N_{m,n}$ 个机动控制点：

$$
N_{m,n} = [\mathrm{dis}_{m,n}/\mathrm{dis}_{\mathrm{con}}], \quad \mathrm{dis}_{\mathrm{con}} \geqslant \mathrm{dis}_{\min}
\tag{6-13}
$$

图 6-12　多机协同航迹机动协同扩展 XOY 平面投影

式中，$[\quad]$ 表示取整函数；$\mathrm{dis}_{\mathrm{con}}$ 表示设定的机动控制距离，$\mathrm{dis}_{\mathrm{con}}$ 越小，航迹扭曲的次数越多，则第 k 个机动控制点计算如下。

（1）$k = 2\sigma - 1$，$\sigma \geqslant 1$：

$$
P_k^{\mathrm{cor}}(x_k^{\mathrm{cor}}, y_k^{\mathrm{cor}}, z_k^{\mathrm{cor}}) = \Lambda \times
\begin{bmatrix} x_m \\ y_m \\ z_m \\ x_n \\ y_n \\ z_n \\ \mathrm{dis}_{\mathrm{ext}} \end{bmatrix}^{\mathrm{T}}
\begin{bmatrix}
\dfrac{N_{m,n}-k+1}{N_{m,n}} & 0 & 0 \\[2mm]
0 & \dfrac{N_{m,n}-k+1}{N_{m,n}} & 0 \\[2mm]
0 & 0 & -\dfrac{1}{\Lambda} \times \dfrac{4N_{m,n}-2k+1}{4N_{m,n}} \\[2mm]
\dfrac{k-1}{N_{m,n}} & 0 & 0 \\[2mm]
0 & \dfrac{k-1}{N_{m,n}} & 0 \\[2mm]
0 & 0 & -\dfrac{1}{\Lambda} \times \dfrac{2k-1}{4N_{m,n}} \\[2mm]
\dfrac{\cos(\alpha-\beta)}{4N_{m,n}} & \dfrac{\sin(\alpha-\beta)}{4N_{m,n}} & 0
\end{bmatrix}
\tag{6-14}
$$

（2）$k = 2\sigma$，$\sigma \geqslant 1$：

$$P_k^{cor}(x_k^{cor}, y_k^{cor}, z_k^{cor}) = \Lambda \times \begin{bmatrix} x_m \\ y_m \\ z_m \\ x_n \\ y_n \\ z_n \\ dis_{ext} \end{bmatrix}^{T} \begin{bmatrix} \dfrac{2N_{m,n} - k}{2N_{m,n}} & 0 & 0 \\[2mm] 0 & \dfrac{2N_{m,n} - k}{2N_{m,n}} & 0 \\[2mm] 0 & 0 & -\dfrac{1}{\Lambda} \times \dfrac{4N_{m,n} - 2k + 1}{4N_{m,n}} \\[2mm] \dfrac{k}{2N_{m,n}} & 0 & 0 \\[2mm] 0 & \dfrac{k}{2N_{m,n}} & 0 \\[2mm] 0 & 0 & -\dfrac{1}{\Lambda} \times \dfrac{2k - 1}{4N_{m,n}} \\[2mm] -\dfrac{\cos(\alpha - \beta)}{4N_{m,n}} & -\dfrac{\sin(\alpha - \beta)}{4N_{m,n}} & 0 \end{bmatrix}$$

$$(6-15)$$

式中，$\Lambda \in \{-1, 1\}$ 为扭曲方向控制量。按式（6-15）计算得到 $P_m \to P_n$ 航迹片段上所有的机动控制点 P_k^{cor}，并重新计算编辑后的航迹预估时间与 $\max t$ 的差值并进行机动迭代，直至满足时间约束条件。

6.3.3　算法流程

在飞行器起飞前或巡航飞行时，需根据新的突防区域、突防起始点、三维高程地形图数据等约束信息由 multi-RRT 算法快速求解突防安全航迹，算法步骤如图6-13所示。

步骤（1）　将 $U_i(i = 1, 2, \cdots, n_u)$ 的起始点 $P_{S,i}$ 的属性 $s = 0$，存入 U_i 的路径生成树 $P_{tree}(i)$；

步骤（2）　检查各 $P_{tree}(i)$ 是否满足抵达 U_i 规划终点 $P_{E,i}$ 的截止条件，若满足则跳转至步骤（7），否则执行步骤（3）；

步骤（3）　规划空间内按照飞行性能约束式（6-8）和式（6-9）生成一个随机点 $P_{rand}(i)$，根据式（6-6）计算点 $P_{rand}(i)$ 与树 $P_{tree}(i)$ 内各点的相对启发值 $f_n(i)$，根据式（6-7）筛选出待生长点 $P_{current}(i)$；

步骤（4）　判断 $P_{current}(i)$ 的属性 s，若 $s = 0$，从 $P_{current}(i)$ 开始向 $P_{E,i}$ 生长 L_{step}

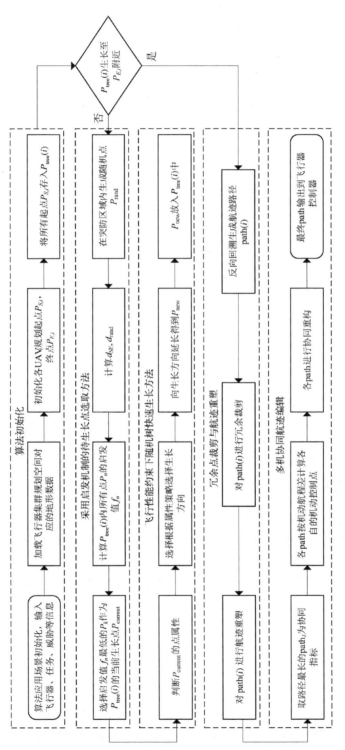

图 6-13　multi-RRT 算法流程图

距离生成节点 $P_{new}(i)$，若 $s=1$ 或 $s=2$，从 $P_{current}(i)$ 开始向 $P_{rand}(i)$ 生长 L_{step} 距离生成节点 $P_{new}(i)$，并判断 $P_{new}(i)$ 的选择次数是否达到设定值，若达到，则 $P_{new}(i)$ 的属性值 $s=3$，执行步骤(5)，否则执行步骤(6)；若 $P_{current}(i)$ 的属性值为 3，则执行步骤(5)；

　　步骤(5)　回溯 $s=3$ 的 $P_{new}(i)$ 或 $P_{current}(i)$ 的父节点作为 $P_{current}(i)$，执行步骤(4)；

　　步骤(6)　检测 $P_{current}(i) \rightarrow P_{new}(i)$ 航迹是否与地面地形障碍或环境威胁交叉，若交叉，则令 $P_{new}(i)$ 的属性 $s=3$，执行步骤(5)，否则执行将 $P_{new}(i)$ 加入 $P_{tree}(i)$ 中；

　　步骤(7)　根据以上步骤(2)~(6)生成所有 $P_{new}(i)$ 后，将 $P_{E,i}$ 作为 $P_{new}(i)$ 的子节点加入 $P_{tree}(i)$ 中，并从 $P_{E,i}$ 依次回溯父节点，直至 $P_{S,i}$ 生成三维 RRT 规划的初始航迹 $path(i)$，所有飞行器 $path(i)$ 都生成后，按照式(6-10)裁剪航迹冗余节点；令裁剪后的 $path(i)$ 中的剩余节点的属性值 $s=0$，采用随机树快速生长方法，按步骤(2)~(6)将航迹点顺序重新连接相邻航迹点的中间节点重塑可飞航迹；

　　步骤(8)　计算 $path(i)$，$i=1,2,\cdots,n_u$ 的预估飞行时长 $t_{SE,i}$ 并得到 $\max(t)$，根据式(6-11)计算 U_i 的所有可拓展航迹片段，根据式(6-12)计算机动航迹距离 $dis_{m,n}^{cor}$，根据式(6-14)和式(6-15)计算所有航迹片段 $P_m \rightarrow P_n$ 上的 $2N_{m,n}$ 个机动控制点坐标，依次连接 $P_m \rightarrow P_n$ 片段顶点和机动控制点得到 U_i 的最终协同航迹 $path(i)$。

6.3.4　仿真与分析

　　为验证本节提出的多飞行器协同突防任务航迹规划算法，综合考虑飞行器机动能力、突防区域约束、地形威胁、突防任务时空协同等约束条件，分别设计单飞行器和多飞行器协同突防两类典型场景进行仿真，仿真结果如下。

　　1. 单飞行器突防任务仿真

　　规划空间内随机散布了若干半球形威胁与禁飞区域，飞行器从起飞点按照北偏东 60°方向起飞，任务要求飞行器通过绕飞或爬高等方式绕开地形障碍和空间威胁，同时约束飞行器抵达突防终点时的期望角度约束为航向角北偏东 90°，俯仰角为 0°。根据以上任务约束，采用 6.3.2 节改进 RRT 算法求解得到的二维和三维航迹规划结果如图 6-14(a)和图 6-14(b)所示，仿真结果表明：以最短的航迹距离为优化指标，当对半球形威胁区进行避障机动时，倾向于采用爬升加绕飞的模式，对于空间禁飞区域则采取贴边绕飞快速回正的避障机动方式，同时规划结果满足终端角度约束条件。

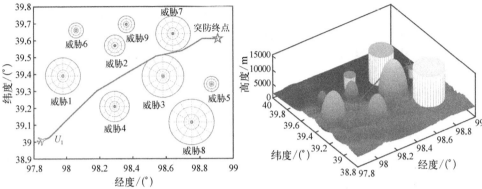

(a) 单飞行器突防任务仿真二维航迹　　　　(b) 单飞行器突防任务仿真三维航迹

图 6-14　单飞行器突防任务仿真结果

2. 多飞行器突防任务仿真

设计多飞行器突防任务仿真场景：五架飞行器均从地面发射站同时起飞，起飞航向均为北偏东60°，要求多架飞行器在满足安全约束的前提下时间协同地到达突防终点，终端航向角约束为北偏东90°，各飞行器间保持一定的相对位置间隔，计算得到二维和三维航迹规划结果分别如图6-15(a)和图6-15(b)所示。仿真结果表明：飞行器从某山脉中较为平坦的发射点起飞，以贴地飞行的方式躲避地形障碍到达地势较为平坦的突防区域，此区域中随机分布多类威胁，飞行器通过绕飞和合理爬升的方式躲避空间威胁，同时采用机动协同的方式重构终端航迹，以满足飞行器集群的时空协同约束，结果说明本节提出的算法能够有效解决三维空间威胁环境下的多飞行器协同突防避障航迹规划问题。

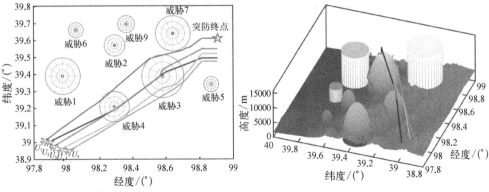

(a) 多飞行器突防任务仿真二维航迹　　　　(b) 多飞行器突防任务仿真三维航迹

图 6-15　多飞行器突防任务仿真结果

6.4　协同中继盘旋任务模型及航迹规划方法

　　飞行器按照目标定位或通信中继约束,需要在规划空间中生成可靠的协同盘旋飞行航迹,由于多架飞行器的初始状态的差异,需要解决飞行器协同进入盘旋圈航迹规划问题。通常将航迹分为进入盘旋圈前航迹和盘旋航迹分别进行规划,生成一组满足飞行器飞行性能约束、盘旋时空协同约束和任务约束的三维离散航迹点,因此需根据中继盘旋任务设计出符合飞行器自身的性能约束、飞行空间范围约束、计算资源占用小、适应不同异构飞行器平台的飞行性能、满足集群协同性能要求的航迹规划算法。本节以多飞行器对某个目标的协同定位为例说明协同中继盘旋任务航迹优化过程,在多飞行器协同通信中继时,需根据各飞行器通信覆盖范围优化盘旋半径,该过程在此不再赘述。

6.4.1　协同中继盘旋任务建模

1. 协同定位盘旋问题建模

　　多飞行器对目标的协同交叉定位相对位置关系如图 6-16 所示,其中 θ_i($i=1$, 2, 3)分别为目标相对飞行器的水平方位角,φ_i($i=1$, 2, 3)分别为目标相对飞行器的垂直方位角,则可得到目标位置(x_T, y_T, z_T)和飞行器位置 $P_i(x_i, y_i, z_i)$ 的相对几何关系为

$$\begin{cases} \dfrac{y_T - y_i}{x_T - x_i} = \tan \theta_i \\[4mm] \dfrac{z_T - z_i}{\sqrt{(x_T - x_i)^2 + (y_T - y_i)^2}} = \tan \varphi_i \end{cases} \qquad (6-16)$$

　　飞行器集群目标的定位构型极大地影响定位精度,根据误差几何放大因子(geometric dilution of precision, GDOP)分析构型对定位精度的影响,为飞行器观测误差导致的距离矢量放大因子,其值大小表征定位精度的高低,其值越小,定位精度越高,反之定位精度越低,计算方法如下:

$$\text{GDOP} = \sqrt{\sigma_x^2 + \sigma_y^2 + \sigma_z^2} \qquad (6-17)$$

式中,σ_x、σ_y、σ_z 分别为 x 轴、y 轴、z 轴三个方向的位置偏移标准差。对式(6-16)求微分得

$$\begin{cases} \mathrm{d}\theta_i = a_{ix}\mathrm{d}x + a_{iy}\mathrm{d}y + a_{iz}\mathrm{d}z \\ \mathrm{d}\varphi_i = b_{ix}\mathrm{d}x + b_{iy}\mathrm{d}y + b_{iz}\mathrm{d}z \end{cases}, \quad i = 1, 2, \cdots, n_u \qquad (6-18)$$

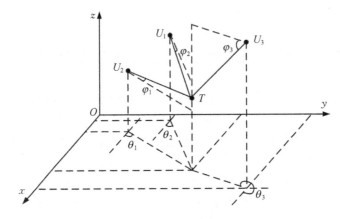

图 6-16　多飞行器测向交叉定位示意图

$$\begin{cases} a_{ix} = \dfrac{-(y_T - y_i)}{r_i^2}, \; a_{iy} = \dfrac{(x_T - x_i)}{r_i^2}, \; a_{iz} = 0 \\[2mm] b_{ix} = \dfrac{-(x_T - x_i)(z_T - z_i)}{R_i^2 r_i}, \; b_{iy} = \dfrac{-(y_T - y_i)(z_T - z_i)}{R_i^2 r_i}, \; b_{iz} = \dfrac{r_i}{R_i^2} \\[2mm] r_i = \sqrt{(x_T - x_i)^2 + (y_T - y_i)^2} \\[2mm] R_i = \sqrt{(x_T - x_i)^2 + (y_T - y_i)^2 + (z_T - z_i)^2} \end{cases} \quad (6-19)$$

将式(6-18)表示为如下形式：

$$\mathrm{d}\alpha = H\mathrm{d}X \qquad\qquad (6-20)$$

$$\mathrm{d}\alpha = \begin{bmatrix} \mathrm{d}\theta_1 \\ \vdots \\ \mathrm{d}\theta_{n_u} \\ \mathrm{d}\varphi_1 \\ \vdots \\ \mathrm{d}\varphi_{n_u} \end{bmatrix}, \quad H = \begin{bmatrix} a_{1x} & a_{1y} & a_{1z} \\ \vdots & \vdots & \vdots \\ a_{n_u x} & a_{n_u y} & a_{n_u z} \\ b_{1x} & b_{1y} & b_{1z} \\ \vdots & \vdots & \vdots \\ b_{n_u x} & b_{n_u y} & b_{n_u z} \end{bmatrix}, \quad \mathrm{d}X = \begin{bmatrix} \mathrm{d}x \\ \mathrm{d}y \\ \mathrm{d}z \end{bmatrix} \quad (6-21)$$

式(6-20)作如下变换得

$$\mathrm{d}X = (H^{\mathrm{T}}H)^{-1}H^{\mathrm{T}}\mathrm{d}\alpha \qquad\qquad (6-22)$$

由此得到协方差矩阵：

$$\begin{cases} P = E[\mathrm{d}X\mathrm{d}X^{\mathrm{T}}] = DE[\mathrm{d}\alpha\mathrm{d}\alpha^{\mathrm{T}}]D^{\mathrm{T}} \\ D = (H^{\mathrm{T}}H)^{-1}H^{\mathrm{T}} \end{cases} \qquad (6-23)$$

记 $D = \left[d_{ij} \right]_{3 \times 2n_u}$，$P = \left[p_{ij} \right]_{3 \times 3}$，则有

$$
\begin{cases}
\sigma_x^2 = p_{11} = \displaystyle\sum_{i=1}^{n_u} d_{1i}^2 \sigma_{\theta_i}^2 + \sum_{i=n_u+1}^{2n_u} d_{1i}^2 \sigma_{\varphi_i}^2 \\[2mm]
\sigma_y^2 = p_{22} = \displaystyle\sum_{i=1}^{n_u} d_{2i}^2 \sigma_{\theta_i}^2 + \sum_{i=n_u+1}^{2n_u} d_{2i}^2 \sigma_{\varphi_i}^2 \\[2mm]
\sigma_z^2 = p_{33} = \displaystyle\sum_{i=1}^{n_u} d_{3i}^2 \sigma_{\theta_i}^2 + \sum_{i=n_u+1}^{2n_u} d_{3i}^2 \sigma_{\varphi_i}^2
\end{cases}
\tag{6-24}
$$

式中，σ_{θ_i} 和 σ_{φ_i} 分别为视线角在竖直和水平上的量测误差标准差。GDOP 的计算表达式 $\mathrm{DOP}_{\mathrm{GDOP}}$ 为

$$
\mathrm{DOP}_{\mathrm{GDOP}} = \mathrm{trace}(P) = p_{11} + p_{22} + p_{33}
\tag{6-25}
$$

GDOP 不仅受视线角度测量误差的影响，而且还与目标和观测飞行器之间的相对位置紧密相关，因此调整飞行器相对于目标的位置，以 GDOP 最小化为目标优化飞行器航迹提高定位精度。以 3 架飞行器在空间内的协同定位为例，分析与定位盘旋圈半径大小和盘旋相对高度对 GDOP 的影响，假设机载定位装置角度量测误差服从均值为 0、标准差为 1° 的正态分布，定位器可探测任意角度方向的目标，3 架飞行器初始位置分别为 [1 045，1 079，0] m、[-1 045，1 079，0] m、[0，-1 067，0] m，模拟不同目标位置和高度对 GDOP 的影响，如图 6-17 所示。

由图 6-17 可知，当目标高度 $z_T = 1\,000$ m 时，处于 3 架飞行器构成的几何形中心区域的 GDOP 较低，精度较高，远离定位中心时，精度下降。当目标高度 $z_T = 9\,000$ m 时，3 架飞行器构成的几何形中心区域的 GDOP 较大，精度较差。随着飞行器集群与目标距离的增加，中心区域视线夹角减小，GDOP 增加，精度下降，此时偏离中心区域的视线夹角较中心区域占优。整体定位精度与观测点到目标的距离有关，距离越远，精度越低。飞行器集群对目标定位的相对高度和盘旋半径将影响定位载荷与目标的相对视线夹角和距离，是影响测向定位的两大重要因素。飞行器集群的视线角定位精度与目标位置、定位构型之间存在复杂的非线性关系，根据图 6-17 仿真实验结果可得到一般性结论：增加视线角夹角可以提高定位精度。因此，在集群内的节点进入协同定位状态时，各节点应均匀分布在盘旋圆上，以实现最佳的定位角度，此过程需要解决两个关键问题：① 确定飞行高度和绕飞圆半径；② 实现飞行器集群的协同航迹规划以到达绕飞圆。

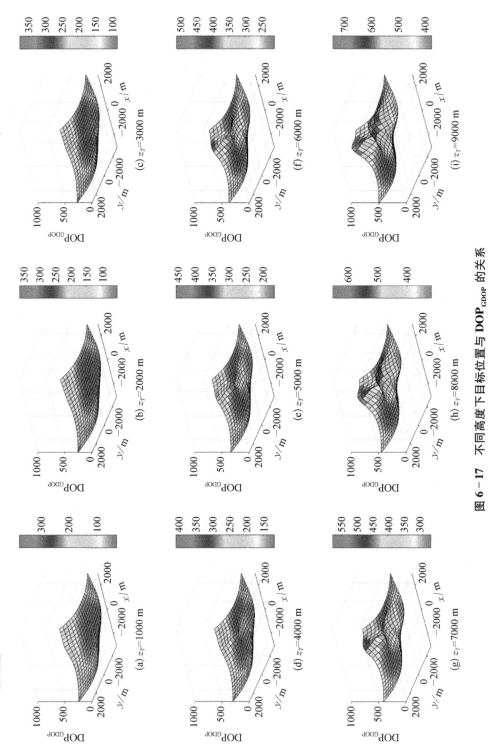

图 6-17 不同高度下目标位置与 DOP$_{GDOP}$ 的关系

2. 盘旋圆高度和半径优化

优化多飞行器协同定位飞行高度和绕飞圆半径参数时，需要综合考虑飞行安全、避免与障碍物碰撞、最小化 GDOP 等优化指标。设使用 m 架飞行器进行协同定位，以目标 T 为相对坐标原点建立空间直角坐标系，如图 6-18 所示，R_{around} 和 h_{around} 分别为待确定的盘旋半径与高度。

多个盘旋位置 P_{rj} 相对目标的三轴距离坐标 (x_j, y_j, z_j) 可以表示为

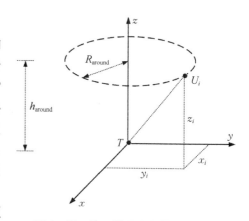

图 6-18　绕飞协同定位模型示意图

$$\begin{cases} x_j = R_{\text{around}}\cos\left[\dfrac{2\pi(j-1)}{n_u} + \chi_{r0}\right] \\ y_j = R_{\text{around}}\sin\left[\dfrac{2\pi(j-1)}{n_u} + \chi_{r0}\right], \quad j = 1,\,2,\,\cdots,\,n_u \\ z_j = h_{\text{around}} \end{cases} \qquad (6-26)$$

式中，χ_{r0} 为起始进入角度，考虑 6.4.1 节的 GDOP 为精度指标，将式(6-26)中的坐标代入式(6-25)，得到指定盘旋圆半径与高度下的 GDOP，优化 R_{around} 和 h_{around}，使 GDOP 最小。

考虑到目标安全和性能约束，飞行器飞行高度应高于最低飞行高度 $h_{\min}$，盘旋半径应大于最小转弯半径 $r_{\min}$，即

$$\begin{cases} R_{\text{around}} \geqslant r_{\min} \\ h_{\text{around}} \geqslant h_{\min} \end{cases} \qquad (6-27)$$

上述问题是一个简单的最优化问题，对于不等式约束，引入松弛变量 ε_1 和 ε_2，将不等式约束转换为等式约束问题求解，使用拉格朗日乘子法，性能指标可写为

$$\min J = \text{DOP}_{\text{GDOP}} + \lambda_1(R_{\text{around}} - r_{\min} - \varepsilon_1^2) + \lambda_2(h_{\text{around}} - h_{\min} - \varepsilon_2^2) \quad (6-28)$$

根据式(6-28)，原问题变为无约束的最优化问题，使用牛顿迭代等方法求解获得最优绕飞圆高度与半径。

3. 中继盘旋任务时空协同约束

由以上模型描述可以看出，环境内存在多架飞行器对目标进行协同定位盘旋，其航迹规划不仅要满足飞行器运动学模型约束，还要满足对应目标 T 的中继盘旋任务时空协同需求 M：

$$M = \{n_u, \chi_{r0}, \Delta t_r, R_{\text{around}}, h_{\text{around}}\} \qquad (6-29)$$

式中，n_u 为对 T 巡航定位的飞行器数目；χ_{r0} 为第 1 个开始盘旋点的进入航向角；Δt_r 为协同进入的时间差，由 6.4.1 节分析可得，一般 $\Delta t_r = 0$；R_{around} 和 h_{around} 分别为优化得到的盘旋半径和盘旋高度，根据式（6-26）可得，多飞行器盘旋相邻进入的航向角之差为

$$\Delta \chi_r = |\chi_{r(j+1)} - \chi_{rj}| = \frac{2\pi}{n_u} \qquad (6-30)$$

根据盘旋逆时针或顺时针约束计算第 j 个盘旋开始点 P_{rj} 的航向角 χ_{rj} 为

$$\chi_{rj} = \begin{cases} \chi_{r0} + j\Delta \chi_r, & \text{顺时针} \\ \chi_{r0} - j\Delta \chi_r, & \text{逆时针} \end{cases} \qquad (6-31)$$

因此，根据目标 T 的位置 (x_t, y_t, z_t)，以及 R_{around} 和 h_{around}，得到相对坐标系下 P_{rj} 的坐标 (x_{rj}, y_{rj}, z_{rj}) 为

$$\begin{cases} x_{rj} = x_t + R_{around}\cos\left(\dfrac{2\pi j - 3\pi}{n_u} + \chi_{r0}\right) \\ y_{rj} = y_t + R_{around}\sin\left(\dfrac{2\pi j - 3\pi}{n_u} + \chi_{r0}\right), \quad j = 1, 2, \cdots, n_u \\ z_{rj} = h_{around} \end{cases} \qquad (6-32)$$

因此，可建立 P_{rj} 的进入点约束为 $(x_{rj}, y_{rj}, z_{rj}, \chi_{rj})$。由于飞行器航迹点数目约束，工程化过程中盘旋段航迹不能是圆弧航迹点，需要对盘旋圈作正 n_u 边形外切，如图 6-19 所示。

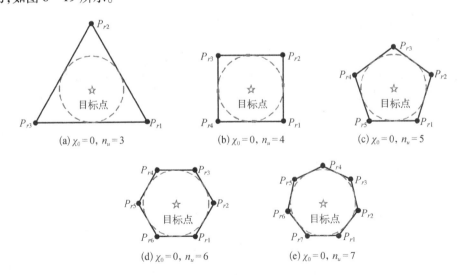

(a) $\chi_0 = 0$, $n_u = 3$　　(b) $\chi_0 = 0$, $n_u = 4$　　(c) $\chi_0 = 0$, $n_u = 5$

(d) $\chi_0 = 0$, $n_u = 6$　　(e) $\chi_0 = 0$, $n_u = 7$

图 6-19　盘旋圈外切正多边形

特别地,当 $n_u = 1$ 或 $n_u = 2$ 时,为保证飞行器运动学约束,按照 $n_u = \lfloor 360°/\chi_{\max} \rfloor$ 情况计算。此外,以 $n_u = 3$ 情况说明,若飞行器最大转弯角 $\chi_{\max} < 120°$,则不能按照正三角形外切,需取正六边形外切,并且从 $P_1, \cdots, P_6$ 中优化选择进入航迹点对 $\{P_1, P_3, P_5\}$ 或 $\{P_2, P_4, P_6\}$,若此时 $\chi_{\max} < 60°$,则需取正九边形外切,同理,该情况下的航向约束方案也适用于 n_u 为任意值的情况。

由于进入盘旋圈后航程始终一致,根据以上分析可建立盘旋任务效能指标为

$$\min f = \sum_{i=1}^{n_u} L_{ij}/n_u \qquad (6-33)$$

式中, L_{ij} 为 U_i 从初始点到满足约束地抵达盘旋圈开始点 P_j 的转移段航程。

6.4.2　中继盘旋任务航迹规划方法

根据以上盘旋中继任务建模,考虑和航迹代价的协同航迹规划需要采用有效的优化算法和路径规划算法来确定集群航迹,根据中继盘旋任务需求,将该任务航迹分为进入段航迹和盘旋段航迹分别进行规划,但两者又相互耦合,其规划过程如下所述。

1. 进入段航迹

盘旋进入段航迹指接收任务指令时飞行器位置至到达盘旋点开始协同盘旋的航迹段,但由于飞行器集群初始位置航向 $P = \{P_1(x_1, y_1, z_1, \chi_1), \cdots, P_{n_u}(x_{n_u}, y_{n_u}, z_{n_u}, \chi_{n_u})\}$ 与进入点集合 $P_r = \{P_{r1}(x_{r1}, y_{r1}, z_{r1}, \chi_{r1}), \cdots, P_{rn_u}(x_{rn_u}, y_{rn_u}, z_{rn_u}, \chi_{rn_u})\}$ 的相对位置关系, P_i 和 P_{rj} 不是按序号一一对应的关系,为使得式(6-33)保持最优和所有飞行器开始盘旋 $\Delta t_r = 0$ 的时空约束,采用匈牙利算法建立最优匹配关系 M_a,其步骤如下。

步骤 1　根据第 2 章中的 Dubins 算法建立 P_i 到每个 P_{rj} 的最短距离矩阵 L:

$$L = \begin{bmatrix} L_{11} & L_{12} & \cdots & L_{1n_u} \\ L_{21} & L_{22} & \cdots & L_{2n_u} \\ \vdots & \vdots & \ddots & \vdots \\ L_{n_u 1} & L_{n_u 2} & \cdots & L_{n_u n_u} \end{bmatrix} \qquad (6-34)$$

式中, L_{ij} 为 U_i 从 P_i 到进入点 P_{rj} 的 Dubins 有角度约束的航迹距离,由于时空约束,为实现集群盘旋任务效能最优,多飞行器协同进入盘旋航迹圈的距离应最可能地小,即求取 L 不同行不同列元素序列中可达路径上的最大值和最小值,建立邻接矩阵 L 的二分图 G_{n_u} 和次序矩阵 D:

$$D = \begin{pmatrix} d_{11} & d_{12} & \cdots & d_{1n_u} \\ d_{21} & d_{22} & \cdots & d_{2n_u} \\ \vdots & \vdots & \ddots & \vdots \\ d_{n_u1} & d_{n_u2} & \cdots & d_{n_un_u} \end{pmatrix} \tag{6-35}$$

式中，d_{ij} 为将 L 中所有元素按从小到大排序的 L_{ij} 的顺序位置。

步骤2 定义阈值变量 $l_{\min} = 0$，$l_{\max} = n_u^2$，$l = \left\lfloor \dfrac{l_{\min} + l_{\max}}{2} \right\rfloor$，规定次序矩阵 D 中的元素 $d_{mn} > l$ 对应的图 G_{n_u} 的边 L_{mn} 不存在，从而删除 $l_{\max} - l$ 条边，建立 l 约束下的二分图 G'_{n_u} 并执行以下循环：

while $l_{\max} - l_{\min} > 1$

步骤2.1 将所有边标记为未匹配，将所有顶点 P 和 P_r 标记为未匹配；

步骤2.2 for $i = 1$ to n_u：

步骤2.2.1 构造一个空的路径 path，将 P_i 作为路径起点；

步骤2.2.2 以 P_i 为起点，定义未分配相邻点 P_{rout} 为无匹配路径且 $d_{ij} < l$ 的所有待抵达点；定义分配相邻点 P_{rin} 为存在匹配路径且 $d_{ij} < l$ 的所有待抵达点。若 P_{rout} 非空集，则从 P_{rout} 中任取一点 P_{rj} 连接 P_i，构成 P_i 的增广路径，执行步骤 2.2.5；若 P_{rout} 为空集，则执行步骤 2.2.3；

步骤2.2.3 遍历 P_{rin}，对于 $\forall P_{rj} \in P_{rin}$，找到唯一一个已经与之匹配的 P_k，建立路径 $P_i \to P_{rj} \to P_k$；

步骤2.2.4 以 P_k 为起点，重复步骤 2.2.2~步骤 2.2.3，深度优先搜索遍历二分图 G'_{n_u} 寻找 P_k 的增广路径 path；

步骤2.2.5 对增广路径 path 进行取反操作：将所有未匹配边标记为匹配边，将所有匹配边标记为未匹配边。

步骤2.3 判断计算得到的匹配路径边数目是否为 n_u，若为 n_u，则为完美匹配 M_a，令

$$l_{\max} = l, \quad l = \left\lfloor \frac{l_{\min} + l_{\max}}{2} \right\rfloor \tag{6-36}$$

否则：

$$l_{\min} = l, \quad l = \left\lfloor \frac{l_{\min} + l_{\max}}{2} \right\rfloor \tag{6-37}$$

若 $l_{\max} - l_{\min} = 1$：

break while

步骤 3 根据步骤 2.2 计算得到为 $l_{\max} - l_{\min} = 1$ 的完美匹配 M_a，确定 U_i 对应的规划终点 P_{rj} 及航向约束 χ_{rj}，采用 Dubins 离散化算法计算得到盘旋任务进入段航迹。

2. 盘旋段航迹

根据以上进入段航迹优化确定的最优匹配关系 M_a 和顺时针逆时针旋转策略，根据协同定位或协同通信中继任务要求执行时长 t_{M_a} 计算盘旋圈数 n_{round}：

$$n_{\text{round}} = \left\lceil \frac{t_{M_a}}{2\pi R_{\text{round}}} \right\rceil \tag{6-38}$$

根据以上盘旋圈数，设根据 M_a 确定的飞行器 U_i 从点 P_i 开始的最优进入点位 P_{rj}，则根据以上步骤生成 U_i 的盘旋航迹序列 P_{round}。

根据图 6-19 中的盘旋圆外切航迹点，若优化后的盘旋方向是顺时针，则 U_i 对应的单次盘旋航迹点序列为 $P_{\text{single}} = \{P_{rj}, P_{rj-1}, \cdots, P_{r1}, P_{rn_u}, P_{rn_u-1}, \cdots, P_{rj+1}\}$；若优化后的盘旋方向是逆时针，则 U_i 对应的单次盘旋航迹点序列为 $P_{\text{single}} = \{P_{rj}, P_{rj+1}, \cdots, P_{rn_u}, P_{r1}, P_{r2}, \cdots, P_{rj-1}\}$，依次访问 n_{round} 次可生成 P_{round}：

$$P_{\text{round}} = n_{\text{round}} \times P_{\text{single}} \tag{6-39}$$

6.4.3 算法流程

在飞行器集群待执行协同盘旋任务时，需在任务目标、环境威胁、三维高程地形图数据等约束下快速求解盘旋航迹，其算法流程如图 6-20 所示。

(1) 协同定位盘旋问题建模：初始化任务场景，加载规划任务区域三维地形数据信息，并确定对目标 T_j 定位盘旋的飞行器数目 n_{T_j} 和编队盘旋构型，计算几何精度因子 GDOP 的表达式 DOP_{GDOP}，采用拉格朗日乘子法建立盘旋半径优化指标 $\min J$，使用牛顿迭代等方法求解获得最优绕飞圆高度 h_{around} 与半径 r_{around}。

(2) 计算盘旋任务的时空约束，根据盘旋飞行器数目及构型计算相邻盘旋进入航点的航向角之差 $\Delta\chi_r$，计算满足飞行器最小转弯半径和最大转弯角 $\Delta\chi_{\max}$ 约束下的盘旋进入点 P_{rj} 及其对应的航向角 $\chi_{rj}(j = 1, 2, \cdots, n_u)$，从而建立盘旋任务效能指标 $\min f$。

(3) 进入段航迹优化计算：采用 Dubins 算法生成所有 P_i 到 P_{rj} 的预估航程 L_{ij} 建立 L，生成 L 的二分图 G_{n_u} 和次序矩阵 D，采用 6.4.2 节中所述的改进匈牙利节点匹配算法求得飞行器集群到盘旋进入点的最优匹配关系 M_a，根据最优匹配关系，由 Dubins 离散化算法生成进入段航迹 P_{start}。

(4) 盘旋段航迹生成：计算盘旋圈数 n_{round}，根据盘旋方向计算 U_i 对应的单次

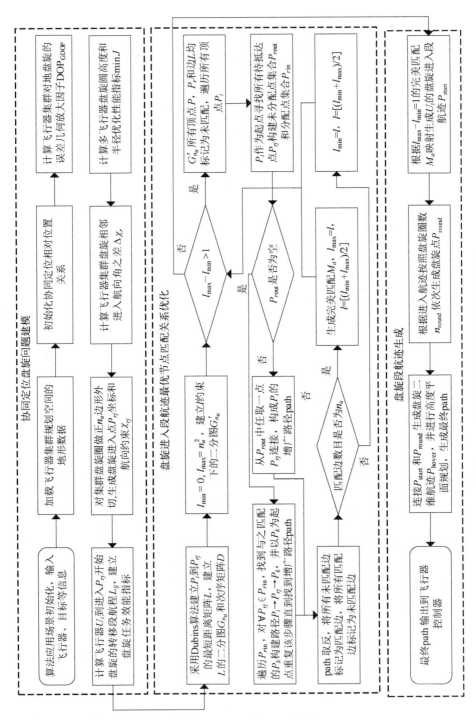

图 6-20 协同盘旋任务航迹规划算法流程

盘旋航迹点序列为 P_{single}，对 P_{single} 依次访问存储 n_{round} 次可生成盘旋段航迹 P_{round}，连接 P_{start} 和 P_{round} 生成 U_i 的盘旋任务二维航迹 P_{hover}，进行高度规划生成最终 path 输出到飞行器控制器。

6.4.4 仿真与分析

为验证本节协同中继盘旋任务航迹规划算法，综合考虑了飞行器最小转弯半径、最小航迹夹角、盘旋任务时空协同、进入段和盘旋段航迹最优匹配等约束条件，本节设计四架飞行器和八架飞行器中继盘旋仿真场景分别进行仿真。

1. 四架飞行器中继盘旋任务仿真

假设有四架飞行器初始位置分布于 (94.531 826°，36.850 967°，2 682.9 m)、(94.506 586°，37.549 798°，2 873.3 m)、(93.631 614°，37.528 426°，2 691.1 m) 和 (93.465 927°，36.690 193°，3 331.2 m) 处，盘旋协同中心点为 (93.960 275°，37.032 553°，2 692.8 m)，中心点相对地面高度 0 m，采用 6.4.1 节内容建立协同盘旋任务模型，并优化最优盘旋半径为 12 000 m，最优盘旋海拔为 3 200 m，盘旋圈 $n_u = 8$，采用 6.4.2 节的算法优化计算盘旋任务的进入段航迹和盘旋段航迹，结果如图 6-21(a) 所示，四架飞行器在满足威胁避障和协同进入盘旋圈的任务时空约束下，以航程最短为优化指标计算盘旋进入点开始盘旋，并且从图 6-21(b) 中可以看出，随着飞行器下方地形的不断变化，飞行器在满足最低飞行相对高度的安全约束下，稳定在海拔 3 200 m 巡航盘旋，满足任务的高度约束。

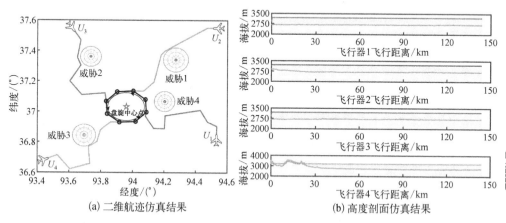

(a) 二维航迹仿真结果　　　　(b) 高度剖面仿真结果

图 6-21　四架飞行器中继盘旋任务仿真结果

2. 八架飞行器中继盘旋任务仿真

假设有八架飞行器盘旋任务场景，该场景盘旋协同中心点为 (93.946 180°，37.012 052°，2 691.6 m)，中心点相对地面高度为 0 m，采用 6.4.1 节内容建立协同盘旋任务模型,并优化最优盘旋半径为 10 000 m,最优盘旋海拔为 3 200 m,盘旋圈 $n_u = 8$。在此场景中,要求飞行器在进入盘旋圈之前持续爬升或俯冲至约束海拔, 进入盘旋圈后稳定海拔巡飞,结果如图 6 - 22(a)所示,八架飞行器以航程最短为 优化指标计算盘旋进入点开始逆时针盘旋;并且从图 6 - 22(b)中可以看出,飞行

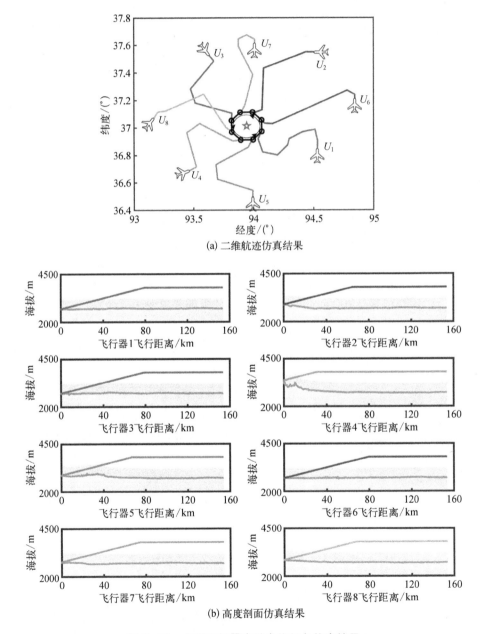

(a) 二维航迹仿真结果

(b) 高度剖面仿真结果

图 6 - 22 八架飞行器中继盘旋任务仿真结果

器在满足最低飞行相对高度及任务执行高度约束下,稳定海拔 3 200 m 开始盘旋巡航。从仿真结果可以看出,本节提出的盘旋任务航迹规划算法能够有效解决多类场景下的飞行器集群协同通信中继盘旋、协同定位压制等问题。

6.5　协同必经任务模型及航迹规划方法

飞行器集群任务执行过程中往往需要按照既定的相对位置关系到达某一固定位置点,此时环境中存在地形障碍和敌方威胁,将集群按照任务约束拆分为能力相近的效地编队,增加集群强度、任务灵活性和生存能力。对编队队形库中的队形样式进行统一建模,确定最快形成编队队形的最优飞行器节点匹配架构,生成编队必经航迹,既能保证任务效能最大化,又能保持集群的稳定性和连通性。因此,需要设计出满足飞行器飞行性能、必经点空间位置、战场威胁、通信状态、必经任务协同、空间、时间、速度等动态约束条件下的航迹规划工程化方法。

6.5.1　协同必经任务建模

1. 必经点模型

根据以上必经任务描述,战场环境中的第 j 个必经点 S_j 具有以下属性:

$$S_j = \{x_j, y_j, z_j, \chi_j, \gamma_j, \mathrm{d}x_j, \mathrm{d}y_j, \mathrm{d}z_j, \mathrm{type}_j\} \qquad (6-40)$$

式中,(x_j, y_j, z_j) 为必经点 S_j 的位置;(χ_j, γ_j) 为必经点 S_j 约束的航迹倾角和偏角;$(\mathrm{d}x_j, \mathrm{d}y_j, \mathrm{d}z_j)$ 为必经点 S_j 约束的队形间隔;type_j 为队形样式,包括一字形、菱形等,不同的 type_j 和 $(\mathrm{d}x_j, \mathrm{d}y_j, \mathrm{d}z_j)$ 共同决定多飞行器编队的相对位置关系。

2. 飞行器集群编队相对位置模型

飞行器集群在执行任务过程中保持特定的编队构型,如图 6-23 所示的编队

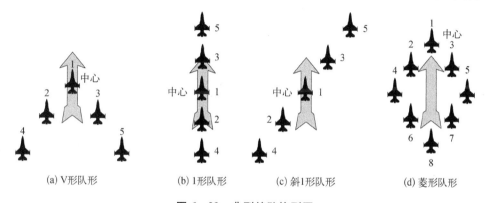

(a) V形队形　　　(b) 1形队形　　　(c) 斜1形队形　　　(d) 菱形队形

图 6-23　典型编队构型图

队形库,对应的编队位置点为 $\{P_{S1},\ P_{S2},\ \cdots,\ P_{S_{n_u}}\}$,其中各相邻编队位置点之间保持($\mathrm{d}x_j,\ \mathrm{d}y_j,\ \mathrm{d}z_j$)的距离约束和 type_j 的样式约束,根据队形库中的 V 字形队形为例计算多飞行器与编队中心的相对位置关系 $\Delta P = [\Delta x\quad \Delta y\quad \Delta z]$ 如下:

$$\Delta P = [\Delta x \quad \Delta y \quad \Delta z] = \begin{bmatrix} \Delta x_1 & \Delta y_1 & \Delta z_1 \\ \Delta x_2 & \Delta y_2 & \Delta z_2 \\ \Delta x_3 & \Delta y_3 & \Delta z_3 \\ \Delta x_4 & \Delta y_4 & \Delta z_4 \\ \Delta x_5 & \Delta y_5 & \Delta z_5 \\ \vdots & \vdots & \vdots \\ \Delta x_{n_u} & \Delta y_{n_u} & \Delta z_{n_u} \end{bmatrix}$$

$$= \begin{bmatrix} 0 & 0 & 0 \\ -\mathrm{d}x_j & -\mathrm{d}y_j & \mathrm{d}z_j \\ \mathrm{d}x_j & -\mathrm{d}y_j & \mathrm{d}z_j \\ -2\mathrm{d}x_j & -2\mathrm{d}y_j & 2\mathrm{d}z_j \\ 2\mathrm{d}x_j & -2\mathrm{d}y_j & 2\mathrm{d}z_j \\ \vdots & \vdots & \vdots \\ (-1)^{n_u\%2+1}\left\lfloor\dfrac{n_u}{2}\right\rfloor\mathrm{d}x_j & -\left\lfloor\dfrac{n_u}{2}\right\rfloor\mathrm{d}y_j & \left\lfloor\dfrac{n_u}{2}\right\rfloor\mathrm{d}z_j \end{bmatrix} \tag{6-41}$$

设编队中共有 n_u 架飞行器,将规划初始状态时最靠近多机中心的飞行器 U_k 作为编队中心节点 U_c,其规划终点期望位置为必经点 S 位置,建立 n_u 个编队期望位置的相对关系如图 6-24 所示。航迹规划相对坐标系为 $OXYZ$,根据必经点约束的飞行器航迹倾角 γ_S 和航迹偏角 χ_S 建立编队坐标系 $O_F X_F Y_F Z_F$,U_k 在编队坐标系下的期望必经位置 P_k 为必经点 S_j 位置,也为编队坐标系原点 O_F,即

$$P_k = O_F = S_j = (x_j,\ y_j,\ z_j) \tag{6-42}$$

$O_F X_F Y_F Z_F$ 中,$O_F X_F$ 轴平行于约束的必经点编队运动方向 V_S,$O_F Y_F$ 轴位于 OYZ 垂直平面并垂直于 $O_F X_F$,$O_F Z_F$ 轴与 $O_F X_F$ 轴和 $O_F Y_F$ 轴构成右手坐标系,因此编队坐标系相对于相对坐标系旋转角度分别为 $\gamma_F = \gamma_j$ 和 $\chi_F = \chi_j$。设第 i 架飞行器在第 j 个必经点 S_j 处相对于编队中心 U_k 的期望编队间隔为 $P_i^F(\Delta x_i,\ \Delta y_i,\ \Delta z_i)$,同时 P_i^F 也为 U_i 在 $O_F X_F Y_F Z_F$ 中的期望坐标点,根据坐标转换关系,P_i^F 在 $OXYZ$ 中的坐标 P_i^I 由式(6-43)计算,其在 OXY 平面上的投影为 $P_i^{I\prime}$。

$$P_{Sj} = O_F + \Omega_F^I P_j^F \tag{6-43}$$

式中, Ω_F^I 为坐标转换矩阵,计算如下:

$$\Omega_F^I = \begin{bmatrix} \cos\chi_F & -\sin\chi_F & 0 \\ \sin\chi_F & \cos\chi_F & 0 \\ 0 & 0 & 1 \end{bmatrix} \begin{bmatrix} \cos\gamma_F & 0 & \sin\gamma_F \\ 0 & 1 & 0 \\ -\sin\gamma_F & 0 & \cos\gamma_F \end{bmatrix} \tag{6-44}$$

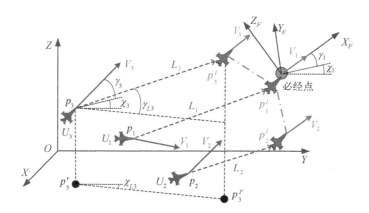

图 6-24 多飞行器及其编队必经点期望位置的相对位置关系

3. 必经任务时空约束模型

由以上模型描述可以看出,多架飞行器必经任务执行过程中,其航迹规划不仅要满足飞行器运动学模型约束和编队队形要求,还要满足形成队形时的必经任务时空协同需求 M:

$$M = \{V, \Delta t\} \tag{6-45}$$

式中, Δt 为编队的时间差,一般 $\Delta t = 0$,特别地,若必经任务为飞机呈 1 字形队形返航模式,则 Δt 为返航时间差,对应编队间隔 $\mathrm{d}y_j = \Delta t \times V$,其中 V 为必经点的速度约束。因此,与 6.4.1 节进入盘旋段的航迹规划类似,必经任务航迹规划的优化指标为

$$\min f = \sum_{i=1}^{n_u} L_{ij}/n_u \tag{6-46}$$

式中, L_{ij} 为 U_i 从初始点到满足约束地抵达第 j 个编队位置点 P_j 的必经段航程。

6.5.2 必经任务航迹规划方法

根据以上必经任务建模,可以看到由于飞行器集群初始位置航向集合 $P = \{P_1(x_1, y_1, z_1, \chi_1, \gamma_1), \cdots, P_{n_u}(x_{n_u}, y_{n_u}, z_{n_u}, \chi_{n_u}, \gamma_{n_u})\}$ 与航迹规划终点必经编队点位置航向集合 $P_S = \{P_{S1}(x_{S1}, y_{S1}, z_{S1}, \chi_{S1}, \gamma_{S1}), \cdots, P_{Sn_u}(x_{Sn_u}, y_{Sn_u}, z_{Sn_u}, \chi_{Sn_u}, \gamma_{Sn_u})\}$ 的相对位置关系的不同,与 6.4.2 节中的第 1 小节所述的盘旋进入段的航

迹规划方法一致,P_i 和 P_{Sj} 不是按序号一一对应的关系,按照匈牙利算法进行优化计算即可得到必经任务航迹。

6.5.3 算法流程

在飞行器集群待执行协同必经任务时,需在任务必经点、环境威胁、三维高程地形图数据等约束下快速生成抵达必经点的编队航迹,其算法流程如图 6 - 25 所示。

(1)协同必经任务问题初始化:初始化任务场景,加载规划任务区域三维地形数据信息,从编队队形库中确定必经任务的队形样式及参数,生成飞行器集群与编队中心的相对位置关系 $\Delta P = [\Delta x \quad \Delta y \quad \Delta z]$。

(2)选择最靠近编队中心的飞行器节点作为编队中心节点 U_c,建立编队坐标系 $O_F X_F Y_F Z_F$,计算集群编队终点位置 P_{Sj},及其对应的航向角 $\chi_{Tj}(j = 1, 2, \cdots, n_u)$,从而建立必经任务航迹规划的优化指标 $\min f$。

(3)必经段航迹优化计算:采用 Dubins 算法生成所有 P_i 到 P_{Sj} 的预估航程 L_{ij},建立 L,生成 L 的二分图 G_{n_u} 和次序矩阵 D,采用改进匈牙利节点匹配算法求得飞行器集群到编队生成点的最优匹配关系 M_a,根据最优匹配关系由 Dubins 离散化算法生成编队段航迹 P,并进行高度规划生成最终 path 输出到飞行器控制器。

6.5.4 仿真与分析

为验证本节协同必经任务航迹规划算法,本节综合考虑飞行器最小转弯半径、最小航迹夹角、编队队形库样式、必经终点位置和队形节点最优匹配等约束条件,设计多飞行器队形生成、队形转弯保持和队形切换三类场景分别进行仿真。

1. 多飞行器队形生成仿真

设计多飞行器队形生成仿真场景:假设有八架飞行器初始位置分布于 (93.342 691°, 36.638 164°, 3 156.0 m)、(93.342 691°, 37.300 429°, 2 737.0 m)、(93.452 870°, 36.332 685°, 4 087.0 m)、(93.452 870°, 37.580 847°, 2 689.0 m)、(93.660 444°, 36.160 231°, 5 057.0 m)、(93.660 444°, 37.780 734°, 2 705.0 m)、(93.916 179°, 36.072 314°, 4 642.5 m)和(93.916 179°, 37.849 906°, 2 678.0 m)处,$U_1 \sim U_4$ 的初始航向角为北偏西 90°,$U_5 \sim U_8$ 的初始航向角为北偏西 60°,$U_1 \sim U_8$ 的初始相对地面高度均为 0 m,任务要求飞行器集群从初始位置出发,抵达必经点,并生成一字形队形,相邻两架飞行器期望队形间隔为 $(\Delta x, \Delta y, \Delta z) = (6\,000\,\text{m}, 0\,\text{m}, 10\,\text{m})$,在此过程中,要求飞行器在满足安全避开地形障碍的前提下持续低空突防,编队中心节点相对于地面高度为 100 m,采用 6.5.1 节内容建立协同必经任务模型,采用 6.5.2 节算法优化计算必经任务编队航迹,结果如图 6 - 26(a)所示,八架飞行器在满足威胁避障和协同生成编队的任务时空约束下,以航程最短为优化指标优化编队节点拓扑,生成编队航迹,并且从图 6 - 26(b)中可以看出,随着飞

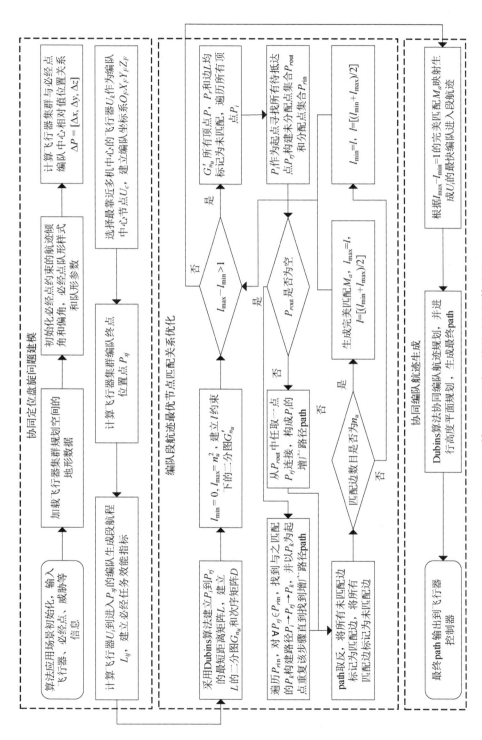

图 6-25　协同必经任务二维航迹规划算法流程

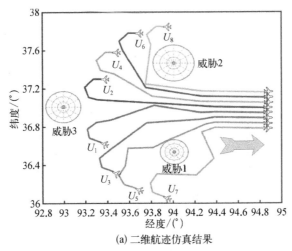

(a) 二维航迹仿真结果

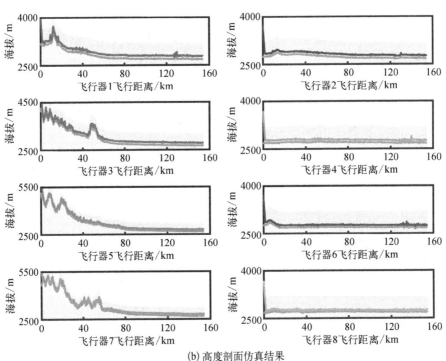

(b) 高度剖面仿真结果

图 6-26 多飞行器队形生成仿真结果

行器下方地形的不断变化,飞行器相对高度保持持续的低空突防状态,海拔随地形起伏而变化,并且不会碰撞地形障碍,满足任务高度约束。

2. 多飞行器队形转弯保持仿真

设计多飞行器队形转弯保持仿真场景:假设飞行器初始位置、编队必经点、编队构型参数均与上一场景算例一致,此算例要求飞行器集群沿正东方向生成编队航迹后,转弯 90°向正北方向保持航迹飞行,距离为 70 km,并继续沿逆时针转向90°向正西方向保持航迹飞行,距离为 100 km,并且在此过程中,编队中心始终保持相对地面高度 100 m 的低空突防状态。仿真计算所得二维航迹结果如图 6−27(a)

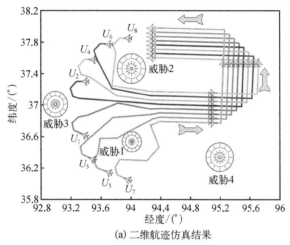

(a) 二维航迹仿真结果

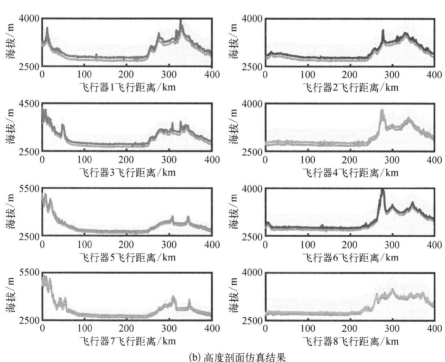

(b) 高度剖面仿真结果

图 6−27　多飞行器队形转弯保持仿真结果

所示,高度剖面仿真结果如图6-27(b)所示,仿真结果表明:集群编队节点经过本节算法优化后,得到了最短路径的编队转弯航迹,并且始终能够满足集群编队高度要求和机间相对位置关系。

3. 多飞行器队形切换

设计多飞行器队形转弯保持仿真场景:假设飞行器初始位置、编队必经点、初始编队构型参数均与上一场景算例一致,此算例要求飞行器集群沿正东方向生成一字形队形后,转弯90°向正北方向并切换队形为八字形,机间相对位置关系(Δx,Δy,Δz) = (5 000 m,5 000 m,10 m),切换距离为100 km,此后沿逆时针转向90°向正西方向保持八字形航迹飞行,距离为100 km,并且在此过程中编队中心始终保持相对地面高度100 m的低空突防状态。仿真计算所得二维航迹结果如图6-28(a)所示,高度剖面仿真结果如图6-28(b)所示。仿真结果表明:本节提出的必经任务航迹规划算法能够在满足任务起点、终点状态时空约束的前提下,满足飞行器多样式队形之间相互切换的机间相对位置关系,损失较少飞行器有效航程,计算时间短,能够有效满足多类型场景下的飞行器集群协同编队必经任务需求。

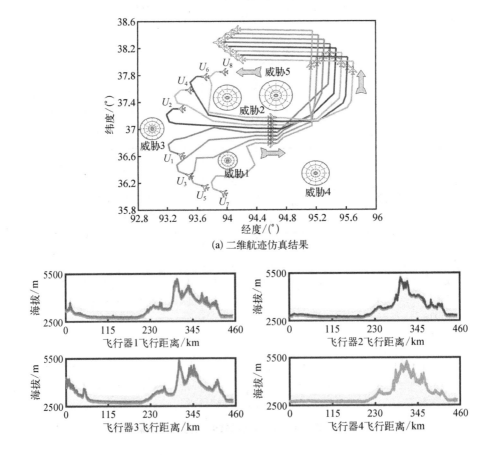

(a) 二维航迹仿真结果

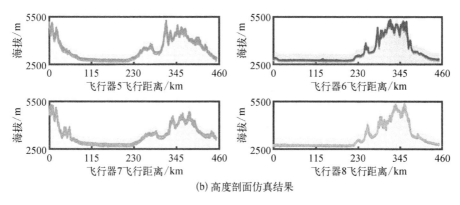

(b) 高度剖面仿真结果

图 6 - 28　多飞行器队形切换仿真结果

6.6　协同评估任务模型及航迹规划方法

飞行器集群打击任务执行完成后,为评估打击任务执行效能,确定是否执行下一次打击任务航迹规划,携带评估载荷的飞行器集群需要对点目标、线目标和面目标执行协同评估任务,设计出满足飞行器飞行性能、目标状态、载荷状态、必经任务时空协同等动态约束条件下的航迹规划工程化方法。同时,为提高算法的通用性,本节中点目标和线目标的评估任务模型与本书第 4 章打击任务模型类似,将面目标的评估任务模型与本书第 5 章侦察任务模型类似,采用改进 Dubins 算法的基本思路进行求解,充分发挥飞行器集群的协同性能。通过本节说明了本书提出方法在多类任务中的适用性,当集群面对合围、机动协同等多类任务时,建立合适的任务航迹规划模型,采用本书工程化思路方法,即可有效求解相关问题。

6.6.1　协同评估任务建模

1. 目标与评估载荷建模

由于评估任务和打击任务皆针对的是同类目标的航迹规划,评估目标建模与第 4 章打击目标建模一致,对第 j 个目标 T_j 的模型可用以下三元组描述如下:

$$T_j = \{\text{type}_j,\ P_{jT},\ \text{value}_j\} \tag{6-47}$$

式中,type_j 为 T_j 的类型,对应点目标、线目标和面目标;P_{jT} 表示 T_j 的位置坐标,点目标 $P_{jT} = P_{jt}(x_{jt},\ y_{jt},\ z_{jt})$,线目标 $P_{jT} = \{P_{j1}(x_{j1},\ y_{j1},\ z_{j1}),\ P_{j2}(x_{j2},\ y_{j2},\ z_{j2})\}$,面目标 $P_{jT} = \{P_{j1}(x_{j1},\ y_{j1},\ z_{j1}),\ \cdots,\ P_{jm}(x_{jm},\ y_{jm},\ z_{jm})\}$,$m$ 为区域顶点个数;value_j 为 T_j

的价值。

飞行器携带的评估载荷建模过程与侦察载荷建模一致,建立以下的评估任务约束条件。

1) 评估开始点坐标

设飞行器 U_i 的评估开始点坐标为 $P_{ie}(x_{ie}, y_{ie}, z_{ie})$,此时 U_i 已按照预设评估方位角 β_i 开始对目标进行毁伤评估,评估段对应的时长为 t_e,距离为 R_e,则点目标评估开始点 P_{ie} 的坐标为

$$\begin{cases} x_{ie} = x_{jt} + R_e\cos(\beta_i + \pi) \\ y_{ie} = y_{jt} + R_e\sin(\beta_i + \pi) \end{cases} \tag{6-48}$$

线目标评估开始点 P_{ie} 的坐标为

$$\begin{cases} x_{ie} = x_{j1} + R_e\cos(\beta_i + \pi) \\ y_{ie} = y_{j1} + R_e\sin(\beta_i + \pi) \end{cases}, \quad \beta_i = \arctan\left(\frac{y_{j2} - y_{j1}}{x_{j2} - x_{j1}}\right)$$

$$\begin{cases} x_{ie} = x_{j2} + R_e\cos(\beta_i + \pi) \\ y_{ie} = y_{j2} + R_e\sin(\beta_i + \pi) \end{cases}, \quad \beta_i = \arctan\left(\frac{y_{j1} - y_{j2}}{x_{j1} - x_{j2}}\right) \tag{6-49}$$

面目标评估开始点 P_{ie} 根据第 5 章计算侦察进入点方法计算得到。

2) 评估载荷开机点坐标

设飞行器 U_i 的评估载荷开机点坐标为 $P_{io}(x_{io}, y_{io}, z_{io})$,火控开机点的航迹方向也为打击方位角 β_i,对应的载荷开机段距离为 R_o,则 P_{io} 的坐标计算为

$$\begin{cases} x_{io} = x_{je} + R_o\cos(\beta_i + \pi) \\ y_{io} = y_{je} + R_o\sin(\beta_i + \pi) \end{cases} \tag{6-50}$$

3) 评估载荷视场模型

飞行器 U_i 的评估载荷视场模型建模与 5.2.4 节侦察载荷建模一致,简化后得到的评估视场宽度 w 和视场前向距离 l 按照式(5-10)和式(5-11)计算。

2. 评估任务建模

由第三章的叙述可知,飞行器集群协同对多个多类型目标实现了协同打击,打击完成后需要再次对目标执行协同评估任务,该过程要满足对 T 的任务时空协同需求 $M = \{M_j \mid j = 1, 2, \cdots, n_{jT}\}$:

$$M_j = \{n_{jT}, \beta_j, \Delta t_k\}, \quad k = 1, 2, \cdots, n_{jT} \tag{6-51}$$

式中,n_{jT} 表示对 T_j 的评估任务由 n_{jT} 架飞行器 $\{U_1, U_2, \cdots, U_{n_{jT}}\}$ 按约束协同执行;β_j 表示对 T_j 的评估任务方位角;Δt_k 为对 T_j 的评估任务协同窗口。当出动多架飞行器对多个目标协同评估时,与打击任务类似,为实现任务效能最大化,将多飞

行器对多目标的评估任务航迹规划优化过程描述为多动态旅行商问题,建立 MDTSP 模型,具体内容如第 4 章所述。

6.6.2　评估任务航迹规划方法

根据以上评估任务建模,点目标和线目标的评估任务按照第 4 章打击任务航迹规划方法进行计算,面目标则将其建模为类似于集群侦察任务,其航迹规划方法按照第 5 章侦察任务航迹规划方法进行解算,对以上单个目标的评估航迹求解完成后,涉及多飞行器多目标的 MDTSP 求解也按照第 4 章打击目标协同规划方法计算。

6.6.3　算法流程

根据 6.6.1 节和 6.6.2 节评估任务建模,以及第 4 章和第 5 章的打击侦察任务规划方法,在飞行器集群待执行协同评估任务时,需在飞行器评估载荷、目标类型、环境威胁、三维高程地形图数据等约束下快速生成对打击任务效果进行协同评估的任务航迹,其算法流程如图 6-29 所示。

(1) 协同评估任务问题初始化:初始化任务场景,加载规划任务区域三维地形数据信息,判别评估目标类型,根据点目标、线目标和面目标分别建立相应的评估任务时空约束模型,并根据载荷能力优化确定执行单个评估任务所需的飞行器数目。

(2) 协同评估任务问题优化:计算集群内所有飞行器开始对目标 T_j 执行评估任务的最快开始执行评估任务航迹距离 L_{1ij} 和最快任务执行航迹距离 L_{2ij},计算对 T_j 的最优指标执行的 n_{jT} 架飞行器,建立评估任务指标 $\min f_j$。

(3) 评估任务节点优化匹配:建立所有任务的评估效能指标序列,采用贪婪算法思想从小到大地确定目标 T_k 执行评估的飞行器序列,生成协同航迹,并更新飞行器状态和任务执行序列,将 T_k 从未评估目标序列中删除。

(4) 评估段航迹优化计算:采用 Dubins 算法生成协同评估航迹,并进行高度规划生成最终 path 输出到飞行器控制器。

6.6.4　仿真与分析

评估任务执行过程中,针对包括区域、点目标、线目标和面目标在内的多个评估实体,本节分别设计了三类评估样式,分别为多机对区域协同巡逻评估、多机对多类型目标的过点协同评估和多机对多类型目标的绕圈协同评估,验证本节提出的协同评估任务模型和航迹规划方法性能。

1. 多机对区域协同巡逻评估

假设有五架飞行器初始位置分布于(93.823 242°,37.235 413°,2 701.8 m)、(94.086 914°,36.850 891°,2 719.2 m)、(94.785 611°,37.881 863°,2 968.3 m)、(95.493 069°,37.851 450°,4 530.6 m)和(95.733 368°,37.563 329°,3 389.7 m),

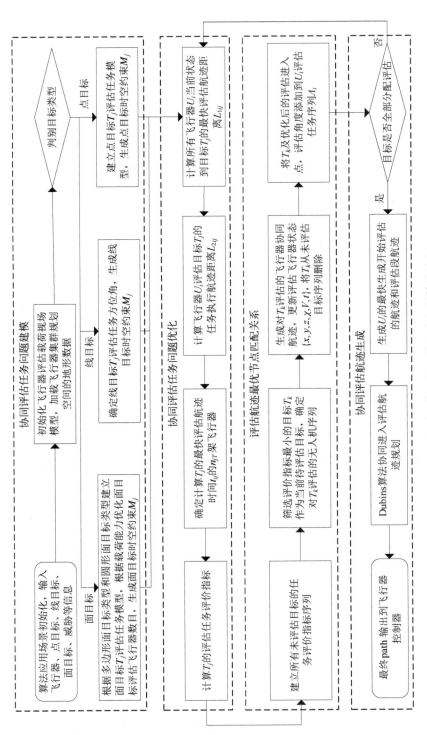

图 6-29 协同评估任务二维航迹规划算法流程

待评估区域顶点坐标位置为(94. 087 688°,37. 716 728°,2 708. 1 m)、(95. 461 646°,37. 716 728°,3 323. 6 m)、(95. 461 646°,37. 052 838°,2 712. 0 m)和(94. 087 688°,37. 052 838°,2 687. 8 m),要求五架飞行器按照一致的巡逻逆时针或顺时针方向,间隔 5 km 生成跑道型评估航迹,实现对该区域的持续评估,按照 6. 6. 1 节评估任务建模和 6. 6. 2 节评估航迹规划方法仿真所得的结果如图 6 - 30 所示。结果表明,多飞行器从初始位置出发,寻找最近的区域进入角点协同进入区域评估,同时各飞行器航迹之间满足相对空间位置约束,能够有效解决对区域的协同巡逻评估航迹规划问题。

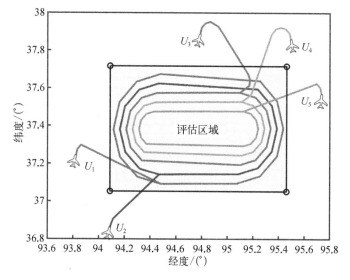

图 6 - 30　多机对区域协同巡逻评估航迹规划仿真结果

2. 多机对多类型目标过点协同评估

假设有六架飞行器初始位置随机分布在任务空间内,同时存在四个打击完成后待评估目标,包含两个点目标:(94. 412 994°, 37. 307 524°, 2 708. 9 m)、(94. 736 803°, 36. 748 219°, 2 687. 1 m),根据态势分析确定点目标需派出两架飞行器对其时间进行协同评估;一个线目标:(94. 209 878°, 37. 042 590°, 2 682. 7 m)和(94. 736 803°, 36. 748 219°, 2 687. 1 m),线目标被决策需一架飞行器按照其方位角进行评估;一个面目标:(94. 595 234°, 37. 011 000°, 2 680. 8 m),面目标覆盖半径为 10 km,飞行器评估视场宽度均为 6 km,因此需四架飞行器对其协同评估,仿真结果如图 6 - 31 所示,结果表明,环境中的六架飞行器能够在满足任务时空约束下实现对所有目标的全方位评估。

3. 多机对多类型目标绕圈协同评估

集群对飞行器打击任务执行完成后,部分目标被决策需要持续地进行盘旋封控压制,针对图 6 - 31 所示的四个目标,分别优化盘旋半径和盘旋高度。点目标 1:

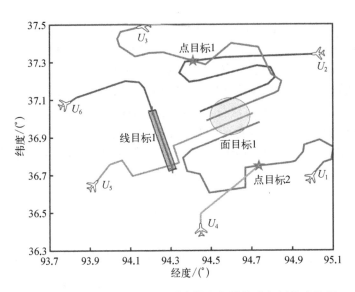

图 6-31　多机对多类型目标过点协同评估航迹规划仿真结果

盘旋半径 4 km,盘旋高度 3 km,需采用一架飞行器对其进行评估。点目标 2:盘旋半径 5 km,盘旋高度 2.5 km,需采用一架飞行器对其进行评估。线目标:绕其中心点进行盘旋,盘旋半径 17.3 km,盘旋高度 4.2 km,需采用两架飞行器对其进行评估。面目标:绕其中心点进行盘旋,盘旋半径 10 km,盘旋高度 3 km,需采用两架飞行器对其进行评估。根据以上目标盘旋评估优化盘旋半径、盘旋高度和任务时空协同约束,仿真计算结果如图 6-32 所示。结果表明:本节所提出的模型和方法能

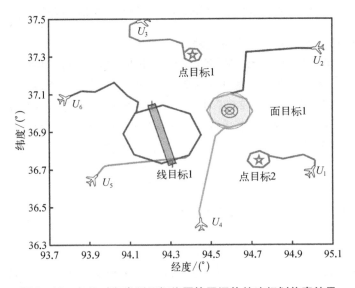

图 6-32　多机对多类型目标绕圈协同评估航迹规划仿真结果

够在满足多约束条件规划出适合固定翼飞行器集群的评估任务航迹,有效解决多类型目标、多类型任务样式的评估航迹规划问题。

6.7　任务驱动的航迹规划流程

根据本书以上内容叙述,飞行器集群可应用于协同打击、侦察、突防、中继盘旋、必经和评估等多任务,然而在真实应用环境下,飞行器集群依靠保障多任务序列的可靠执行而占尽优势,由于各类任务存在多种终端约束,相继任务之间的平滑过渡和航迹切换将变得更加复杂,保障多机多任务航迹的可靠生成能够有效提高飞行器的生存概率和任务效率。本节根据飞行器集群的分配任务序列,采用任务驱动的方式生成集群航迹,以上一任务生成航迹的终端状态作为下一任务航迹规划的初始状态逐步生成多机航迹。通过本书中前述研究内容对三维空间中的各典型任务航迹规划的不同的任务约束,采用任务驱动的方法逐步调用工程化方法,最后实现多机执行任务过程中的时空协同。

6.7.1　任务驱动的航迹规划结构

为保证不同任务航迹之间切换的平滑性和易跟踪,根据飞行器集群运动学模型及约束任务航迹,按任务驱动的方式以上一阶段任务航迹的终端状态作为当前任务航迹规划的初始状态,各飞行器通过机通信链路共享态势信息,由地面指挥调度系统或机上计算系统进行航迹规划。为满足任务执行效能的最大化,要求飞行器集群按照指挥控制要求的编队队形、任务时间和方位等约束执行航迹规划,飞行器集群在动态战场环境内不断更新、替换、填充任务,直至执行完成序列中的全部任务,基于任务驱动的航迹规划工程化方法结构如图 6-33 所示。

由图 6-33 可以看出,基于任务驱动的飞行器集群航迹规划方法流程如下。

(1) 根据飞行器在线态势感知模块和在线性能评估模块实时更新环境态势信息,根据知识库中的态势信息、集群性能包线和专家经验知识从任务库中由推理机决策生成集群待执行任务序列及约束,并根据集群在线收益计算模块评估任务组合,以任务驱动的方式调度各子任务航迹规划模块。

(2) 根据遍历的任务类型匹配集群打击、侦察、突防、中继盘旋、必经和评估任务航迹规划,建立不同的航迹规划优化模型,调用相应的算法计算得到各任务的二维航迹规划结果。

(3) 根据高度规划模式进行高度沉降筛选,判断超低空突防、等相高飞行和等海拔飞行三类模式,调用相应的高度沉降方法进行航迹点高度计算。

(4) 基于 Douglas-Peucker 算法进行航迹片段检测,并输出集群三维航迹结果。

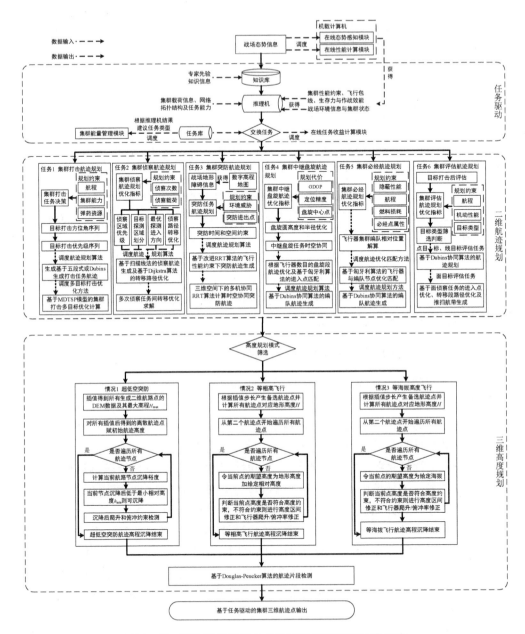

图 6-33 基于任务驱动的集群三维航迹规划系统结构

6.7.2 仿真与分析

飞行器蜂群作战应用需要从具体场景出发,基于飞行器任务能力分析作战场景需求,对提出的打击、侦察、突防、中继盘旋、必经、评估等典型集群应用任务想定,本节基于"任务场景创建—任务需求分析—任务驱动流程—蜂群能力匹配"的正向系统工程分析模式,给定一类典型飞行器集群对地面作战想定场景,进行仿真与分析。

飞行器集群对地面作战想定场景流程如图 6-34 所示,作战目的是红方飞行器蜂群抵达蓝方地面阵地,对其重点区域进行封控压制,对地面装甲车、指挥中心、跑道等关键地面目标进行协同打击,瘫痪蓝方阵地正常运行作战能力。解决流程如下。

（1）对战场环境初步想定,蓝方有两个重点区域需侦察压制,同时区域 2 内存在一个点目标、2 个线目标和一个面目标需协同打击,打击完成后需对区域进行协同评估,明确打击效果。因此根据任务需求分析,红方出动携带侦察、评估载荷的4 架飞行器 U_1、U_3、U_5、U_7,出动携带中继、打击载荷的四架飞行器 U_2、U_4、U_6、

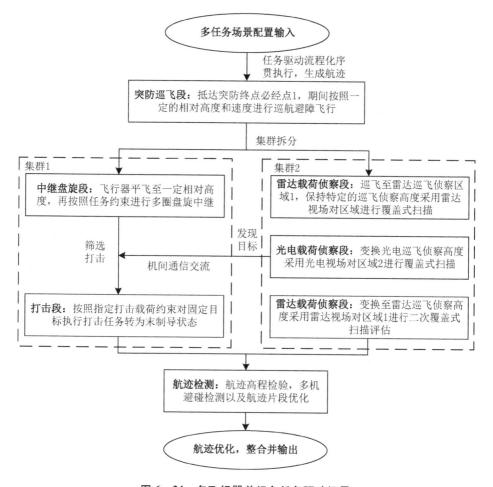

图 6-34　多飞行器单组多任务驱动场景

U_8 完成协同任务。以任务驱动的方式建立任务流程。

（2）飞行器蜂群具有体型小、作战成本低等应用优势,能够大大降低预警雷达的发现效率,具有很强的隐蔽性,因此八架飞行器从红方阵地分散起飞,形成效地一字形编队,保持相对地面高度 100 m 的低空突防飞行,从而增强飞行器机间通信链路鲁棒性,轻易突破蓝方的地面防空体系。

（3）抵达蓝方阵地后,八架飞行器进行编队拆分,携带侦察载荷的四架飞行器面向重点侦察区域 1 和侦察区域 2 进行协同识别侦察,其中区域 1 采用光电侦察载荷,区域 2 采用雷达侦察载荷,并将视场探测到的地理属性、目标属性、位置、威胁、蓝方防务薄弱环节等信息进行机间交互和回传指挥机构;为增强集群任务执行过程中的通信鲁棒性,携带中继、打击载荷的四架飞行器编队转弯后稳定飞行高度,对地通信中继盘旋,对其防空系统进行压制,增强干扰效果,使蓝方防空信息网试听混淆、判断出错,当收到侦察载荷飞行器发送的实时目标位置时,进行打击任务规划,出动部分飞行器对地目标进行饱和攻击,剩余飞行器继续执行中继盘旋压制任务。

（4）打击任务执行完成后,携带打击和通信中继的飞行器退出战场,携带侦察载荷的飞行器使用光电侦察载荷对地进行评估,获取本次任务规划的实际应用效果,驱动任务流程不断迭代优化。

上述作战想定要求蜂群具备快速发射、回收部署能力、低空编队飞行能力、挂载多类载荷协同突防、侦察、中继、打击、评估能力、快速决策规划能力等,因此结合任务驱动流程以及面向任务的飞行器集群协同航迹规划的工程化方法,进行以上场景的仿真,二维航迹结果如图 6-35 所示,高度规划结果如图 6-36 所示,8 架飞行器从不同地点按不同方位角起飞,形成一字形编队,编队中心点保持相对地面100 m 的持续低空突防,编队飞行器节点高差为 10 m;抵达蓝方区域后,根据飞行

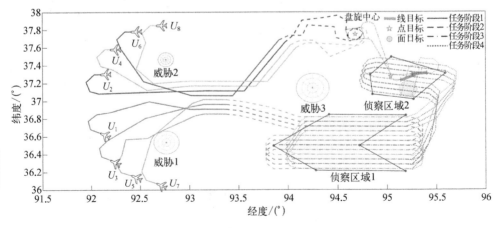

图 6-35　多飞行器多任务驱动场景二维航迹结果

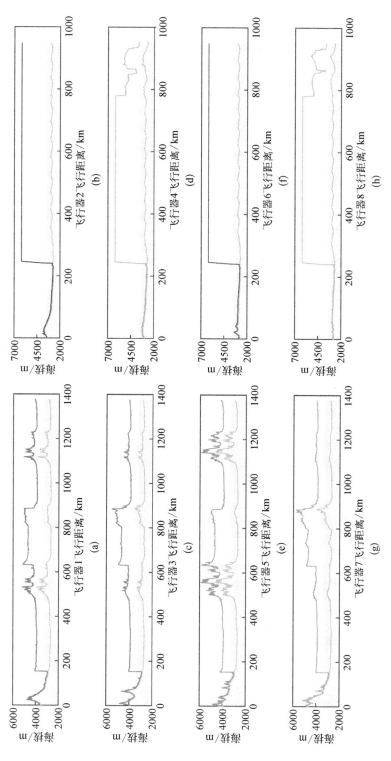

图 6 - 36　多飞行器多任务驱动场景高度规划结果

器能力模型进行编队拆分,U_2、U_4、U_6、U_8进行编队转弯,进而执行中继盘旋任务,中继盘旋始终保持 6 200 m 的固定海拔;U_1、U_3、U_5、U_7首先采用光电侦察视场对区域 1 进行协同侦察,相对高度为 1 200 m,区域 1 侦察结束后采用雷达侦察视场转向区域 2 进行协同侦察,相对高度为 2 000 m;集群在区域 2 中发现了一个点目标、2 个线目标和一个面目标,通过通信数据交互调度打击飞行器对目标进行饱和打击,U_4依次执行了对点目标 1、线目标 2、面目标 1 的打击任务,U_8依次执行了对线目标 1 和面目标 1 的打击任务,打击过程中 U_4 和 U_8 高度平面按照火控开机距离 5 000 m、火控开机相对高度 1 500 m、武器发射距离 3 000 m、武器发射相对高度 1 000 m 约束进行规划;打击过程中,U_2、U_6仍持续中继盘旋,保持通信的鲁棒性;打击完成后,U_1、U_3、U_5、U_7开启评估载荷对区域协同评估;所有任务执行完成后,飞行器返回红方阵地,任务执行时间表如图 6-37 所示。仿真结果表明:基于任务航迹规划工程化方法和本节提出的任务驱动的航迹规划流程能够有效解决蜂群多类任务的序贯耦合执行规划问题,为"察打评""诱评扰"等典型作战模式的实现提供了可靠性保障,且该算法为一种无边界的工程化方法,具有计算时间短、占用资源少的优势,可广泛推广至更大规划的无人蜂群应用,能够适应日益复杂的战场环境,是抢占未来智能化战争战略高地的核心技术。

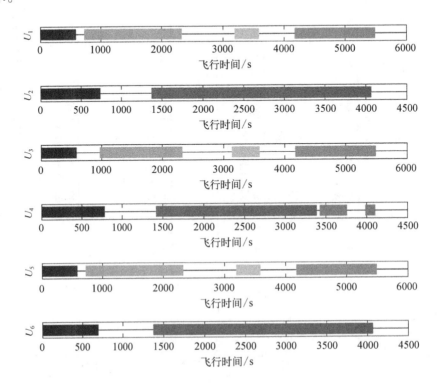

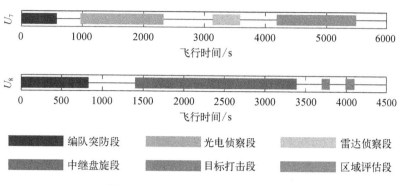

图 6 - 37　多飞行器任务执行时序图

6.8　本章小结

本章针对飞行器集群执行典型突防任务、中继盘旋任务、必经任务和协同评估任务的航迹规划问题,首先对四种典型任务的应用场景进行详细描述,给出航迹规划过程中的相关概念定义,对建模方法和航迹规划算法进行详细叙述。

为提高飞行器的生存效能,针对集群避障航迹规划的突防任务,首先建立突防区域模型,给出突防任务航迹规划的时间协同约束和空间协同约束;然后对基本RRT算法进行改进以满足三维协同航迹规划需求;最后介绍集群突防任务的算法思想和求解流程并通过仿真实验进行验证。

为实现对某个目标进行高精度定位的协同中继盘旋任务航迹规划,首先对协同定位盘旋的半径和高度进行建模和优化,并给出协同时空约束;然后根据飞行器数目、飞行器运动学约束和盘旋圈半径生成盘旋进入点,采用匈牙利算法建立节点的最优匹配关系,从而根据 Dubins 算法生成各飞行器从起始位置到盘旋进入点的最优航迹;最后介绍集群中继盘旋任务的算法思想和求解流程并通过仿真实验进行验证。

为实现集群经过某一固定位置的必经任务航迹规划,首先建立必经点模型、根据编队队形库中的队形样式参数建立多飞行器编队相对位置模型、给出必经任务时空约束;然后采用改进 Dubins 算法生成集群内飞行器从起始位置到各个编队位置点的最优航迹,并采用匈牙利算法实现节点的优化配置;最后介绍集群必经任务的算法思想和求解流程并通过仿真实验进行验证。

为实现集群对打击任务执行效能整体评估的评估任务航迹规划,首先建立评估目标和载荷模型,并给出评估任务约束;然后基于第 4 章和第 5 章的打击和侦察算法思想,提出了评估任务航迹规划算法;最后介绍集群评估任务的算法思想和求解流程并通过仿真实验进行了验证。

为实现本书介绍的工程化航迹规划算法的灵活配置和去平台化应用,本章最后给出任务驱动的方式计算飞行器集群的航迹序列的应用流程,以上一个任务生成航迹的终端状态作为下一任务航迹规划的初始状态逐步生成多机航迹,实现飞行器集群执行任务过程中的时空协同,充分发挥集群的协同任务性能。

第 7 章

协同航迹规划方法的
硬件实现——智能规划器

7.1 引言

协同航迹规划方法的实际应用需要得到硬件设备的有力支持。面对集群异构、大规模、环境高度动态、通信拓扑复杂等一系列问题,协同航迹规划方法面临着巨大的挑战,同时对搭载航迹规划方法的硬件提出了更为严格的要求。随着 DSP 处理器的发展,其硬件性能得到显著提升,处理器变得更快、更节能、更具集成性,允许更复杂和高效的信号处理算法。多核 DSP 处理器的兴起增加了 DSP 系统的并行计算能力,允许同时处理多个信号,提高了 DSP 系统的性能和效率,此外,实时操作系统的支持在一定程度上弥补了较通用处理器灵活性差的缺点。基于此,本章主要介绍基于 DSP 的智能规划器设计方案,详细介绍搭载协同航迹规划方法的智能规划器的设计方案和应用案例。

智能规划器的设计应与规划系统相协调,因此首先对任务规划系统的整体功能与结构进行了分析,并根据其功能特点总结了硬件需求。在此基础上提出规划器内部硬件模块和逻辑关系的设计,制定通用的数据存储、通信和任务调度逻辑方案。最后,给出包括单核、多核和主从式结构在内的多种 DSP 方案设计,并展示相关的应用案例。

7.2 系统分析与功能需求

7.2.1 规划系统概述

集群协同任务规划系统如图 7-1 所示,面临的问题可以概括为:在任务约束、性能约束、环境约束、时空约束等约束条件下,飞行器能够自主感知态势信息,并以当前态势信息为输入,输出合理高效的行动计划。规划器的设计应与规划系统相结合,因此需要先明确任务规划系统的整体功能与结构,根据规划系统的功能特点分析硬件需求[85]。

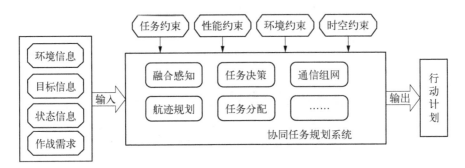

图 7-1 协同任务规划系统

如图 7-2 所示为集群任务规划流程。在异构集群作业中,不仅要考虑飞行器个体的任务目标和环境限制,还需要密切关注通信域内的其他飞行器,以考虑整个集群的绩效和协同潜力。这引导飞行器倾向于集体最优策略而非个体最优策略,从而实现更优的总体任务效果。这种转变使得任务规划不再局限于单一个体,而是需以集群为一个整体来思考,因此任务分配和路径规划变得更为复杂,需要考虑更多元素[86]。在集群作业过程中,由于频繁发生的环境变化、通信干扰或触发动态打击任务等,协同任务规划系统需要保持高动态性和实时性,它必须能够实时监测环境,接收并分析其他飞行器的交互信息。这意味着数据不再是静态的环境数据,而包含高度实时性的协同数据,这将对通信资源产生更大压力。当态势或集群状态发生变化威胁到任务执行时,规划系统需要具备自主触发和在线重规划的能力,以确保顺利完成任务。这一系列复杂的任务规划和动态协同要求系统必须具备高度的智能性和实时性,以满足任务要求。

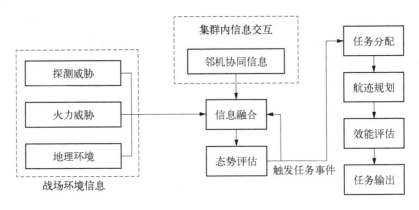

图 7-2 集群任务规划流程

设计规划器与飞行器内部其他机构的逻辑关系如图 7-3 所示。规划器在飞行器集群执行任务过程中负责数据采集、信息融合、态势评估、任务分配和航迹规划等职能。作为集群的"大脑",规划器通过传感器获取环境和状态数据,综合信息后规划任务,借助通信装置传递指令,并最终由执行机构实施任务。规划器专注于任务规划和指令下发,并不涉及传感器和执行机构的内部运作,从而提高其通用性和模块化。这种逻辑结构有助于适配多种异构平台,提供了更强的灵活性和通用性。不论飞行器的硬件构成和传感器类型如何变化,规划器作为中枢控制单元,能够独立自主地执行任务规划和航迹规划,确保集群在不同环境和任务下都能高效协同工作。这种设计使得飞行器集群技术更具可扩展性,有助于推动多样任务需求的实现,为搜索与救援到监测与侦察等各种应用场景提供支持。同时,也减少了对飞行器硬件和软件的大规模修改和维护工作,降低了开发和维护成本,使飞行器集群技术更具可行性和持续性。

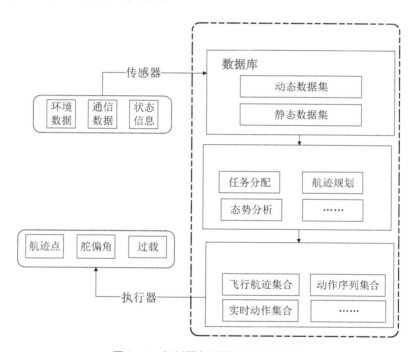

图 7-3 规划器与其他机构间的逻辑

　　智能规划器在集群中应用方案如图 7-4 所示,智能规划器应具有如下特征。
　　(1) 单飞行器装备规划器:每个飞行器都搭载一个独立的协同任务规划器,这意味着每个单元具有自主的任务规划和决策能力。这使得每个飞行器都能独立执行任务,即使失去了与其他飞行器的通信也能继续工作。
　　(2) 内部功能模块分工明确:每个飞行器的协同任务规划器内部包括通信和规划等功能模块。这种内部分工使得规划器的功能更加清晰,通信模块负责信息传递,规划模块负责决策和航迹规划。功能模块之间的协同工作确保了任务的高效执行。

（3）无线自组织网络通信：各个飞行器通过数据链加入无线自组织网络中，实现信息交互。这种无线网络架构使得飞行器能够实时共享数据和信息，从而实现协同作业和决策，这对于任务的实时性和协同性至关重要。

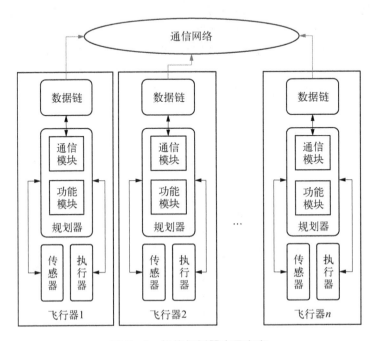

图7-4 智能规划器应用方案

7.2.2 硬件功能需求

智能规划器的硬件功能设计需要满足任务规划系统的需求，同时尽量与无人平台解耦，以适应不同的飞行器平台和任务需求，确保具备灵活调用的能力。因此，设计的关键是智能规划器的模块化，以提高通用性和便于移植，从而能够针对不同飞行器平台和多样的任务需求进行代码和硬件模块的切换，减少开发周期。为了满足集群任务的普适性需求，提出通信组网、数据管理、编队控制、路径规划、任务规划、态势感知六个基本功能，智能规划器的基本功能如表7-1所示。

表7-1 智能规划器的基本功能

编号	名　称	功　能
1	通信自组网	保证节点间快速、稳定、支持扩展剪裁的通信
2	数据管理	管理数据库，将所有态势信息有序收集，维护数据的一致性与快速访问

续　表

编号	名　称	功　能
3	编队控制	队形重构、队形保持、自主避碰等
4	实时路径规划	具备避障、自动寻优和快速计算的能力
5	任务规划	考虑任务的优先级、资源约束和态势信息,为每个飞行器分配任务
6	态势感知	具备目标识别、目标定位、目标跟踪、地图更新、威胁评估、意图预测等功能,提供态势数据

这些功能之间存在串行和并行的关系,需要互相协同工作以确保任务的顺利完成。此外,规划器应具备功能模块可拓展和替换的能力,允许根据任务需要加载或卸载不同的功能模块,以应对不同的任务需求,提高适应性。规划器还需要满足任务分配、航迹规划、态势感知等多种功能,具备可扩展、可剪裁和自定义模块功能,以应对不同的任务需求,实现集群系统的快速部署与灵活作业需求。

7.3　智能规划器硬件实现方案

智能规划器涵盖了多项决策规划功能,本书将专注于针对航迹规划功能的智能规划器硬件设计。首先,将介绍规划器内部硬件模块的构成和相互连接方式。其次,将在 DSP 处理器的基础上制定通用的数据存储和通信方案,并对规划器的任务调度逻辑进行设计说明。最后,提供不同的具体实施方案,包括单核 DSP、多核 DSP 和主从式结构,以满足不同的需求。

7.3.1　规划器内部硬件模块构成

智能规划器内部包含核心处理器、自组网模块、内存扩展单元三大部分,自组网模块可集成于规划器内部,也可外挂更高性能的组网模块,本书介绍将自组网模块集成于规划器内部的集成度较高的方案。图 7-5 为基于 DSP 的多飞行器协同任务智能规划器硬件模块连接方式。

自组网模块和内存扩展单元已经在相应的引脚配置上进行了标识,这部分的连接不会因协同任务与平台类型的不同而更改,而传感器模块则会根据不同的任务场景进行适当的调整,且不同的飞行器会有专用的飞控模块,以确保控制性能最佳,因此传感器模块与飞控模块只标识了可能的串口通信方式。本书设计的智能规划器的重点在于解决更高级的任务分配和航迹规划,遵循不过度干扰飞行器自身飞行控制处理器的原则,协同任务规划器仅提供必要的航迹点信息和飞控可识别的任

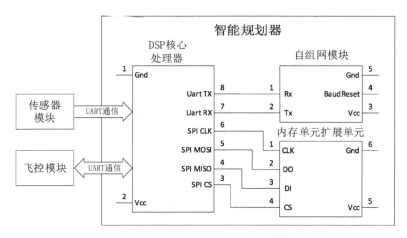

图 7 - 5   基于 DSP 的多飞行器协同任务智能规划器硬件模块连接方式

务指令。在本书中,基于 DSP 的智能规划器外设串口通信模块主要采用通用异步收发传输器(universal asynchronous receiver/transmitter,UART)通信方式。

1. DSP 与自组网模块

DSP 内部会有若干个串行通信接口(serial communication interface,SCI)模块,用于应对多个模块均与 DSP 进行串口通信的情况,因此要根据所选的 DSP 所支持的 SCI 接口数进行合理的分配。自组网模块与 DSP 的 SCI 模块主要进行四个引脚的接线配置:

(1)自组网模块的 RX 引脚——DSP 的 SCI TX 引脚;

(2)自组网模块的 TX 引脚——DSP 的 SCI RX 引脚;

(3)自组网模块的 Vcc 引脚——DSP 的 Vcc 引脚;

(4)自组网模块的 Gnd 引脚——DSP 的 Gnd 引脚。

2. DSP 与内存扩展单元

由于多飞行器协同任务规划具有复杂的数据集,如数字高程地图、任务信息集、飞行器载荷等信息,以及需要对任务飞行期间的日志进行存储,片内存储资源有限,不能满足任务需求,故需要对 DSP 的内存单元进行扩展,一般应包括 SRAM[①] 和 Flsah/EPROM[②] 的接口设计,还可增加 DDR 接口满足计算过程中的大容量高带宽存储需求。

3. DSP 与传感器、飞控

由于传感器和飞控模块种类繁多,不同的传感器和飞控都有不同的硬件连接及封装要求,但大部分也采用 UART 等通用串口通信方式,本书中智能规划器的设计方案不限制特定的传感器,采用 DSP 的串口通信模块进行通信。

① SRAM 表示静态随机存取存储器。
② EPROM 表示可擦除可编程只读储存器。

7.3.2 集群组网通信

考虑大规模集群应用与通用性,规划器节点之间的通信的方案设计基于分布式策略,并支持多跳模式和远距离通信,即飞行器可以以较小的通信代价实现通信网络内的邻节点间快速通信。相较于全连接通信网络,分布式处理策略能有效减轻数据链路的通信压力,同时对于队形切换、分组编队等任务具有良好的适应性,即使一些飞行器暂时退出集群或通信链路受损导致节点动态变化,系统仍能保持稳定性。

针对多飞行器之间交互的通信设计需求,自组网模块需满足如下技术特点:

(1) 模块上电后自动组网,支持同时存在多个网络;

(2) 每个模块都可以低成本地与网络中的邻节点交互;

(3) 支持多跳通信,组网形成后,在一定通信代价下可以与网络中的任意节点通信。

1. 自组网与 DSP 通信数据包协议

自组网模块与 DSP 的通信方式较多,下面介绍通过 UART 接口进行交互的方式。组网模块和 DSP 之间传输的数据包结构分为包头、源端口号、目的端口号、远程地址、数据、校验、包尾。典型的包结构定义如表 7-2 所示,每个数据包以包头和总长度开头,后跟源端口号、目的端口号和远程地址,用于指示数据包的来源和目标。接着是可变长度的数据段,包含实际要传输的信息。最后,包尾标志着数据包传输的结束。这种结构确保了数据包的完整性和一致性,并允许有效传输和接收各种信息。

表 7-2 自组网模块网络性能

信息名	长度/字节	说　　明
包头	2	由包头和包的长度组成,长度为包的数据长度加4
源端口号	1	包的源端口号
目的端口号	1	包的目的端口号
远程地址	2	远程模块的地址,当发送数据给模块时,远程地址为目标模块的地址,目标地址为 0x0000 表示此包发往本模块,目标地址为 0xFFFF 的包会被发往本网络中的所有节点。当从模块接收数据时,远程地址是数据的源地址
数据	可变	想要传输的数据
校验位	1	校验数据的正确性
包尾	1	表示一个包传输完成

2. 集群内节点通信数据包协议

与自组网模块和 DSP 的通信方式类似,DSP 节点之间的通信交互也可定义数据传输协议。将定义好的数据包通过自组网模块进行传输,或通过 USB 转 TTL 线发送给飞控等,从而实现良好的分包、发包、收包、解包流程。交互协议包括机间交互信息协议和机间交互指令协议,协议内容见表 7 - 3。

表 7 - 3　机间交互信息协议和机间交互指令协议

信息内容	信息含义	指令内容	指令含义
帧头	标识一帧数据的开始	帧头	标识一帧数据的开始
帧长	表示每一帧的长度	帧长	表示每一帧的长度
发送方	信息来源	发送方	信息来源
有效数据	集群决策规划时需要共享的成员信息,如位置、速度、时间等	总帧数	表示一条指令由几帧组成
信息收集标志位	表示本机是否收齐其他成员的信息	帧编号	表示当前帧的序号
校验和	校验信息确定	任务类型	需要执行的任务
		涉及节点数量	当前任务需要的飞行器数量
		飞行器 ID 列表	需要交互信息的飞行器 ID 序列
		校验和	校验信息确定

机间交互信息协议是非定常信息帧。帧头为一帧的起始,当任务规划器接收到帧头后便开始接收信息,整个通信协议结构按照顺序依次为帧头、帧长、发送方、有效数据、信息收集标志位和校验和,只有校验和正确才对一帧数据进行解析,信息收集标志位表示本机是否收齐其他成员信息,若未收齐则为 0,收齐则为 1。机间交互指令协议是长度不定的帧。帧头为一帧的起始,当任务规划器接收到帧头后便开始接收信息,整个通信协议结构按照顺序依次为帧头、帧长、发送方、总帧数、帧编号、任务类型、涉及节点数量、飞行器 ID 列表和校验和,飞行器数量代表要进行信息交互的飞行器的数量,飞行器 ID 列表代表具体执行指令的飞行器 ID,其中 ID 序列长度等于飞行器数量。

7.3.3　任务调度方案

飞行器执行任务时需要对多种数据进行采集与处理,若算法基于裸机开发,利用函数加中断的模式搭建系统框架,会导致模块间耦合严重,算法设计完成后不易修改,难以增删。本节介绍 SYS/BIOS[①] 抢占式多线程实时操作系统,除了能够实现算法的实时调度外,还能使程序内部算法模块化,为复杂的任务需求提供可靠的系统基础。

SYS/BIOS 基于实时的软件组件(real-time software components,RTSC)技术开发,是一个支持扩展的实时操作系统。使用 SYS/BIOS 可使运行时的内存与中央

---

① BIOS 表示基本输入输出系统(basic input output system)。

处理器(central processing unit, CPU)需求最小化,主要优点如下:

(1) SYS/BIOS 对象支持静态或者动态配置,节约硬件资源;

(2) 编程接口模块化,只有使用到的接口才会被载入程序中;

(3) 支持调试检测和错误检查;

(4) 提供丰富的线程模型,通过对线程模型的设置来控制其优先级;

(5) 支持线程间的同步与通信;

(6) 动态内存管理可以根据需要动态分配内存块;

(7) 使用 C 语言编写,易于开发。

SYS/BIOS 有线程、内存管理、同步、启动等组件,使用这些组件能兼顾任务的复杂度与开发的简易性需求,有效提高用户编写效率,提供更高的事件管理能力。SYS/BIOS 组件如图 7-6 所示。

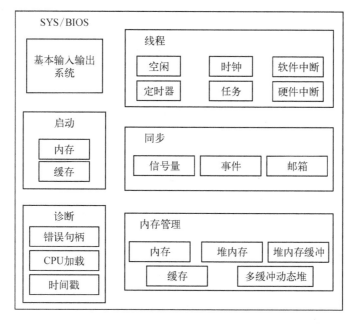

图 7-6　SYS/BIOS 组件

SYS/BIOS 靠设定不同优先级,以及线程阻断和中断调度机制实现系统任务的管理调度。主要包括硬件中断(hardware interrupt, HWI)模块、软件中断(software interrupt, SWI)模块、任务(TASK)模块、空闲(Idle)模块、定时器模块、时钟模块,同时引入信号量模块,邮箱等模块实现线程间的同步与交互。下面对这些必要模块进行简要介绍。

1. 中断调度

中断调度发生在当前任务被中断,需要优先执行顺序以外的操作时,此时处理器通过一个上下文切换将当下任务相关寄存器保存到中断堆栈中,进而执行中断函数,中断服务函数完成后切换回之前的程序继续执行。中断存在优先级,高优先级优于低优先级执行。SYS/BIOS 中的每一个线程都有独立的堆栈,可以在高优先级程序执行时进入低优先级线程。硬件中断和软件中断是中断调度的主要模块。

硬件中断用于处理不可阻塞的高实时性事件,我们不希望其他事件打断硬件中断线程,运行硬件中断一定会运行完整的中断函数,因此由中断向量表的向量触发后,中断调度程序将会禁用软件中断。硬件中断中的事务处理时间是毫秒级的,实时性要求极高。硬件中断可以设置硬件级别的优先级,它决定了 DSP 响应硬件中断的顺序。虽然硬件中断是不可阻塞的,但是可以被更高优先级的硬件中断抢断,DSP 会去执行更高优先级的硬件中断,执行完毕后再在返回低优先级的硬件中断继续执行。

由于硬件中断高实时性不可阻塞的特性,软件中断一般伴随硬件中断发生,用于处理触发硬件中断后较为耗时的后续事件,能够更灵活地完成中断事件。与硬件中断类似,软件中断也可以定义优先级,高优先级软件中断优先于低优先级软件中断,系统根据优先级进行任务调度。软件中断不允许被挂起,这与硬件中断相同,要运行至结束,但运行被更高优先级的软件中断和硬件中断所抢断。软件中断中的事务处理时间是毫秒级的,实时性要求不高。例如,高频率采样中,外设触发硬件中断后,要尽快处理采样信息且不能被阻塞,那么不紧急的滤波分析等数据处理操作就可以放到软件中断中,可以被硬件中断抢断,完成数据收集任务后,中断调度程序进行软件中断,完成数据分析任务。软件中断和硬件中断共用一个堆栈,在单个堆栈上运行,以保证低内存消耗。值得注意的是,SYS/BIOS 的中断调度程序保存的是相关的寄存器而不是中断处理关键字,如果使用中断处理关键字会导致无法预估的故障,只能事先静态创建或者在任务与空闲线程中动态的创建。

2. 任务线程

任务线程的优先级高于空闲线程,低于软件中断和硬件中断的优先级,能被硬件中断和软件中断抢断,也可以被阻塞。当任务被阻塞时,会自动调度执行最高优先级的任务。每个任务线程都有独立的堆栈,用于保存上下文,可以等待其他事件而被挂起。任务线程有 32 个优先级,但是创建任务时数量不作限制。任务的数量、状态、优先级可以动态修改。

3. 空闲线程

空闲线程实时性最低,当没有其他线程运行时,将会进入空闲线程。它可以被其他线程抢占,当没有其他线程时,将会循环空闲线程。

4. 时钟

时钟通过模拟创建一个计时器来产生系统时钟,负责记录周期性系统时钟。SYS/BIOS 中对时钟的创建不设数量,可以随时启用和停止,主要功能是计时、产生中断。

5. 信号量

信号量用于协调任务之间的资源访问。可以将任务挂起等待信号量发布,当信号量发布后才能继续执行任务。信号量的发布和挂起不能被中断,以保证操作的安全。一个信号量可以被多个任务同时使用,且只允许其中一个解除挂起,信号量可以用来解决共享资源冲突问题或等待信号实现任务的互斥与同步。

6. 事件

事件提供了线程间同步与通信的方法,和信号量相似,事件通过挂起和发布控制任务同步,与信号量不同的是,事件允许指定多个等待条件。

7.3.4 基于单核 DSP 处理器的方案设计

TMS320C6748 是一款低功耗应用处理器,采用 C674x DSP 内核,相较于其他 TMS320C6000 平台的 DSP,该处理器拥有更低的功耗。它提供了多种内存层级和丰富的外设接口,包括以太网、USB、音频、串行接口、计时器、通用输入输出 (general purpose input/output, GPIO)、UART 等,适用于多种应用领域。本节将基于 TMS320C6748 处理器给出智能规划器的方案设计。

对于复杂的规划任务,将其分解为多个功能模块,利用 SYS/BIOS 实时操作系统进行任务调度,对各功能子模块给出基本功能逻辑图,如图 7-7 所示。

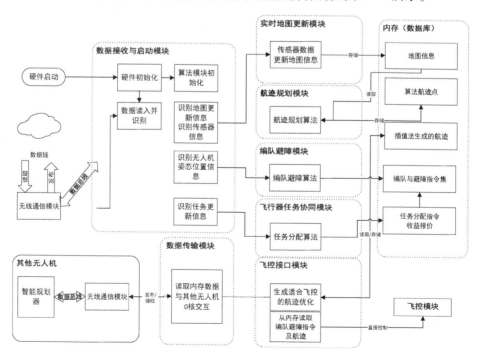

图 7-7 各功能子模块的基本功能逻辑图

1. 数据接收与启动模块

数据接收与启动模块主要负责各个核心及各个模块的初始化,以及指令等的调度传输,包括飞控模块、传感器模块、硬件通信模块、内存中的数据管理等。数据接收与启动模块负责对通信模块及来自数据链和传感器的数据进行整理,识别数据中的代码指令与数据类型,将指令压入代码段,将数据存储在数据内存模块中相应列表。

2. 实时地图更新模块

飞行器在线飞行时可能发现新的危险信息,这些信息大多来自飞行器的传感器及数据链传来的新的危险区域信息,此时需要及时更新地图信息,同时触发必要的操作保证飞行器的安全和任务的顺利执行。

3. 航迹规划模块

航迹规划模块中内置前面提到的航迹规划算法,根据任务需求、环境条件、障碍物避免和性能指标,基于任务的变化和新信息来即时更新航迹,确保多飞行器在任务执行过程中能够适应场景动态变化的情况。

4. 编队避障模块

编队避障模块是多飞行器协同系统的关键组成部分,它负责实时监测和管理多个飞行器的运动状态,以确保其在复杂环境下协同工作而不发生碰撞。这个模块包含了先进的避障算法,可以基于飞行器的位置、速度、传感器数据和环境信息来计划和调整每架飞行器的航迹,以避免与障碍物和其他飞行器的冲突。在多飞行器编队中,此模块是确保系统高效协同运作的关键因素。编队避障模块不仅能够维持各个飞行器之间的相对位置和间距,还能够适应动态环境变化和任务需求的变化。这种实时的跟踪和调整能力有助于确保编队内的每个飞行器都能够执行其任务,同时避免与其他飞行器或障碍物发生碰撞。

5. 多飞行器协同任务分配

在飞行器起飞后,还需要根据态势进行实时任务规划。在每个飞行器规划完成后,再将各自决策的信息采用合同网的方式进行多飞行器的多任务在线分配,因此还需要配合数据接收模块与数据传输模块的功能才能完成,通过数据接收模块进行数据的读入识别,将数据载入相应数据结构中,对指令进行传达或将其压入指令队列里。任务规划模块从指令队列里读取相关指令,根据指令要求去数据结构中提取相关信息进行计算,将规划结果在数据结构中进行更新。数据传输模块从指令队列中读取指令,根据指令要求从数据结构中读取数据,打包处理传输给无线通信模块。基于上述操作即完成了一个周期性的决策。通过多次决策,直到任务分配完成,产生标识序列,各个飞行器将断开任务决策的通信链接。多飞行器协同任务分配见图7-8。

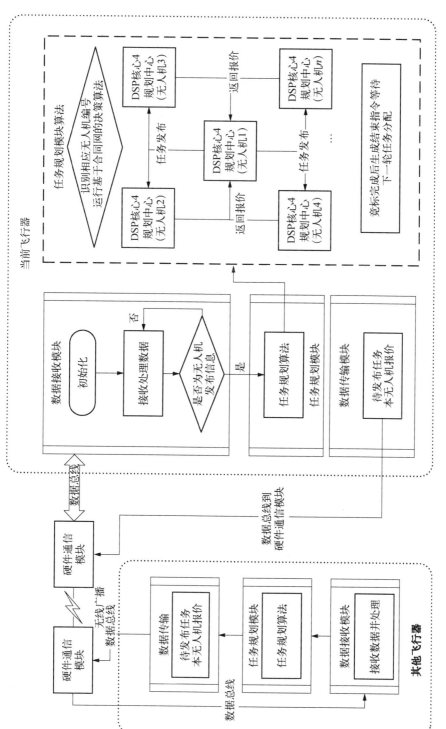

图 7-8　多飞行器协同任务分配

6. 飞控接口模块

飞控所需的完整航迹需要用插值法对航迹点进行优化后生成。也可以根据实时的环境对航迹进行在线实时调整,使得多飞行器顺利完成相应的任务。如图7-9为具体流程。

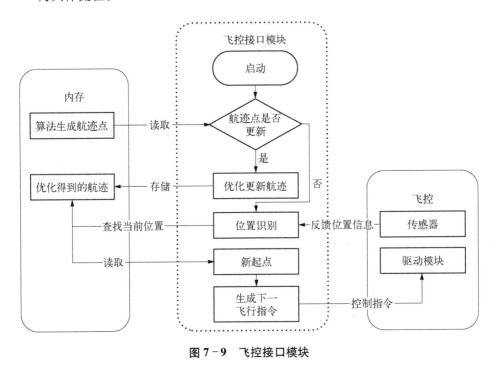

图 7-9　飞控接口模块

7. 数据传输模块

数据传输模块将待发布的数据整理,压入内存相应区域,其中数据放到相应的数据结构中,指令存入指令队列中。

7.3.5　基于多核DSP的硬件方案设计

单核DSP处理器无法并行处理任务只能依靠单核的线程切换实现多任务处理,集群协同任务涉及自组网通信、态势感知、任务规划、路径规划、协同编队控制等算法,是一个典型的复杂的多算法任务而且往往需要并行计算,若使用单核DSP则存在效率低下的问题。通过设计一款多核DSP智能规划器,将上述算法集成于规划器内,可以将不同任务指定在不同的核心上,这使得单独依靠一个多核DSP设备实现整个集群规划系统成为可能。除此以外,多核DSP还能依靠其高带宽的核间通信将任务分配至其他内核协同处理,极大地提高算法解算效率。

1. 核间通信方案

与单核规划器不同的是,多核规划器除了使用前面介绍的 SYS/BIOS 抢占式多线程实时操作系统进行实时任务调度外,还需要可靠的核间通信方案,下面介绍了基于德州仪器(Texas Instruments, TI)-进程间通信(inter-process communication, IPC)组件的核间通信方案,为多核 DSP 内部稳定高速的核心间信息交互提供支持。

TI-IPC 组件用于多核处理器核间通信、设备间通信和进程间通信,它提供的 API 与硬件设备型号无关,具有很强的兼容性。TI-IPC 组件须在实时操作系统 SYS/BIOS 上运行,是多核 DSP 核间通信的常用方案。IPC 常用通信模块与功能说明如表 7-4 所示。

表 7-4　IPC 常用通信模块及功能

模　块	功　能
IPC	提供 Ipc_start( )函数,并允许配置启动顺序
MessageQ	大小可变的消息传递模块
Notify	以中断方式实现轻量数据传输的模块
ListMp	用于实现对链接列表的互斥访问
GateMp	用于实现对共享资源的互斥访问
HeapBufMp	大小固定的共享内存堆
HeapMenMp	大小可变的共享内存堆
SharedRegion	用于维护共享内存区域
List	用于创建双向链接列表
MultiProc	用于管理多核处理器核心 ID
NameServer	用于应用程序基于本地名称检索,以及存储变量值

本节主要涉及核间通信功能,主要介绍利用上述模块实现的基于 MessageQ 模块的核间通信方法和基于 Notify 和 SharedRegion 的多核通信方案。

1) 基于 MessageQ 模块的核间通信方法

MessageQ 模块通过消息队列进行核间通信。MessageQ 的消息长度可变且支持结构化发送和接收,同时支持接收超时机制和消息头部信息校对功能,是大多数应用程序消息传递的首选模块。消息使用发送和接收功能通过队列传输。发送功能由写入器完成,读取操作由读取器完成,一个消息队列可以有多个写入器、一个读取器,这个消息队列归属于读取器。读取器和写入器可调用的函数如表 7-5 所示,准备接收消息前必须先创建消息,在发送消息前必须先打开消息队列,详细的 MessageQ 的读取和写入流程如图 7-10 所示。

表 7-5   读取器和写入器可调用的函数

函数类型	函数名	功能说明
读取器	MessageQ_create	动态创建消息队列
	MessageQ_get	接收消息
	MessageQ_free	释放空间
	MessageQ_delete	删除消息队列
写入器	MessageQ_open	打开消息队列
	MessageQ_alloc	分配空间
	MessageQ_put	发送消息
	MessageQ_close	关闭消息队列

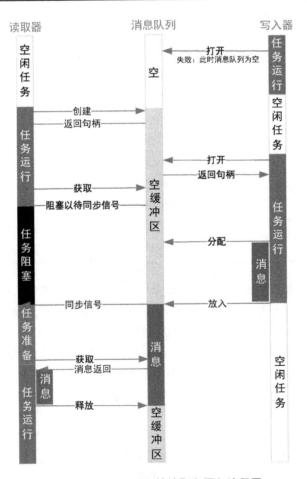

图 7-10   MessageQ 的读取和写入流程图

　　线程间通过 MessageQ 传输消息时,先由读取器创建消息,在未创建消息前写入器无法打开消息队列,因为此时消息队列为空。读取器打开创建完毕后,打开消息队列,然后申请空间,将消息写入后发送。由于支持接收超时机制,读取在写入器写入消息前,读取器执行获取操作会进入等待状态,直到写入器写入完毕。读取器得到消息后即可释放消息内存空间。MessageQ 支持多个写入器,即可以同时获取多方的信息,是一个强大且稳定的消息传递机制。

　　2)基于通信信号(Notify)和共享区域(SharedRegion)的多核通信方案

　　Notify 是一种简单易用的核间通信机制,可以独立于 MessageQ 模块使用,与 MessageQ 复杂而强大的通知机制不同,一个 Notify 携带的信息非常小,只有 32bits,适用于最简单的核间同步,无法处理复杂且数据量大的消息传递。为了能够传递更为复杂的消息,Notify 往往与 SharedRegion 模块搭配,通过共享内存的方式完成复杂消息的传递。发送者与接收者的相关函数如表 7 - 6 所示。

表 7 - 6　发送者与接收者的相关函数

	函　数　名	功　能　说　明
发送者	Notify_sendEvent	发送事件中断
接收者	Notify_registerEvent	注册事件中断服务函数

　　Notify 通过硬件中断传输消息,使用时接收者先注册对应的事件中断,发送者发送事件中断通知接收者。通过 Notify 发送的消息可以携带 32 位的数据,从而根据预先制定的数据格式,确定每一位的数据含义,然后解码得到完整的数据信息,进而完成核间数据同步。由于 Notify 所能携带的信息太少,利用 SharedRegion 模块的共享内存的方式实现大数据传递。SharedRegion 模块规定了一个共享区域,能使不同的核心操作读写同一个内存区域。SharedRegion 模块创建一个共享内存区域查找表,并将这个表分配给每一个核心使用,以保证所有共享区域能被各核心使用。在所有查找表中,共享内存区域的 ID 是一致的,通过共享区域名称和 ID 来定位共享区域。因此,发送者可以将要发送的消息写入共享区域,再基于 Notify 的硬件中断传输该共享区域内的地址,接收者根据收到的地址读取消息,实现复杂数据的传输。方案示意图如图 7 - 11 所示。

　　2. 核心功能设计

　　与单核规划器类似,多核智能规划器也将功能需求分为多个子模块,将子模块分别装载于不同核心上实现规划功能。其中多核 DSP 需要预载的关键核心功能模块如下,各模块算法可根据任务需求进行更改。

　　信息组网模块:负责组网通信,提供多跳、自治的网络系统,可通过无线连接

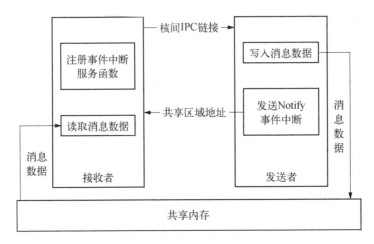

图 7-11 基于 Notify 与共享内存的和间通信方案

构成任意的网络拓扑,保证网络内邻域节点的稳定通信。

数据融合与态势评估模块:负责处理协同信息,对数据进行识别融合,分析数据得到实时的态势,生成对当前态势的评估。

智能决策模块:根据获取的态势在无人干预的情况下做出智能决策,可使飞行器的整个过程实现完全自主。

任务分配模块:根据决策结果,在保证集群最大效益的前提下对集群任务进行协同分配。

航迹规划模块:包括航迹规划和轨迹规划功能,负责在考虑飞行器自身性能和当前环境因素等约束条件下,为飞行器规划出任意时刻位置到目标位置的最优飞行路径方案或制导方案。

根据上述功能模块,设计如下几个主要核心:主核心、通信核心、任务分配核心、航迹规划核心、融合感知核心。

1)主核心功能设计

负责启动与初始化,同时负责管理 DSP 内部的其他核心。集群根据任务需求和通信能力划分成组,主核心负责与其他飞行器协商,选出组内组长用于组间协同信息共享。同时还负责将复杂任务分解为多个简单子任务,有序调用相应子任务对应的从核。主核还集成有智能决策模块,当态势发生改变需要做出决策时,融合感知核心将通过 IPC 中断通知主核,主核将读取融合感知核心的共享内存内存储的当前态势做出智能决策。

2)通信核心功能设计

若将通信功能和任务处理设计到同一个核心,过于频繁的通信会阻滞程序的运行,因此设计一个单独的核心负责飞行器之间、地面站和飞行器之间的信息交互。通信核心上电初始化完成后可负责信息网络协商,确定自身在网络中的地位。该核心除负责平台间的实时信息互传外,还与传感器信息处理器交互飞行状态信息及处理后的传感器信息;与飞行控制器交互制导控制信息、飞行状态信息。通信核心需保证数据的自动识别分类、并行传输。通信核心识别信息类型后,利用快速数据交换技术将信息打包发送至对应类型的核心共享内存中等待使用。通信核心内置自组网算法,支持网络多跳传输,节点数变化后网络的自适应重构。

3) 任务分配核心功能设计

任务分配核心负责任务协调。将子任务在集群内进行任务分配,协调组内飞行器之间的任务分配和任务序列,以确定自身最优任务系列以保证集群的收益最大。内部可预装多套任务分配算法,如粒子群算法、拍卖算法等,可根据环境与需求进行调用。

4) 航迹规划核心功能设计

航迹规划核心负责根据分配到的任务目标进行航迹规划,内部可预装多种航迹规划算法,根据任务环境与需求由主核进行调用,同时支持替换自定义的航迹规划代码,有较高的拓展性。

5) 融合感知核心功能设计

感知核心根据信息类型进行数据融合,并对态势进行评估。数据融合主要分为两类:目标状态信息融合和自身状态信息融合。融合感知核心可以处理同构传感器信息和异构传感器信息、目标信息和自身信息的融合。为此,融合感知核心预置了如卡尔曼滤波、贝叶斯网络等算法以供调用。调用结果将被输入态势感知模型以获取当前态势,并存入共享内存中。

如图 7-12 所示,结合任务需求与核心设计,给出基于 TMS320C6678 的多核 DSP 集群协同规划器总体方案,分为多核规划器和控制与信息处理模块两部分,其中多核规划器负责集群任务规划控制,属于决策单元。控制与信息处理模块结合传感器负责信息收集与处理,并内置飞控系统控制执行机构进行飞行控制,属于执行单元。考虑到控制与信息处理模块与飞行器的型号密切相关,而不同平台的传感器等硬件存在显著差异,控制与信息处理模块在本章中不作详细讨论。

C6678 多核 DSP 处理器中有 8 个核心,其中 5 个核心分别作为主核心、任务分配核心、航迹规划核心、融合感知核心、通信核心,剩余 3 个核心作为计算加速核心,供其他五个核心在需要的时候进行并行计算,加速算法执行,提高实时性。核心间通过 Notify 通知机制和共享内存实现核间通信。

主核心与所有核心相连,通过通信核心与外界交互,确定集群拓扑结构和自身在集群中的地位与职责;主核心与任务分配核心相连,接收到指令级任务后将任务请求传给任务分配核心,任务分配核心将任务状态反馈给主核心,使得主核心能够实时监控任务状态,应对突发情况并迅速反应;主核心控制并监控航迹规划,实现动态航迹规划功能;主核心向融合感知核心发送感知控制指令,融合感知核心

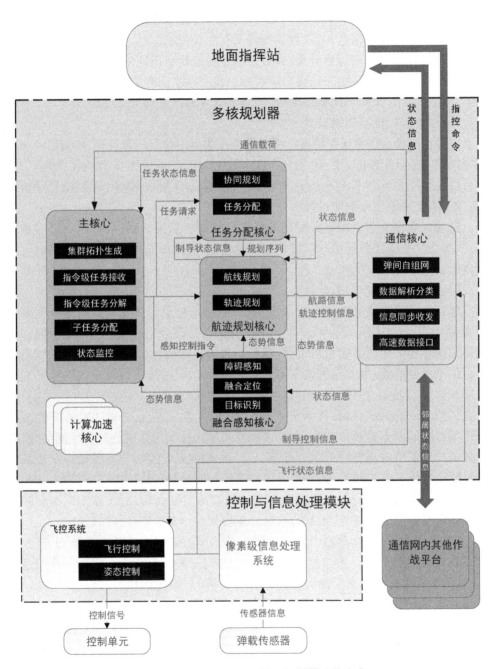

图 7 – 12　多核 DSP 集群协同规划器总体方案

反馈信息,使得主核心能够随时掌握态势信息。任务分配核收到任务请求,从融合感知核心处获得态势信息和航迹规划核心的制导状态信息执行任务分配与协同规划,输出规划序列给航迹规划核心。航迹规划收到规划序列、主核心的控制指令,结合当前态势信息和自身状态进行动态航迹规划,通过通信核心输出到飞控系统。融合感知核心则负责通过通信核心收集信息形成态势并将态势信息发送给主核心、任务规划核心、航迹规划核心。通信核心作为外界通信的桥梁,负责单节点自组网与信息收发、与集群内部其他节点互通状态信息,以及与地面站交互,为主核心获取地面站的指控指令及给地面站反馈自身的状态信息。

7.4　应用案例

7.4.1　基于 DSP 的智能规划器实物设计

本书中的半实物仿真系统选用由本团队自主研发的智能规划器,硬件实物如图7-13 所示,其在虚实结合半实物仿真系统中具有在线自主规划决策功能,对于不同任务场景,调用不同集群规划算法,完成对各无人飞行器的有效控制。智能规划器将集群协同决策、规划和控制算法加载到内部核心处理器中,通过算法在线控制虚实结合半实物仿真系统中的无人飞行器,实现集群编队集结、队形重构及变换、任务决策和分配等场景任务。在半实物系统中,应用智能规划器可有效实现无人飞行器集群自主在线飞行,不限制特定的任务场景来约束集群协同任务规划。

图 7-13　智能规划器硬件实物模块

图 7 - 14 为智能规划器的接口设计,此处采用核心处理器与接口层分离的设计,在不修改核心电路的情况下只修改接口扩展板即可完成接口的扩展。

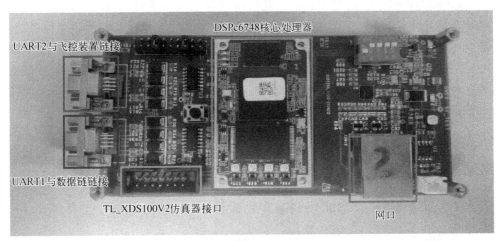

图 7 - 14   智能规划器接口设计

智能规划器主要包括集群动态任务规划模块、任务分配模块、航迹规划模块和数据通信模块等功能模块。通过把集群任务分配、航迹规划和编队保持及切换等算法加载到 DSPc6748 核心处理器中,其结构如图 7 - 15 所示。

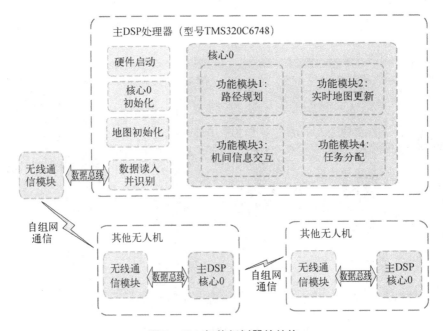

图 7 - 15   智能规划器的结构

基于 DSPc6748 核心处理器设计了多元的智能规划器硬件模块。通过将相关算法加载到内部核心处理器组成功能模块,接入半实物仿真验证系统后,即可实现无人飞行器集群的在线决策、在线任务规划和单元链路通信控制等相关功能。在具体任务场景下匹配适应的集群算法功能模块,以实现期望的集群协同效果。该模块可作为巡飞弹、无人机、无人水下航行器、无人车等多类无人集群平台的决策规划核心模块,同时与平台控制解耦,保障无人的半实物仿真验证和飞行试验的可靠完成。

7.4.2　智能规划器飞行实验验证

搭载智能规划器的固定翼飞行器如图 7 - 16 所示,通过三架搭载智能规划器的固定翼无人机,进行智能规划器在线协同规划功能的测试,发射前规划器装载预规划航迹。

图 7 - 16　飞行器搭载智能规划器

1. 集群重编队飞行实验

飞行器起飞后按照预规划航迹飞行,此时地面监控站显示飞行器位置和各自目标航迹点,如图 7 - 17(a)所示,此时三架飞行器真实位置与预规划的人字队形偏差较大,规划器根据当前状态自主执行重编队航迹规划,如图 7 - 17(b)所示;三架飞行器执行重规划后恢复人字形编队,如图 7 - 17(c)所示。

2. 集群编队切换飞行实验

集群内飞行器飞行至图 7 - 18(a)所示的位置时,地面指挥站给飞行器集群发

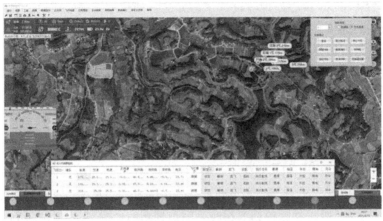

(a) 智能规划器控制预规划飞行

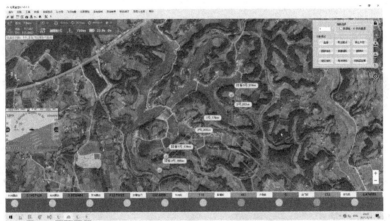

(b) 智能规划器生成集群重编队航迹

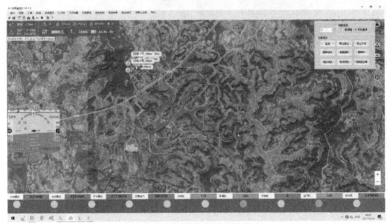

(c) 智能规划器执行重编队航迹

图 7－17　智能规划器执行偏离队形后重编队的航迹解算过程

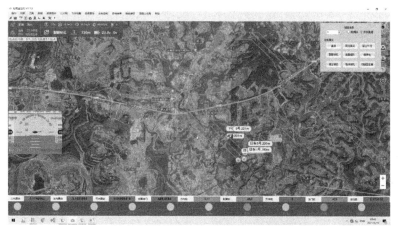

(a) 智能规划器收到地面站编队切换指令

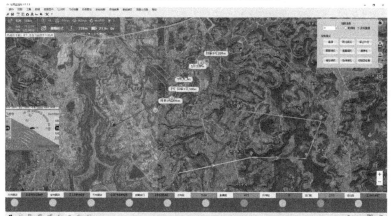

(b) 编队重规划后的新航迹

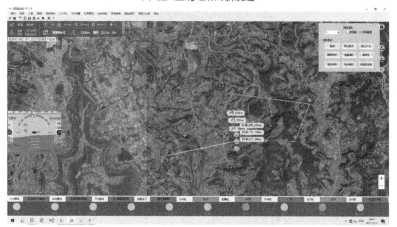

(c) 智能规划器完成编队切换

图 7-18　智能规划器执行编队切换的航迹解算过程

送切换队形指令,要求切换成一字形队形,规划器收到指令后,在线完成后续航迹规划并执行,如图 7-18(b)所示,执行更新后的航迹完成队形切换,如图 7-18(c)所示。

3. 集群察打评一体任务飞行实验

集群飞行过程中发现目标潜在区域,分配 1 号飞行器前往侦察,如图 7-19(a)所示,此时其余两架飞行器盘旋待命。1 号飞行器侦察到目标后,分配 2 号飞行器完成打击任务,此时 2 号飞行器规划打击航迹前往打击,其余飞行器盘旋待命,如图 7-19(b)所示;2 号飞行器打击任务执行完毕后,3 号飞行器脱离盘旋待命状态,飞向目标执行毁伤评估任务,如图 7-19(c)所示。

至此,智能规划器的飞行试验已经成功完成。所设计的智能规划器展现出卓越的任务执行能力,不仅能够高效完成指定任务,而且在飞行过程中实现多项功

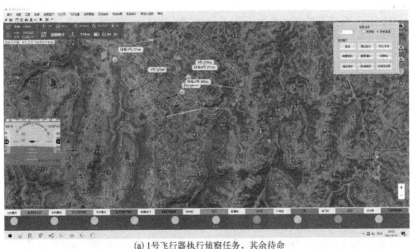

(a) 1号飞行器执行侦察任务,其余待命

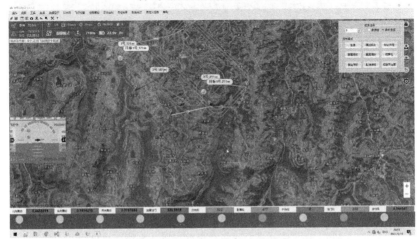

(b) 2号飞行器执行打击任务,其余待命

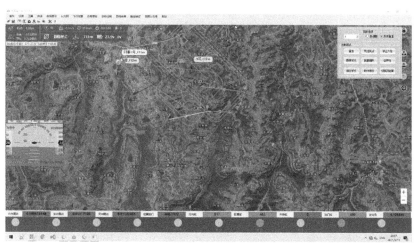

(c) 3号飞行器执行评估任务

图 7-19 智能规划器执行编队切换的航迹解算过程

能。其中包括实时规划航迹的能力,确保飞行器集群随时适应动态环境和任务变化;自动调整队形,确保队形集群保持良好的协同布局;接收指令遥控,使操作者能够灵活地进行实时指导;自主任务规划,使得飞行器能够根据环境变化主动调整任务计划;并且能够有效地应对突发情况,保障任务的顺利执行。

7.5 本章小结

本章主要聚焦于智能规划器,其为搭载协同航迹规划方法的硬件设备的核心,对其进行了详细的分析和介绍。首先深入研究了协同航迹规划方法在实际应用中对硬件设备提出的需求和面临的挑战,这些挑战涉及集群异构、大规模、环境动态、通信拓扑复杂等复杂问题,给搭载航迹规划方法的硬件设备提出了更为严格的要求。为了确保智能规划器与规划系统相协调,对任务规划系统的整体功能与结构进行了深入的分析,据此总结了智能规划器的硬件需求。在这一基础上,提出了智能规划器内部硬件模块和逻辑关系的设计,并制定了通用的数据存储、通信和任务调度逻辑方案。最后,呈现了多种实施方案,包括单核、多核和主从式结构,并通过一个具体的应用案例展示了这些方案的有效性。

第8章

大规模集群协同航迹规划虚实结合半实物仿真技术及应用

8.1 引言

在无人飞行器集群执行飞行任务的相关研究领域,集群协同仿真技术发挥着关键作用[87-91]。随着飞行器技术发展,国内外很多科研团队开始进行飞行器集群飞行实验,但对于飞行实验验证方式,其具有实验成本代价高、集群控制算法验证过程复杂且对飞行器的损耗过大、人力与经费的耗费负担过多等缺点。为降低试验成本,节约人力物力,加快仿真验证的速度,实现对飞行器集群在线航迹规划关键技术的仿真研究,本章设计了一种大规模集群协同航迹规划虚实结合半实物仿真系统。通过大规模数字仿真建模、硬件算法部署、虚实系统回路闭环等关键技术,以智能协同规划器、集群规划软件、虚拟飞行器飞行力学模型等为核心搭建虚实结合半实物仿真系统,最终模拟出大规模蜂群(百架以上)协同配合在线仿真等效验证效果,能够有效缩减蜂群试验成本30%以上,为大规模飞行器虚实结合在线实时仿真作战推演验证提供了可靠保障。

本章首先给出虚实结合半实物仿真系统的结构,介绍系统组成部分,并对集群决策规划平台、半实物机载装置、虚拟半实物仿真子系统和多机地面监测和推演平台的核心功能进行分析说明;然后给出系统半实物仿真实验流程,主要包括初始化集群场景加载和预规划航迹点装订阶段、半实物机载装置起飞、虚实结合联合同步在线仿真阶段、无人蜂群动态规划调整阶段、动态规划航迹返回阶段和仿真结束阶段等;最后通过以上系统搭建流程列举了应用案例对本书提出的典型任务场景下的航迹规划算法进行推演验证。

8.2　虚实结合半实物仿真技术系统结构

8.2.1　虚实结合的半实物仿真系统组成部分

　　半实物仿真系统设计分别从硬件和软件两大模块搭建,硬件模块提供物理环境与运行支持,软件负责模拟和控制仿真过程,如图 8-1 所示。该系统架构中的硬件实物模块包括自组网数据链、智能任务规划器和飞控端机。虚拟软件模块包括集群任务决策规划软件、无人飞行器六自由度飞控仿真模型、半实物仿真软件、蜂群地面监测软件和三维动态推演平台,具备实时集群任务规划、分布式在线自主决策规划控制、虚实结合在线半实物仿真、人在回路控制、察打评一体等多种任务及其组合任务的三维动态推演仿真演示等功能。

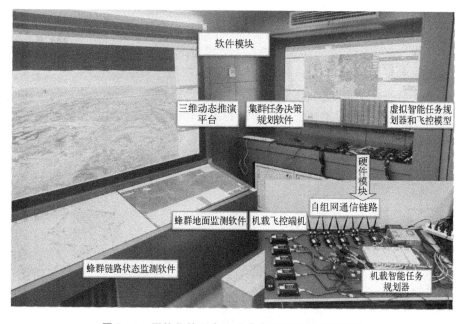

图 8-1　网络化蜂群虚实结合半实物推演仿真系统

　　集群决策规划平台主要负责地面离线航迹生成、作战场景与任务想定、无人飞行器集群任务的规划与分配、监测无人飞行器遥测数据、地空人机指令交互、评估当前无人飞行器规划航迹质量等。半实物机载装置是系统的硬件部分,其主要负责的内容包括:接收与执行预规划航迹信息,通过集中装载或分散分发的方式将航迹点提供给飞控,确保无人飞行器集群执行的航迹准确、保证无人飞行器时间协同与位置协同的同步性。同时,在执行在线动态规划的任务时,启动其搭载的动态任务规划、航迹规划算法,使用集中式或分布式的方式计算出无人飞行器集群动态航迹信息,并通过自组网数据链分发,实现无人飞行器集群无人干涉的动态队形保持、编队队形变化等。虚拟半实物仿真子系统与实物机载装置的功能相同,是机载硬件的计算机数字模型,可以实现虚拟仿真的基本功能。各部分之间相互关联耦合,构成一个完整的网络化蜂群作战任务自主决策与智能规划系统,可以满足下列主要的蜂群作战任务的仿真需求:

(1)基于真实物理环境多项仿真实体的高实时性复杂战场环境动态模拟,满足场景真实性需求;

(2)在线算法的实时性、有效性、可行性进行测试和验证需求;

(3)易扩展与功能重用的模块化结构,满足可扩展、可定制的需求;

(4)完备的协同算法库(包括不少于10类任务的任务分配与航迹规划算法)支持,能够支持多种蜂群任务需求;

(5)可视化的人机交互,提供快速直观的系统反馈与指令下达;

(6)高性能的硬件支持,满足高并发、高吞吐量、高速处理等需求;

(7)通用化的数据交互接口,满足与其他系统对接的兼容性需求;

(8)以5套实物组件与若干项虚拟组件模拟出大规模蜂群(百架以上)协同配合在线仿真验证需求。

本系统具有作战模块化、体系化,系统去中心化、去平台化的类 Intel Inside 应用特点,目前已经进行过上百架无人飞行器场景仿真验证,在国内仿真系统中有着前瞻性地位。可广泛应用于大规模蜂群在线虚实结合半实物仿真推演,为无人飞行器蜂群作战提供重要支撑平台。Intel Inside 结构如图 8-2 所示。

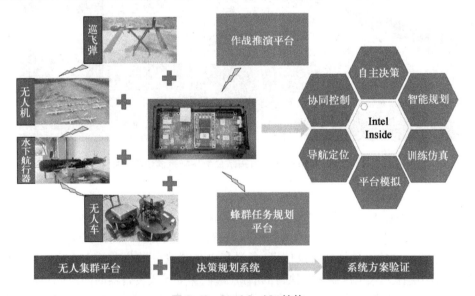

图 8-2 Intel Inside 结构

8.2.2　集群决策规划平台

集群决策规划平台是在图形用户界面(graphical user interface, GUI)框架平台下基于 Qt[92] 和 C++编程联合开发的,主要包括蜂群任务分配、航迹规划、场景构建、航迹检测、人-集群交互和数据通信等功能。该模块可以构建集群侦察、突防、打击和评估等作战场景,基于集群任务规划算法,完成无人飞行器集群在线航迹规划和航迹装订,并通过人-集群交互指令模块,实现蜂群在线动态规划调整,有效完成相应作战任务。集群任务规划系统界面如图 8-3 所示。

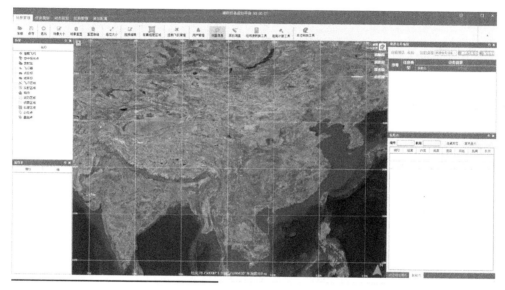

图 8-3　集群任务决策规划软件平台界面

集群决策规划平台具有态势管理控件,具备战场态势管理能力,使用 3D 模型模拟场景元素,支持无人飞行器传感器视场等载荷模拟,提供高度还原的战场态势。态势管理控件同时支持战场态势融合分析,根据原始态势信息输入,融合分析后生成战场态势,并支持战场态势动态更新,为后续任务提供战场数据支持。

如图 8-4 所示,集群决策规划平台主要由四个核心模块组成,即实体管理、地图管理、插件管理和事件分发模块。四个核心模块组成了系统运行的最小功能,各个模块功能划分如下。

(1)实体管理:实体管理模块实现对任务规划的基础元素进行管理和渲染,如任务区域、侦察区域、发射点、目标、无人飞行器、威胁、任务点等。通过实体管理模块可以实现对基础元素的创建、删除、查询和修改等操作,通过配置 XML 文件的形式扩展已有的元素,实现特定的需求。

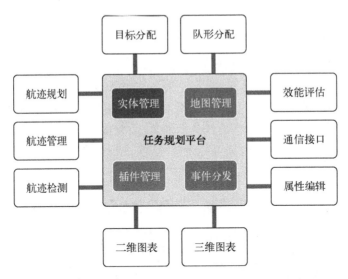

图8-4　集群任务决策规划软件平台架构设计

（2）地图管理：地图管理模块主要用来对地图数据组织、管理和渲染,存储了包括卫星影像和数字高程信息,并将实体管理模块包含的实体信息渲染在地图上,提供相应的交互接口,直接通过地图对实体进行选择和管理;此外,地图管理模块还封装了高程数据的访问接口,可以通过经纬度数据,查询该经纬所在位置的地形海拔;地图管理模块还提供了基础的 GIS 量算功能,支持地图上的距离、方位角量算。

（3）插件管理：任务规划平台采用的是插件架构,因此大部分功能及平台业务逻辑都是通过开发相应的插件实现,插件管理就是用来对功能插件进行管理、加载、卸载的模块。

（4）事件分发：由于各个插件之间互相是独立的,没有有效的通信手段用来进行数据交互,事件分发模块能够为插件提供相互之间的通信机制。

集群决策规划平台采用微内核架构(插件架构),平台仅仅提供系统运行所需的最小功能,其主要的功能通过插件扩展来实现,每个插件可通过平台预留的接口进行扩展,实现插件特定的一组功能,完成对平台功能的扩充。插件之间一般来说是相互独立的,单个插件与平台之间通过数据交互或通信模块来实现插件的调用。系统支持集群任务编辑,灵活修改任务的类型、参数和时序,对于指定作战流程,可通过作战流程编辑器拖拽任务完成任务流程的快速编辑与部署。

为实现察打评一体等典型场景下的动态任务决策规划算法模拟计算,基于平台架构和平台实现途径给出平台仿真流程,主要由人机交互接口、战场场景配置、模型实体配置、任务参数配置、场景信息管理、数据处理、任务仿真过程管理、任务规划管理、任务分配模块、航迹规划模块、航迹检测模块、任务调整-动态规划模拟等模块组成,平台仿真流程设计如图 8-5 所示。

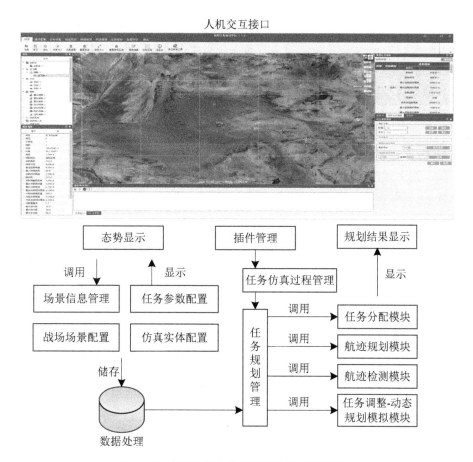

图 8-5　集群任务决策规划软件平台仿真流程

（1）人机交互接口：人机交互接口包括态势显示模块、插件管理模块和任务规划结果显示模块。态势显示模块是指实现仿真场景的通用化,即场景全局信息的显示,包括地图缩放及拖拽等;插件管理模块即根据任务需要将不同的算法封装成插件以更改响应算法内容,软件算法基于 Visual Studio 2015 进行开发;规划结果显示模块即显示最终任务分配及航迹规划等算法仿真结果。

（2）战场场景配置：实现战场场景信息的数学化想定配置,其中包括当前作战区域大小信息、战场地理环境信息、战场气象环境信息及集群组网状态信息等。

（3）模型实体配置：实现战场仿真实体的配置,包括发射点、目标、飞行器、侦察区域、威胁源等的初始化配置。

（4）任务参数配置：根据战场作战需要生成作战任务流程，并进行任务参数的配置，如侦察区域进入方向、协同侦察队形、协同打击模式及其参数等。

（5）场景信息管理：采用 MySQL 数据库[93]完成战场态势信息、多机交互生成的仿真场景及其参数的存储，MySQL 是一个数据库管理系统，具有体积小、速度快、成本低及开源可控等优势，可根据需要进行数据分析并将数据分类导出成表格文件。

（6）数据处理：通过对任务场景、任务模式、实体场景等参数进行处理，实现与任务规划算法的对接，保证算法调用的输入，为任务规划算法的调用和快速配置的基础。

（7）任务仿真过程管理：实现平台仿真过程中的管理，包括全系统仿真管理、仿真起始/终止、仿真工具管理等。

（8）任务规划管理：负责网络化飞行器集群任务规划管理，包括任务类型、任务参数、飞行器参数、规划算法选择，以及集群飞行计划（包括生成航迹点信息类型和任务信息）。

（9）任务分配模块：负责集群的任务分配计算，在满足飞行器的时空约束和协同关系约束下，给出合理的任务分配结果并进行任务装订作为航迹规划的输入条件。

（10）航迹规划模块：负责飞行器或者多飞行器协同航迹规划，给出从飞行器起始位置到任务区域内完成任务的全过程多约束条件下的航迹规划结果。

（11）航迹检测模块：在任务分配和航迹规划结果完成后，在软件中加入飞行器的三自由度/六自由度模型，模拟飞行器按照规划航迹点飞行的效果，以二维/三维动画形式进行动态展示并分析协同性能。

（12）任务调整-动态规划模拟模块：为模拟机上自主规划的算法，在软件上设置动态规划模拟模块，当飞行器集群任务状态发生改变或者飞行器集群健康度受损时，模拟飞行器当前实时位置，给出动态规划指令进行航迹规划，并展示动态航迹规划的效果。

8.2.3　半实物机载装置

半实物系统由硬件智能规划器、实物飞控装置、自组网数据链和飞行动力学仿真模拟软件四部分共同构成。半实物系统在虚实结合半实物仿真系统中担任飞行器集群实物飞行验证功能，通过智能规划器的设计与接入，实现飞行器集群任务规划与在线自主决策功能，有效完成对飞行器集群分布式在线控制；硬件飞控装置实时跟踪预规划航迹点飞行；硬件自组网数据链实现各飞行器之间与飞行器集群簇间的数据通信功能，保证集群中各飞行器之间的数据传输高效稳定。飞行动力学仿真模拟软件在线控制半实物系统仿真的起始与结束，并在实时仿真过程中，给硬件飞控装置更新仿真扰动参数，模拟飞行器真实飞行过程。半实物系统结构图如图 8-6 所示。

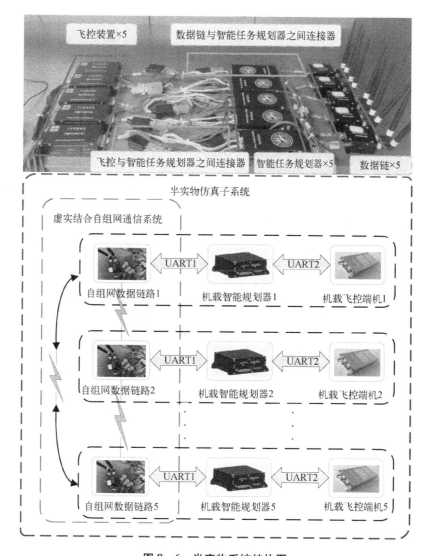

图 8-6　半实物系统结构图

1. 实物飞控装置

实物飞控装置也可以称为硬件航迹跟踪与控制模块,该模块搭载了高性能 DSP 核心处理器与传感器检测模块,主要用于固定翼飞行器的飞行控制与实时航迹跟踪检测,实现姿态与位置检测、姿态与位置控制和实时任务控制等功能。该硬件模块基于高性能数字信号处理器,具有控制精度高、运算速度快和抗干扰性强等特点。通过搭配高性能的惯性测量单元和高精度的全球定位系统(global positioning system,GPS)组合使用,具备良好的固定翼飞行器航迹跟踪与控制效果。本半实物仿真系统中选用的飞控装置是某公司开发的硬件固定翼飞行器实物飞控,如图8－7所示。飞行器飞控装置用于姿态检测、位置检测、姿态控制、位置控制和任务控制等。姿态检测和位置检测采用的是扩展卡尔曼多传感器数据融合算法;对于飞行器的状态预测,使用三轴加速度计、三轴陀螺仪数据作为扩展卡尔曼算法的状态预测更新;对于扩展卡尔曼算法的数据信息更新来源,使用磁力计、压力计和GPS测量的速度位置信息作为测量更新数据依据,其研制指标如表8－1所示。

图8－7   实物飞控装置

表8－1   无人飞行器控制器研制技术指标

技术指标	范围/要求	技术指标	范围/要求
位置误差	≤5 m(1σ)	陀螺量程	−300(°)/s~300(°)/s
速度误差	≤0.5 m/s(1σ)	陀螺误差	≤0.1(°)/s(1σ)
航向误差	≤1.5°(1σ)	加速度计量程	−18g~18g
姿态误差	≤0.5°(1σ)	加速度计误差	≤0.01g(1σ)
空速误差	≤1 m/s(1σ)	数据更新频率	≥200 Hz
卫星导航系统	BDS①或GPS双模	—	—

2. 自组网数据链

半实物系统通信组网模块应用SH－SC－40－2350型号的自组网数据链,该模块在半实物系统中起到实物通信组网模块功能。硬件自组网数据链具有高性能无

---

① BDS表示北斗卫星导航系统。

线 MIMO(2×2)数据传输模块,拥有多路抗干扰功能,可实现在远距离通信时实现高速、大带宽的数据传输,确保半实物系统中各智能规划器之间数据稳定传输。对半实物系统而言,自组网数据链在进行飞行仿真数据传输时,模拟实时户外飞行器集群任务执行中的信息传递过程,通过设计通信协议策略和数据传输策略,高效完成各个飞行器的任务调度,硬件实物如图 8-8 所示。

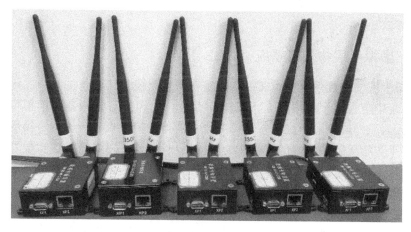

图 8-8 自组网数据链 SH - SC - 40 - 2350

硬件自组网数据链是虚实结合自组网通信系统的关键通信硬件模块,与下节中的虚拟自组网通信系统共同构成虚实结合自组网通信系统。自组网数据链在本仿真平台中不仅负责硬件模块间的信息交流,而且也完成虚拟系统与半实物系统分布式联合通信功能,保证了半实物系统和虚拟系统中的虚实结合的飞行器集群在线仿真验证中战场数据信息的有效传输。通过自组网数据链可以高效地实现飞行器集群间的数据交互,完成飞行器集群内实时数据通信过程,确保飞行器集群虚实结合半实物系统在线仿真验证的实时性。

3. 智能规划器

在该系统中使用自主研发的蜂群智能规划器,其搭建与实现过程在第 6 章已有详细说明,虚实结合半实物仿真系统中蜂群智能规划器将集群航迹规划算法加载到内部核心处理器,通过算法采用任务驱动的模式在线控制虚实结合半实物仿真系统中的无人飞行器,实现集群侦察、打击、突防、中继盘旋、必经、评估等作战任务的协同航迹规划,以实现期望的集群协同作战效果。该模块与平台控制解耦,保障无人蜂群的半实物仿真验证和飞行试验的可靠性,因此蜂群智能规划器可替换性、可拓展性具备类 Intel Inside 的应用特点,能够极大地提高仿真验证效率。

4. 飞行动力学仿真软件

飞行动力学仿真模拟软件由飞行器气动力仿真模型、姿态解算模型、仿真传感器模块和数据通信模块等组成。其中,飞行器气动力仿真模型的主要作用是为飞控装置输入外界仿真大气参数信息,确保飞控装置在半实物仿真过程中可以实际模拟飞行器外界飞行状态,使半实物仿真过程与实际外界飞行环境相同;姿态解算模型和仿真传感器模块的主要作用是模拟飞行器姿态感知和姿态解算两部分功能,并通过数据通信模块,把实时解算的仿真数据参数信息,如位置、速度、姿态角、加速度、角速度、空速等仿真参数输入飞控装置,飞控装置将内部的导航数据替换为仿真参数。

8.2.4　虚拟半实物仿真系统

虚拟半实物仿真系统是虚实结合半实物仿真系统总体构建的另一关键组成部分,子系统中包含多个虚拟无人飞行器节点与一个虚拟自组网链路模拟模块。每个虚拟无人飞行器节点由虚拟智能任务规划器与虚拟无人飞行器六自由度模型组成,即将半实物机载装置内的所有实物硬件模块进行数字化,将各虚拟模块在个人计算机(personal computer, PC)上以多线程的方式运行,构建虚拟蜂群任务规划器并载入集群任务分配、航迹规划和编队控制及队形变化等算法模块,为实物规划器模块的数字仿真实体化;虚拟无人飞行器六自由度模型具有飞行控制、姿态控制和轨迹跟踪等功能,通过该模型可以创建多个虚拟飞控装置,能够有效模拟实物飞控装置功能;虚拟自组网数据链模拟系统是虚拟仿真系统内部各无人飞行器仿真模型之间的数据交互通道。虚拟仿真系统采用数字仿真模式,既能实现与实物系统相同的集群仿真功能,又能自由扩展仿真无人飞行器数量和实现上百架蜂群任务决策规划的半实物仿真验证,在节约实验成本的基础上,实现大规模无人飞行器集群虚实结合在线仿真验证。虚拟半实物仿真系统的结构组成如图8-9所示。

1. 虚拟自组网数据链模拟模块

1）系统功能

虚拟自组网数据链模拟系统设计的目的是为虚拟系统提供数据传输通信组网模块,保证虚拟系统在数字仿真过程中,模拟实现各虚拟飞行器集群交互的网络传输过程,以达到虚拟仿真系统更加贴近实物飞行中数据链路模拟效果。同时在虚拟仿真系统和半实物仿真系统联合仿真时,实现虚拟系统与半实物系统中的飞行器信息状态和战场态势消息的有效互通,保证虚拟飞行器与实物飞行器数据传输通道的稳定性。通过虚拟自组网数据链模拟系统有效模拟出虚拟飞行器集群飞行仿真验证中实时数据交互过程,并建立与实物自组网数据链之间的通信信道链接,与实物自组网数据链联合构成虚实结合自组网数据链通信系统,保证虚实结合飞行器集群间信息的稳定传递和交互,达到虚实结合联合在线半实物仿真的目的和效果。

2）系统实现原理

虚拟自组网数据链模拟系统基于Socket和用户数据报协议(user dategram

图 8-9　虚拟半实物仿真系统的结构组成示意图

protocol, UDP）组播的原理,应用 C++编程,构建出一个虚拟自组网数据链模拟系统,并在应用程序中采用多线程程序运行模式,确保虚拟系统中通信通道的稳定性。虚拟自组网通信系统设计与构建时需要主要考虑以下关键技术问题。

（1）基于 Sockets 网络通信机理。

a. 典型网络通信架构

不同设备之间进行网络连接时,需要考虑网络兼容性,由此网络通信过程中需要制定统一网络通信协议。典型的网络通信结构主要有开放系统互连参考模型（open systems interconnection model, OSI）网络结构和传输控制协议（transmission control protocal, TCP）/IP 网络结构,以上两个网络结构有紧密的对应参考关系,TCP/IP 网络结构在参照 OSI 网络结构的基础上,通过简化网络结构层数设计而成。OSI 网络结构共有 7 层,分别包括应用层、表示层、会话层、传输层、网络层、数据链路层和物理层;TCP/IP 网络结构共有 4 层,分别为应用层、传输层、网络层和链路层;其中 OSI 网络结构中的应用层、表示层和会话层等上三层网络对应 TCP/IP 网络结构中的应用层,对于传输层和网络层这两个相对重要的网络层,OSI 网络结构和 TCP/IP 网络结构采用一一对应的设计关系,而 OSI 网络结构中剩下的两个网络层数据链路层和物理层则与 TCP/IP 网络结构中的链路层。典型网络模型对应关系结构图如图8-10 所示。

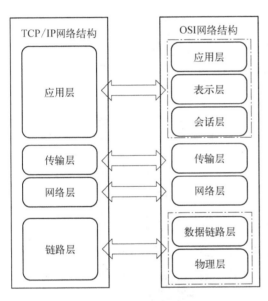

图 8-10　典型网络对应关系结构图

b. 典型传输层协议

虚拟自组网通信模拟系统设计基于 TCP/IP 网络结构中的传输层协议,在通信系统实现过程中选择合适的传输层通信协议是必不可少的关键技术。传输层作为 TCP/IP 网络结构的第二层结构,具有特定的传输数据的协议和端口号,其中通信协议主要有 TCP 和 UDP 两种方式,TCP 通信具有面向字节流、面向链接的、提供可靠性等网络传输协议功能特点,因此对数据量大并有较高可靠性的传输场景有着很好的适用性,而对于一对多、多对一和实时性较高的场景的适用性很小。UDP 通信是基于数据报文形式传输的无连接、不可靠而实时性高的网络通信协议,支持一对一、一对多、多对一和多对多等通信模式交互方式。虚拟自组网数据链模拟系统内部网络交互过程,对实时性和一对多、多对一通信模式有很高的要求,对网络传输可靠性的要求不是很高,因此 UDP 通信协议是虚拟自组网数据链通信系统的最优通信方案协议,并在模拟系统网络设计采用重传逻辑和循环冗余校验(cyclic redundancy check, CRC)等功能措施以提高可靠性。

UDP 通信是以 S/C 运行原理架构为主,可实现虚拟自组网通信模拟系统与硬件自组网数据链之间互联通信,并实现虚拟自组网数据链通信模拟系统架构内部通信节点,可在客户端与服务端模式中有效切换,保证虚拟通信系统内部数据传输通道构建,同时实现硬件自组网数据链与虚拟自组网通信系统在服务端与客户端之间交互跳变,完成虚实结合自组网通信系统构建。

c. socket 套接字原理与应用

UDP 通信是应用数据报文套接字形式的通信方式,基于 socket 套接字实现无连接、高实时性网络通信功能。socket 套接字应用"打开—读/写—关闭"的实现模式,应用数据报文方式通信,通信设备间不需要建立任何显示连接,将数据发送到指定的套接字。在应用 socket 实现组播通信过程中,主要应用三元组的全局唯一标志特性,即本地 IP 地址、协议和本地端口,从而实现同一设备内部或者不同设备之间服务器接收端和客户发送端在线通信功能。

(2)基于 UDP 原理的模拟系统通信构架。虚拟自组网数据链模拟系统应用 UDP 协议的数据报式套接字,虚拟自组网数据链模拟系统内部的数据发送与接收过程,分别对应 UDP 通信架构的服务器接收端和客户发送端,具体程序实现流程如图 8-11 所示。

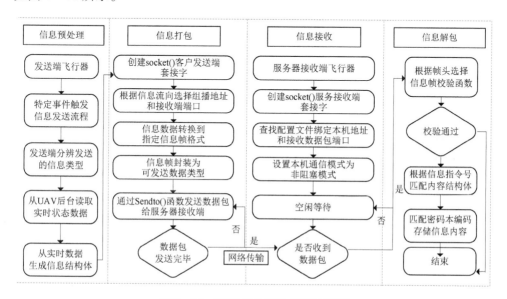

图 8-11　UDP 通信架构实现流程图

2. 集群在线任务规划模拟子系统

1）系统功能

蜂群在线任务规划模拟系统包括关键算法模块和任务调度模块。通过蜂群在线任务规划模拟系统,实现在线对虚拟飞行器集群的有效控制,保证飞行器集群在线动态规划调整,自主高效地应对场景作战任务。蜂群在线任务规划模拟系统主要由集群协同控制算法和集群作战任务调度模块构成,基于集群算法完成对各飞行器的有效控制,同时通过集群作战任务调度模块保证对作战场景任务流程的有效调度。有效实现硬件智能规划器功能虚拟程序化,完成对飞行器集群的在线航迹规划、队形变换、编队保持和任务分配等功能需求。

2）实现原理

蜂群在线任务规划模拟系统是以智能规划器硬件为基础原型设计,基于 C++语言编程,构建出在线自主决策与智能规划控制的算法模块,与智能规划器联合,分布式虚实结合在线控制虚拟和实物飞控装置,实现对飞行器集群的稳定控制。基于特定集群任务场景,构建蜂群任务规划模拟系统的集群任务调度模块,保证飞行器集群对目标区域和目标威胁相对最优的侦察、打击和评估的作战完成效果。

3）虚拟智能规划器设计原理

虚拟智能规划器是智能规划器的虚拟节点映射,其搭载的算法与智能规划器保持完全同步,驱动硬件节点的成本较高,且在嵌入式平台更改测试较为烦琐,因此将智能规划器镜像映射在 Windows 平台上,方便对各类算法集成和验证,待算法测试通过后,将智能规划器的算法模块同步更新。虚拟智能规划器的主要组成部分如图 8-12 所示。

其中,信息收发、信息处理、定时器和任务线程模块是虚拟智能规划器的基础组成部分,主要负责与外部模块通信、识别、处理信息,下发或上传各类指令,保障整个虚实结合系统的完整性,为规划算法模块获取必要的算法输入,同时驱动虚拟飞控;算法模块是虚拟智能规划器的核心组成部分,此部分集成了无人系统的规划决策算法,可根据信息处理模块得到的任务与场景信息进行自主解算,生成结果通过信息收发模块发送至其他无人

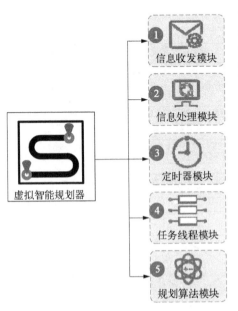

图 8-12　虚拟智能规划器的主要组成部分

平台。

（1）信息收发模块。信息收发模块的主要功能是建立虚拟智能规划器与控制显示单元或其他虚拟智能规划器之间的交互通路。为与硬件保智能规划器保持一致，虚拟智能规划器同样采取 UDP 通信的方式。因此，规划平台或外部指令下发时，无须对实物虚拟做出区分，保证了仿真系统的一致性。信息收发模块主要分为以下部分：① 组网监听发送部分；② 信息校验部分；③ 信息帧拼接部分。

组网监听部分是信息来源的入口部分，它使虚拟规划器模块加入与各个软件或硬件的通信组网中，此模块不间断运行并监听指定的端口，一个虚拟智能规划器通常可以监听多个端口，获取不同来源的指令信息。为保证此模块运行的连续性，通常要以多线程的方式运行，收到的信息会经过信息解算后进行判断并确定信息处理方式。组网发送部分则通过将封装好的信息帧通过 UDP 的方式以字符串的形式发送到指定的组网中，等待其他单元接收。

此部分功能主要是通过对信息接收池中的信息帧进行字符拼接，然后确认此帧信息是否正确。如图 8-13 所示，当数据帧输入后，此部分将分块的字符转换为有效数据，并首先查表判别此数据是否有效。若帧头表中未含有当前数据帧头，则认为此数据无效，放弃此包数据。同时，将根据帧长位拼接出 CRC 校验位与异或（exclusive-or，XOR）校验位等待验证，若比对不吻合则认为信息收取错误，放弃此包数据。根据信息帧的特点用信息帧头标记信息来源，通过信息指令号确定信息类型。以虚拟智能规划器与虚拟飞行控制器的交互方案为例，设计的数据帧协议如表 8-2 所示，信息帧进入解算流程后，首先经过帧头判别解算程序，然后进行指令号判别信息类型。如图 8-14 所示为解算表 8-2 信息的流程示意图。

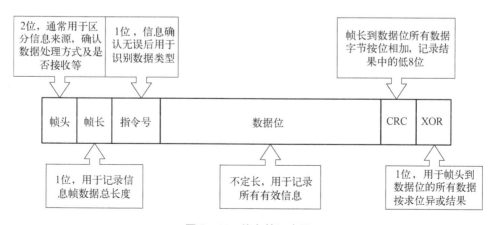

图 8-13　信息帧示意图

表 8 - 2　飞机实时状态信息

数据类型	数据长度	数据类型	数据长度
帧头	1 位	飞机经度	4 位
帧长	1 位	飞机纬度	4 位
指令号	1 位	飞机高度	2 位
帧计数	1 位	飞机速度	2 位
发送者	1 位	飞机航向角	2 位
接收者	1 位	飞机滚转角	2 位
飞机俯仰角	2 位	CRC 校验和	1 位

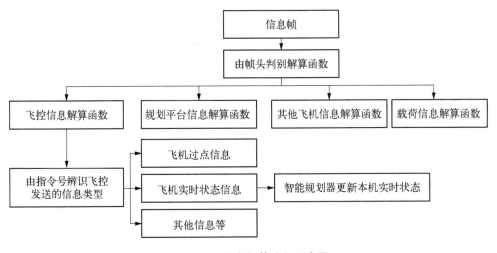

图 8 - 14　信息解算流程示意图

（2）定时器模块。定时器模块调用后会按一定的时间不断触发中断直至手动关闭此模块。调用定时器模块时,主要用于以下三个方面:① 按设定的频率不间断给飞控更新航迹点,驱动飞控;② 机间交互时,通信计时,完成机间通信的接力传递;③ 按设定的频率不间断回传飞行器自身状态至地面监控平台,使仿真操作人员能直观观察飞行器集群的运行状态。

（3）算法解算模块。算法模块存储了所有的决策、分配、规划算法,支持机上的在线解算。虚拟智能规划器的算法设计与实现方法详见前部分章节,此处仅阐明模块的搭建方法与设计思路。

虚拟智能规划器搭载了与地面端相同的规划算法,算法实现的方式基本一致,因此各个智能任务规划器单元与地面的解算结果基本吻合。同时,由于本节使用的算法均具有输出完全由输入确定的特性,算法的运行方式采用簇内通信,分布式解算,分布式执行。每架飞行器在获取算法解算指令后,通过簇内接力通信的方式,获取本群内所有飞行器的信息,每架飞行器进行单独的算法解算,并只取自己的算法结果输出至飞控执行,保证了算法解算的结果完全相同。每架虚拟飞行器均搭载相同的虚拟智能规划器,因此各飞行器的航迹结果相互协同,即目标分配与航线计算结果互相兼容。算法获取输入后解算应用的示意图如图 8-15 所示。

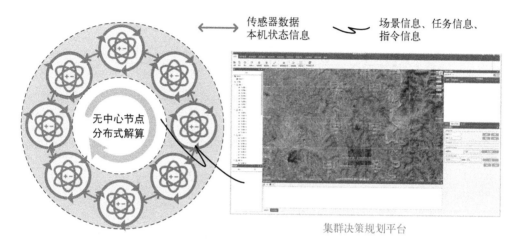

图 8-15　分布式算法执行示意图

　　调用算法模块中必须输入的内容包括作战场景信息与作战任务信息。作战场景的信息主要包含区域数字高程地图、任务区域(如侦察区域、封控区域、威胁区域等)、盘旋中继点、协同必经点、编队集合点、目标打击点等的位置与属性信息。作战任务的信息主要包括打击目标的打击方式、侦察覆盖率、中继时长、编队构型等。同时,对于协同作战模式,每架飞行器需要获取它机信息以确定集群状态,从而进行目标分配或计算协同航迹等。由于算法的模块输入数据信息量较大,是先由地面数据中心与其他虚拟节点上传至虚拟组网,然后被虚拟节点获取。为避免数据拥堵与数据丢包的情况,采用分群任务获取的方式,即本群的虚拟节点只获取本群所需的信息。

　　(4) 任务线程模块。智能规划器运行时采用多线程并行运算的模式。当线程启动后,会调用本小节其他的三个子模块,通过灵活组合各个模块达到实时规划响应的效果。搭建的线程主要为三大线程:主线程、端口监听线程和定时器线程。其中,主线程主要通过调用各个模块对信息进行解算及对信息来源进行响应。对数据的计算、赋值、擦除等工作均在此线程进行。此线程运行方式为事件触发模式,空闲时间均为待机状态,只在外部事件触发时,选择恰当的处理逻辑对信息进行处理并运算得到结果后反馈。主线程函数的执行逻辑如图 8-16 所示。

　　端口接收线程主要用于监听信息端口。此线程会将网络中所有的字符信息储

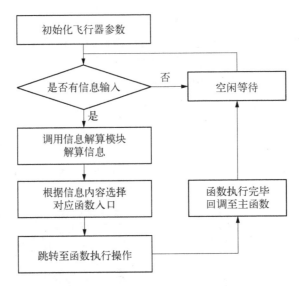

图 8-16　主线程函数的执行逻辑

存在缓冲区内,当缓冲区存在未处理的信息时,向主线程发出处理请求。其他线程在运行时,此线程不会被中断或干扰,以保持通信的连续性。同时,对于一些简单但实时性要求较高的信息,此线程会直接予以处理,其余信息则打包等待主线程处理。

定时器线程即定时器模块的单独线程运行,此线程会多次启动多个定时器,为其他线程提供计时功能。同时此线程也单独承担对规划平台等的定时数据回传和对飞控的定时航迹点更新。

3. 飞行器航迹跟踪与控制模拟子系统

1）模块功能

飞行器飞行动力学仿真模型由飞行器六自由控制模块、航迹跟踪与控制模块共同构建。飞行器六自由度模块实现对飞行器内环位置信息（经度、纬度和海拔）和姿态信息（俯仰角、滚转角和偏航角）的在线仿真控制,航迹跟踪与控制模块实现飞行器对期望路径的有效路径跟踪,保证飞行器以稳定且相对最优飞行状态完成航迹跟踪过程。

2）实现原理

飞行器飞行动力学仿真模型在设计与构建过程中以实物飞控功能为参考原型。基于模型一致策略和数据更新频率,以及状态同步策略,保证飞行器飞行动力学模型的仿真步长和状态与实物飞控装置一致,并应用 C++编程构建飞行器飞行动力学仿真模型,以达成虚拟与实物飞控装置联合集群在线仿真飞行要求。为方便调用飞行器的六自由度数字仿真模型来创建多个虚拟飞行器,把仿真模型封装成一个虚拟飞控装置模型动态链接库。基于虚拟飞控装置的在线仿真调用和多线程技术,模拟大规模集群虚拟仿真飞行器的创建和飞行,在虚拟系统中创建多个虚拟飞行器进行集群仿真场景验证,并与半实物仿真系统中的实物飞控装置联合在线进行飞行器集群虚实结合半实物在线仿真验证。

4. 虚拟系统各模块交互过程

由虚拟系统结构图可知,虚拟系统可分为内部功能模块和外部数据通信模块,其中内部功能模块为蜂群在线规划模拟系统、虚拟自组网数据链通信模拟系统和飞行器飞行动力学仿真模型等;外部数据通信模块主要为集群任务航迹通信模块、虚拟地面通信模块和虚拟遥测推演通信模块等。

1) 内部功能模块

任务规划模拟系统是虚拟系统重要的集群决策分配模块,基于内部集群任务分配、航迹规划和编队控制及队形变化等算法模块,实现飞行器集群根据对应任务场景和作战目标,在线动态规划飞行器集群相对最优完成相应作战任务。蜂群在线任务规划模拟系统以航迹点形式输出飞行器集群中各飞行器的航迹点集合,每组航迹数据包括经度、纬度、海拔、速度、偏航角和时间等信息。并通过虚拟自组网数据链通信模拟系统,完成集中式与分布式相结合的集群系统中主从飞行器之间的航迹点数据稳定传输,同时给对应飞行器六自由度模型更新航迹数据。

虚拟自组网数据链模拟系统用于实现各虚拟飞行器之间数据传输通道系统,并基于组播原理特性,根据设备 IP 和设备端口,完成与硬件自组网数据链之间的有效网络构建,实现虚实结合自组网通信系统内部稳定数据交互。基于包头、发送方、接收方、航迹点总数、当前航迹、有效数据和检验协议及各飞行器航迹点集收齐判断和应答逻辑等信息内容,保证飞行器集群中主机间和主从飞行器间航迹点集数据有效分发与互传,确保虚拟系统内部各飞行器获取到自身完整航迹数据信息。

飞行器飞行动力学仿真模型有飞行控制、姿态控制和轨迹跟踪等功能,可称为虚拟六自由度飞行控制器,以下简称为虚拟飞控。在虚拟飞控的设计与实现过程中采用多线程并行运行思想,把虚拟飞控模型封装成动态链接库,通过循环调用链接库创建大规模集群虚拟飞控。虚拟飞控基于蜂群在线任务规划系统生成对应飞行器航迹点集,实现在线航迹跟踪并输出仿真数据,其中虚拟飞控装置的输入为分别包含经度、纬度、海拔和速度的两组航迹点数据,虚拟飞控通过第一组航迹数据完成在线航迹跟踪过程,通过第二组航迹数据内部实时判断并矫正飞行航向。同时,虚拟飞控在线仿真过程中会实时输出包括飞行器 ID、经度、纬度、海拔、速度、俯仰角、滚转角、偏航角和时间等信息的仿真数据,当虚拟飞控经过蜂群在线任务规划系统更新的航迹点时,虚拟飞控会输出经过航迹点的六自由度数据(经度、纬度、海拔、俯仰角、滚转角和偏航角)和时间信息,该仿真数据作为蜂群在线任务规划系统后续动态规划等算法的输入信息。最后,通过外部通信模块在线传输到集群任务规划软件、集群地面监控软件和三维动态推演系统,实现二维与三维显示和遥测回传功能。

2) 外部数据通信模块

集群航迹通信模块负责集群任务规划软件和虚拟系统之间航迹数据的装订传输功能。集群任务规划软件将飞行器集群航迹数据发送到虚拟系统中,虚拟系统基于集群航迹通信模块完成虚拟飞行器集群预规划航迹点的有效装订。集群航迹通信模块基于 UDP 组播通信机理、专属航迹装订协议和重传应答收全机制,实现虚拟飞行器集群航迹点集的高效稳定在线装订。UDP 组播是服务端与客户端 (server and client, S/C)网络架构原理的设计应用体现过程,其中,集群任务规划软件作为客户发送端,虚拟系统作为服务器接收端;专属航迹装订协议是集群任务规划软件与虚拟系统之间特有的通信协议,该协议包括帧头、发送方、接收方、单机航迹点总数、当前航迹点数、协议指令、具体航迹数据和校验和等,基于专属通信协议,实现模块之间航迹数据的稳定传输;并采用重传应答收全机制实现虚拟系统装订完成对应飞行器航迹后,回复集群任务规划软件装订成功协议指令。

虚拟地面通信模块负责虚拟系统和集群地面监控软件之间实时仿真数据的通信传输。通过虚拟地面通信模块完成虚拟飞行器实时仿真六自由度数据的有效传输,实现与集群地面监控软件的高效通信。虚拟地面通信模块基于单播通信原理、专属模块通信协议和有效数据解析策略,确保实时仿真数据的传输和航迹显示功能。单播通信原理通过绑定目标计算机的 IP 地址和端口号实现与集群地面监控软件计算机之间网络通道的构建工作。

虚拟遥测推演通信模块实现了虚拟无人机群与蜂群地面推演视景仿真系统、集群任务规划软件间的仿真数据遥测回传功能。基于该通信模块,本虚实结合半实物仿真系统实现了分布式仿真、系统化展示和多软件在线推演决策等功能。虚拟遥测推演通信模块基于 UDP 组播原理,实现一台计算机传输到多台计算等功能,并具有较强的实时性。设置该通信模块的组播地址为"224.0.0.5",遥测接收PC 端口号为"10001"。该模块与虚拟地面通信模块相比,通信协议内部原理一致,遥测回传仿真数略微不同,具体原理参考虚拟地面通信模块,不作详细赘述。

8.2.5　多机地面监测与推演平台

蜂群地面推演视景仿真系统是基于 QT、Visual Studio 2015 等开发平台软件及 OSG(Open Scene Graph)[94,95] 开发出来的一个具备三维场景显示和集群作战效能评估的软件。该软件的主要功能是集群作战任务分配完成效能的评估、多任务作战能力的评估及进行集群三维航迹飞行展示。通过集群作战场景的构建及蜂群地面监测平台发送的集群仿真六自由度数据,实时在线驱动无人飞行器集群在该动态推演视景仿真系统上进行三维航迹推演展示,通过仿真航迹和数据在线分析,完成集群作战在线实时任务分配效能评估和多任务作战能力的在线实时评估,有效完成大规模集群在线仿真算法验证。动态推演视景仿真系统支持自定义实体模型和属性修改,定制化设计能够应对多种任务场景和设备,其界面如图 8-17 所示。

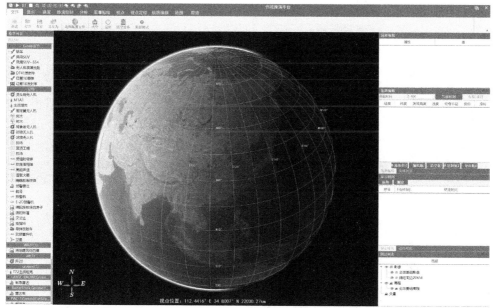

图 8-17 蜂群地面推演视景仿真系统界面

蜂群地面推演视景仿真系统主要包含三维视景模块、地形管理模块、三维模型库模块、接口管理模块、航迹展示模块和动态推演模块等主要功能模块,其分别如图 8-18 所示。

(1)三维视景模块:主要用以显示三维数字地图,并在地图上叠加显示无人飞行器飞行状态及轨迹。三维视景模块根据接口管理模块接收到的无人飞行器状态信息,在三维数字地球上渲染无人飞行器集群及运动轨迹,并以不同的颜色区别显示,可通过对无人飞行器集群进行分组显示或单个切换显示来观察单个或者多个无人飞行器的状态,如图 8-18(a)所示。

(2)地形管理模块:主要是对地形数据(包括卫星影像/高程/矢量)进行组织和管理。基于标准 C++ 语言开发的实时地形模型加载和渲染工具,采用驱动器方式来支持管理地理信息系统(geographic information system,GIS)数据源,如 GDAL(geospatial date abstraction library)驱动器(用于处理影像和 DEM 数据)、瓦片地图服务(title map service, TMS)驱动器(处理采用 TMS 协议的瓦片数据)等;并采用图层概念进行各类数据管理,包括影像层、高程层、矢量层等。这种机制更易于不同分辨率的影像、高程及模型数据的叠加,如图 8-18(b)所示。

　　(3)三维模型库模块:主要在三维数字地球上展示战场态势,需要用到的实体元素的三维模型,以及战场态势中需要用到的其他三维模型,通过 3ds Max 对所需目标进行三维建模,导出成引擎所支持的模型格式进行加载显示,如图

(a) 三维视景模块

(b) 地形管理模块

(c) 三维模型库模块

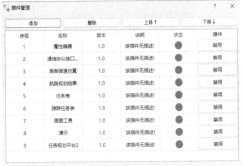

(d) 接口管理模块

(e) 航迹展示模块

(f) 动态推演模块

图 8-18　蜂群地面监测平台功能模块展示

8 – 18(c)所示。

（4）接口管理模块：提供系统通信能力支持，满足各模块与外部系统之间数据交互需求，并实现通信接口和通信协议的适配，将任务规划平台与外部系统通过消息适配接口隔离开，任务规划平台无须关注外部系统所采用的通信方式及详细的通信协议，只需要处理平台内部的消息格式即可，实现平台与具体业务的解耦，具体的业务部分全部通过任务规划平台定义的通信接口实现，采用插件式的架构可以支持不同的业务及通信协议、通信手段，并支持通信协议的单独更新，如图 8 – 18(d)所示。

（5）航迹展示模块：主要用于接收无人飞行器任务预先规划与动态规划的飞行航迹信息并进行展示，并支持修改航迹点属性（时间、经度、纬度、高度、速度、加速度、载荷信息等），如图 8 – 18(e)所示。

（6）动态推演模块：主要是通过接收蜂群地面监测平台返回的无人飞行器蜂群实时仿真六自由度数据，实时在线驱动无人飞行器集群三维模型实体进行三维航迹推演展示，并与环境内的其余实体进行交互。通过仿真航迹和数据在线分析，完成集群作战在线实时任务分配效能评估和多任务作战能力的在线评估，高效完成对无人飞行器集群在线仿真算法的验证和评估，如图 8 – 18(f)所示。

8.3　半实物仿真实验过程

前面章节已完整介绍了虚实结合半实物仿真系统的结构设计与实现方法，本小节将介绍本系统虚实结合半实物仿真验证流程。图 8 – 19 为网络化蜂群虚实结合半实物推演仿真系统流程设计图，系统仿真过程包括初始化集群场景加载和预规划航迹点装订阶段、半实物机载装置起飞、虚实结合联合同步在线仿真阶段、无人蜂群动态规划调整阶段、动态规划航迹返回阶段和仿真结束阶段等。网络化蜂群虚实结合半实物仿真系统的在线仿真验证过程如下。

1）初始化集群场景加载

该阶段首先通过集群任务规划软件完成无人飞行器集群作战场景构建和加载场景工作，并通过通信模块把集群作战场景同步到动态推演视景仿真系统中，实现二维场景构建与三维场景同步功能。如图 8 – 20(a)所示为预设的场景，其中包括任务目标、任务区域、规划空间范围、预设任务点等要素。

构建任务场景、设定任务类型是进行半实物仿真的准备阶段。首先根据实际要求设定作战区域。例如，图 8 – 20 的作战区域设定在某山地地块，此处海拔较高，地面起伏较大，同时具有连绵山岭，可以较好地测试算法对于复杂地形的适应能力。然后根据设计人员与算法测试的需要，布置目标与任务点如必经点、盘旋点

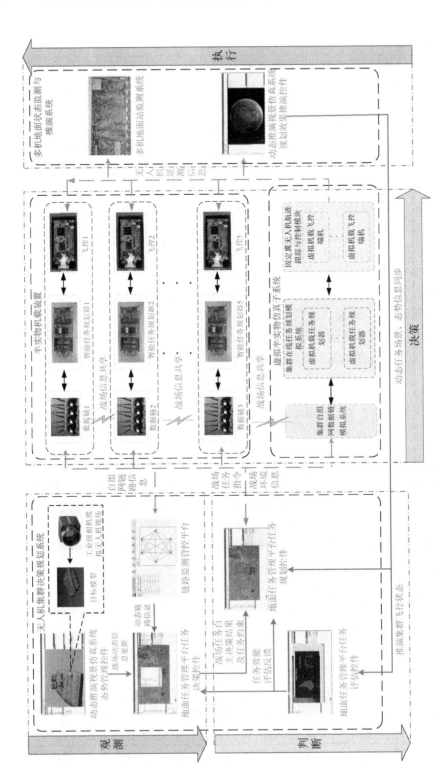

图 8-19　网络化蜂群虚实结合半实物推演仿真系统流程设计

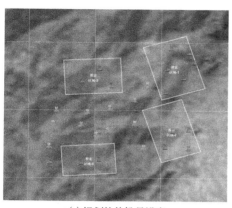

(a) 规划软件场景设定

(b) 推演软件场景同步

图 8-20　场景加载页面

等,还有特定的目标区域,如搜索区域、封控区域、突防区域等。区域类型场景可以在界面左侧修改端点位置,点类型场景在界面左侧修改点的中心位置,同时可以修改类型参数等。

然后根据算法测试需要装载飞行器集群的任务,根据场景信息与想定的任务情况,设置不同任务的输入。例如,对于某编队必经任务,应当输入其编队集结的中心点,以及编队集结保持的队形、保持高度、保持速度、保持距离等。对于某地面固定目标,对其设置打击任务时,应当标记打击任务的打击类型、打击角度、协同打击间隔、打击引导段高度、打击速度等任务输入。场景设定完毕后,提取配置文件,并打包发送至推演软件中使得推演软件获取到同步的场景配置,如图 8-20(b)所示。

2) 预规划航迹点装订阶段

基于集群任务决策规划平台的任务规划算法模块生成无人飞行器集群预规划航迹点,并通过虚实结合自组网通信模拟系统中的虚拟自组网和实物自组网模块,完成虚拟无人飞行器和实物无人飞行器的预规划航迹装订工作。由于虚拟仿真系统与机载装置半实物仿真系统均在同一组网,装订预规划航迹时,无须对航迹接收方作出区分,采用 UDP 组播方式,各仿真单元根据机号选择本机航迹信息装载至航迹规划模块。

在虚实结合仿真系统中,无人飞行器集群的预规划航迹点数据是传输给各无人飞行器的控制模块,即虚实系统中的硬件智能任务规划器模块和虚拟智能任务规划器模块,装订航迹点时数据量较大,对于续航时间较长的无人飞行器,其预规划航迹点将不可避免地增多,因此规划软件向智能规划器装订航迹点时按序发送,并确认航迹点是否收集完成,只有当前一架飞行器回复收集完成后,才进行下一架无人机的航迹装订工作。这样有效避免了数据量过大时因数据链不稳定丢包而导致数据失效的问题,提高了装订航迹点时的稳定性。

3）半实物机载装置起飞

待航迹装订至硬件规划器与任务规划模拟器中后,硬件飞控需要人为操作起飞,具体步骤如下:首先将无人飞行器的飞行参数与发射原点装订至无人飞行器的飞控模块中;然后在地面控制站中分别为每架无人飞行器装订起飞航迹。起飞航段装订完毕后便可使飞行器起飞,待发射起飞段执行完毕后便可切换操作模式,使无人飞行器转换到跟踪航迹点飞行模式开始执行飞行任务。而在虚拟半实物子系统中,只需等待航迹点装订完毕,便可自动生成起飞段航迹并完成模拟起飞工作。

4）虚实结合联合同步在线仿真阶段

待各个半实物硬件飞控、半实物仿真系统和虚拟仿真系统开始进行虚实结合联合同步在线仿真。虚实结合联合仿真过程中,无人飞行器六自由度仿真数据会实时传输到蜂群地面监测平台上进行虚实无人飞行器集群姿态数据显示。同时,飞行动力学仿真模拟软件会实时为实物飞控模块更新干扰参数模拟数据,并且蜂群地面监测平台会把无人飞行器集群仿真数据遥测回传到动态推演视景仿真平台和集群任务规划平台中,实现二维和三维集群航迹展示。虚实结合半实物仿真系统构成一个包含无人飞行器集群相关算法在线仿真验证、航迹展示和作战效能评估等功能的闭合回路平台。

5）无人蜂群动态规划调整阶段

当战场态势信息发生变更时,采用事件触发或时间节点触发的方式在三维视景仿真平台中触发动态场景,并将动态态势信息通过自组网数据链路传输至蜂群智能规划器和虚拟智能规划器中,由规划器中的任务决策规划算法进行任务重决策与重规划,在线执行任务决策分配和航迹规划过程,调整蜂群中的无人飞行器任务及其执行航迹。根据具体的任务场景也可以设置机上自主触发的动态规划与指令控制的动态规划。对于自主触发类型的动态规划,群内无人飞行器会不断判断自身状态或等待特定时机自主触发动态规划。例如,当两机距离过近时,会触发主动避碰算法,使飞行器计算并执行避障航线;而当飞行器在侦察过程中发现敌方目标时,会将目标通报群内,计算协同打击的动态航迹对目标执行发现—立即打击的动态任务。

6）动态规划航迹返回阶段

无人蜂群通过虚实蜂群任务规划器模块完成在线自主决策控制后,将规划结果通过自组网数据链路返回至地面集群决策规划平台、地面监测平台和推演平台,同时将动态航迹点发送至虚拟和实物飞控,飞控进行航迹更新并实时切换至动态规划航迹完成动态任务,生成仿真数据遥测并发送至地面集群决策规划平台、地面监测平台和推演平台中进行虚实无人飞行器集群作战推演,实现态势、任务及执行的同步。

7）仿真结束阶段

无人蜂群完成相应作战任务后,虚实结合半实物仿真进入结束阶段,该闭合回路半实物仿真系统能够通过不同的软件全方位显示集群的仿真实时飞行航迹和姿态,匹配任务完成情况,组合不同的指标及效能函数多角度分析验证蜂群任务分配、航迹规划、编队控制和队形变换等算法的效能,输出技战指标,实现算法迭代和体系优化。

8.4 应用案例

8.4.1 半实物仿真推演应用

基于以上的半实物仿真系统组成及实验流程,本节分别给出 3 架固定翼无人机分布式协同突防跟踪动态目标场景、12 架无人机盘旋封控—侦察—打击任务、32 架异构无人机封控—盘旋—侦察—打击—评估临机规划任务和 100 架异构无人机协同必经—侦察、打击、评估一体任务半实物仿真推演应用结构,验证本系统适用于不同类型的无人机及多类典型任务应用。

1. 3 架固定翼无人机分布式协同突防跟踪动态目标场景推演

任务环境中存在三架同构跟踪固定翼无人机和一架目标固定翼无人机,随机分布多处禁飞区、雷达、地形等威胁区域。目标无人机匀速行驶,由于目标存在一定威胁,为保证集群安全,跟踪无人机保持一定的相对位置关系跟踪监视目标,要求其视场能够实时捕获目标运动状态,并与地面监测平台建立无线自组网连接进行信息交互,该场景验证流程如下。

(1)目标无人机从初始位置出发,由机载智能规划器模拟生成给定固定的必经任务航迹,目标无人机飞控跟踪任务航迹生成其三维空间中的实时轨迹点,集群任务管控系统通过自组网数据链路获取该状态。

(2)跟踪无人机通过其载荷视场判断实时目标无人机是否位于动态视场范围内时,并与实时通信范围内的其余无人机进行态势共享,同时机载智能规划器等时间间隔地按照协同突防跟踪算法计算实时跟踪航迹,并装订至机载飞控端机按照动态轨迹点飞行。

(3)将跟踪无人机飞行过程中的遥测信息(飞行信息、姿态信息)通过数据链路返回至动态推演视景仿真系统和地面状态监测平台,分别进行跟踪任务推演和安全状态监测,同时地面状态监测平台更新实时目标态势和机目关系,发送到跟踪无人机。

(4)重复以上过程进行仿真,得到的 3 架跟踪无人机及目标飞行的三维轨迹和实时跟踪动态任务场景推演展示如图 8-21 所示。

任务执行过程中,地面状态监测平台通过无线自组网通信链路监听无人机实时飞行状态遥测信息数据并实时标绘,如图 8-22 所示。

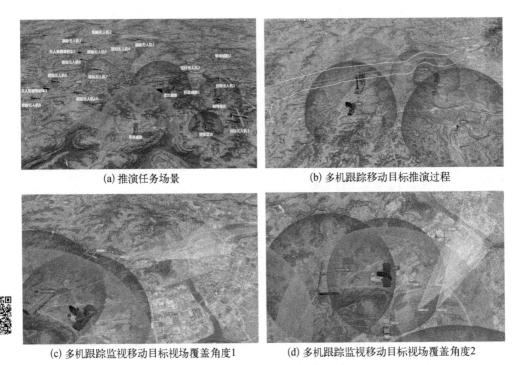

(a) 推演任务场景

(b) 多机跟踪移动目标推演过程

(c) 多机跟踪监视移动目标视场覆盖角度1

(d) 多机跟踪监视移动目标视场覆盖角度2

图 8－21　3架无人机分布式协同突防跟踪动态目标场景推演效果

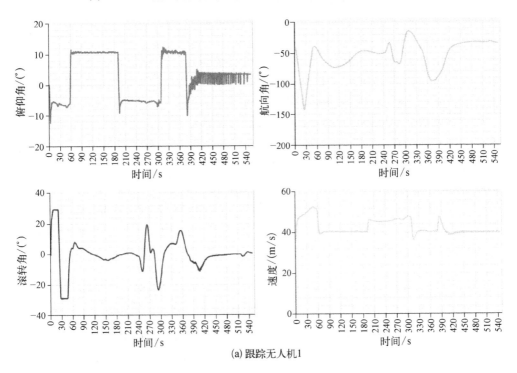

(a) 跟踪无人机1

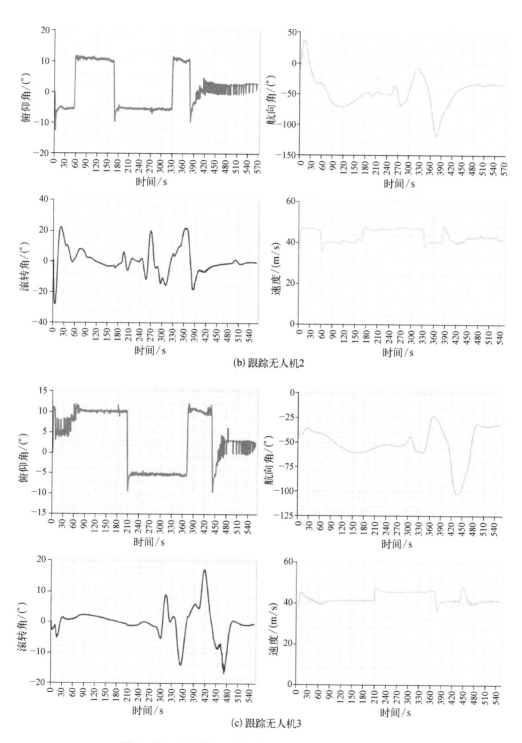

(b) 跟踪无人机2

(c) 跟踪无人机3

图 8-22 3 架跟踪无人机实时飞行六自由度状态参数

从半实物仿真试验结果可以看出,多固定翼无人机协同突防算法能够满足多无人机目标跟踪飞行过程中动态任务需求,满足任务时空约束,避开环境中的威胁,并实时生成引导多无人机期望跟踪位置的协同轨迹,通过半实物仿真试验推演充分说明了协同突防航迹规划算法的有效性和工程化应用前景。

2. 12架无人机盘旋封控—侦察—打击任务推演

20 km×20 km的任务区域内存在12架不同任务能力的固定翼无人机,按照固定的时间和进入方向约束对多个侦察区域和目标遂行盘旋封控、侦察和打击任务。搭建仿真场景如图8-23(a)所示,选择场景基准点进行经纬度坐标转换,使得推演场景位于视觉效果较好的地理位置,同时为了清晰展示推演结果,对无人机进行错高处理,采用虚实结合的思想,1~5号无人机对应硬件装置,6~12号无人机对应虚拟装置,实验流程如下。

(1)集群决策规划平台中部署预规划场景信息,同时进行场景同步至多机视景推演平台,集群决策规划平台基于协同中继盘旋和侦察航迹规划算法计算盘旋封控—侦察任务预规划航迹,并通过自组网数据链路向硬件和虚拟智能规划器装订预规划航迹点,航迹点装订完成后,硬件和虚拟飞控按照装订航迹点飞行,并通

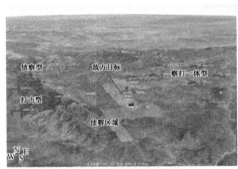

(a) 12架无人机盘旋封控-侦察-
打击任务推演场景预设

(b) 三维推演预规划结果俯视图

(c) 发现未知目标局部视角

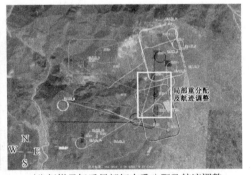

(d) 新增目标后局部打击重分配及航迹调整

图8-23　12架无人机盘旋封控—侦察—打击任务推演结果

过自组网数据链实时回传飞行状态至推演平台,更新推演结果,实时显示多固定翼无人机飞行和载荷状态。

（2）12 架无人机分别对四块区域执行盘旋封控和侦察任务,当抵近目标区域时,无人机视场打开,探测已知和未知目标图像信息,并将数据回传,实现态势信息实时更新,其推演轨迹如图 8-23（b）所示。

（3）如图 8-23（c）所示,当无人机视场捕获到已知或未知多个目标时,此时触发动态打击任务规划,由实物智能规划器和虚拟智能规划器基于打击任务航迹规划算法生成实时打击航迹,被分配执行打击任务的无人机退出当前盘旋封控和侦察任务,删除预规划航迹点并更新动态航迹点进行跟踪,如图 8-23（d）所示,打击完成后进行任务重构,动态规划盘旋封控、侦察或打击任务航迹。

（4）重复以上过程,直至完成对场景内所有目标的封控压制和打击。

以上 12 架无人机的半实物仿真结果表明,盘旋封控—侦察—打击任务航迹规划算法能够有效求解不确定环境下的异构多无人机航迹规划问题,生成满足多种约束条件的无人机任务执行序列和飞行轨迹。

3. 32 架异构无人机封控—盘旋—侦察—打击—评估临机规划任务推演

为了验证典型任务场景下异构无人机集群的 OODA[①] 协同自主闭环能力及相关算法的有效性,本小节构建 32 架分布式异构无人机(虚实结合的验证方式,实装节点 5+虚拟节点 27)作战场景:针对防空系统压制摧毁作战任务,模拟对某重点区域进行 40 km×60 km 的区域控制作战,发射 32 枚分别携带光学载荷、合成孔径雷达(synthetic aperture radar, SAR)成像载荷、战斗载荷和干扰欺骗载荷的无人机平台组成作战集群,通过协同必经形成编队、低空突防到目标区域,对目标区域进行侦察,压制,并打击区域内的敌方目标,最终实现对区域态势的实时呈现,毁伤所有目标并封控 8 小时以上。其中,2 架通信中继型平台用于回传态势信息,增强集群通信的鲁棒性;2 架干扰欺骗性平台用于远距离诱骗敌方火力打击、暴露目标阵位,近距离干扰压缩对方防空雷达的探测距离;6 架 SAR 型侦察平台用于高空远距离探测,获取初始态势信息;6 架光电型侦察平台用于抵近侦察确认,获取精确目标信息;14 架打击平台(打击目标数 12,另备 2 枚作为补充打击),由光学导引头和多功能战斗部组成。实验流程如下。

（1）异构无人机抛洒起飞,考虑到敌方初始部署未知,己方无人机集群在灰色区域前 10 km 处提升各载荷飞行高度并执行作战任务:敌方高炮的有效射程为 4 km,采用中继盘旋航迹规划算法,计算得到通信平台的盘旋航迹,要求其满足相对当地海拔 5 km 左右持续巡飞;干扰欺骗载荷平台机动,模拟我方的作战平台的特性,对敌方防空雷达远距离干扰,诱骗开机,同时诱骗敌方火力攻击,获得敌方防空设备

---

① OODA 表示 observation(观察)、orientation(判断)、decision(决策)和 action(执行)。

电磁信号位置,消耗敌方的弹药,从而抵近敌方区域,进一步干扰压缩敌方雷达,如图 8-24(a)所示。

(2)SAR 型侦察平台抛洒后采用协同必经航迹规划算法形成一字形编队构型,随后采用协同区域侦察航迹规划算法优化计算区域全覆盖侦察航迹,如图 8-24(b)所示,在侦察过程中,光电型平台和打击型平台在蓝方部署区域外绕飞待命,等待调度执行打击。SAR 平台侦察到目标后,将目标实时信息通过自组网链路传递给光电型平台和打击型平台,光电型平台进行抵近侦察确认目标并获得精确信息,打击型平台调用打击航迹规划算法对目标进行精确打击,随后打击型平台已毁灭,光电型平台重新抵近侦察评估目标是否已被打击,如图 8-24(c)所示。

(3)当所有的打击型平台都完成了任务后,侦察平台调用协同评估航迹规划算法对蓝方区域进行扫描,光电平台以同样的方式进行地空近距扫描,直到完成封控任务后,剩余平台飞往指定地点进行回收返航,如图 8-24(d)所示。

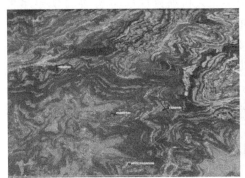

(a) 通信中继平台和干扰欺骗平台机动

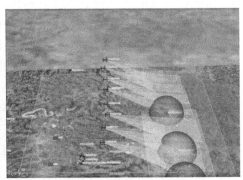

(b) SAR 型侦察平台编队侦察未知区域

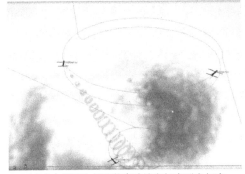

(c) 光电型平台抵近侦察确认和打击平台打击

(d) 打击后编队对地持续封控

图 8-24 32 架异构无人机封控—盘旋—侦察—打击—评估临机规划任务推演结果

4. 100 架异构无人机协同必经—侦察—打击—评估一体任务半实物仿真推演

为验证半实物仿真系统平台对大规模集群的验证能力,本节给出 100 架异构无人机的协同必经—侦察—打击—评估一体任务推演场景,其中共包括 32 架旋翼无人直升机、32 架固定翼无人机和 36 枚巡飞弹等异构平台,如图 8 - 25(a) 所示,蜂群智能规划器搭载于旋翼无人直升机、固定翼无人机、巡飞弹等平台,与飞控和自组网数据链相连,具备全流程实时自主决策规划解算能力。实验流程如下。

旋翼无人直升机　　　　　固定翼无人机　　　　　巡飞弹

(a) 搭载智能规划器的100架异构无人机平台

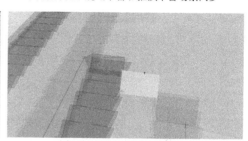

(b) 集群决策规划平台和推演平台场景同步

(c) 异构无人平台任务执行状态

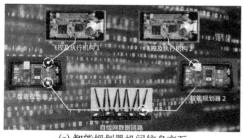

(d) 无人机视场发现未知目标

(e) 智能规划器机间信息交互

(f) 返回目标信息决策是否打击

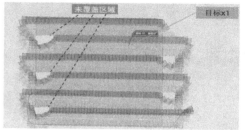

(g) 巡飞弹动态打击任务规划

(h) 打击后集群任务区域评估

图 8 - 25　100 架异构无人机协同必经—侦察—打击—评估一体任务场景

（1）配置预规划任务场景,并进行决策规划平台和三维推演平台的场景同步,如图 8-25(b)所示,进行任务地面端航迹预规划并装订航迹至各无人飞行器智能规划器,装订过程完成后,各旋翼无人直升机从方舱车内依次起飞,由于旋翼无人机能够悬停,由其编队实现通信中继,固定翼无人机依次起飞,对固定区域进行持续探测侦察,巡飞弹等待出现动态目标调度执行打击任务,如图 8-25(c)所示。

（2）无人飞行器接收预规划航迹点后依次起飞、智能规划器进行空中智能通信组网,并完成预规划任务的协同执行,若出现新的待侦察任务区域,地面视景平台进行任务区域指令上传,多无人平台的智能规划器接收指令后按照侦察任务航迹规划算法执行动态侦察任务规划。

（3）如图 8-25(d)所示,当发现目标时,无人飞行器导引头进行目标锁定,并将目标信息通过数据链路传递给其他无人飞行器,如图 8-25(d)和(e)所示,同时地面监测平台收到打击目标信息并进行威胁评估,决定是否进行打击,如图 8-25(f)和(d)所示。确定打击后,由智能规划器按照打击任务规划算法动态规划打击任务,出动多枚巡飞弹对敌方移动目标进行全向和定向协同攻击,如图 8-25(g)所示。

（4）打击任务完成后,由智能规划器动态组网调度固定翼无人机对整个任务区域和打击后的目标进行毁伤效能评估,如图 8-25(h)所示,输出技战指标要求和效能评估关键值,驱动决策规划系统迭代优化,实现 OODA 循环的闭环验证。

大规模集群协同航迹规划虚实结合半实物仿真推演过程

8.4.2　飞行试验应用

将以上多任务的航迹规划工程化方法和半实物仿真系统在多次飞行试验应用,以典型的察打评一体任务为例,得到的飞行试验效果如图 8-26 所示。

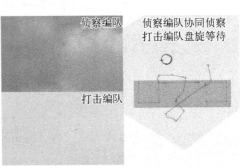

(a) 搭载智能规划器的无人机起飞　　　　(b) 多飞行器协同编队任务执行

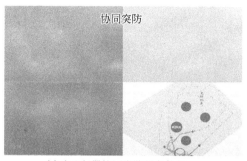
协同突防

(c) 多飞行器协同突防任务执行

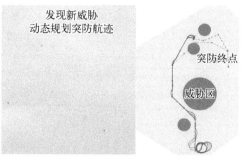
发现新威胁
动态规划突防航迹

突防终点

威胁区

(d) 多飞行器动态突防任务执行

(e) 无人机集群编队切换

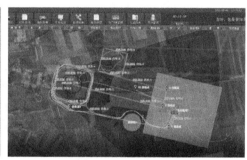

(f) 地面站遥测数据接收

32 架异构无人机封控—盘旋—侦察—打击—评估临机规划任务推演

图 8-26 搭载智能规划器的无人机集群飞行试验效果

8.5 本章小结

本章主要探讨了大规模集群仿真系统的结构与实现原理,并给出了一种搭建虚实结合半实物无人飞行器集群仿真系统实现案例。本章首先阐述了无人集群仿真系统的发展情况与紧迫需求,并指出了目前主流仿真系统的主要缺陷。这些缺陷主要包括实验成本高、算法移植测试的时间损耗较大、调试工作烦琐、仿真精度较差、难以对大规模集群进行验证等。为了解决试验成本较高、调试工作烦琐的问题,本章给出了搭建虚拟仿真系统的方法,有效地将算法模块与飞行航迹跟踪仿真模块解耦,极大地减少了算法调试的工作内容,同时降低了试验成本。另外,将各虚拟节点分布式运行在各个计算机中,即可达到模拟大规模无人飞行器集群的目的。同时,仿真系统中的半实物仿真系统可与虚拟仿真系统进行联合状态同步,有效解决了仿真精度难以评估的问题。最后给出了仿真系统运行的实验样例,介绍了几种典型的任务样式并进行了实验仿真,有效地展示了本系统的可行性。

参考文献

[1] 贾永楠,田似营,李擎. 飞行器集群研究进展综述[J]. 航空学报,2020,41 (z1): 4-14.

[2] Niu W, Huang J Q, Miao L F. Research on the concept and key technologies of unmanned aerial vehicle swarm concerning naval attack[J]. Command Control and Simulation, 2018, 40(1): 20-27.

[3] Matthew C, Tom F, Chen W H, et al. Optimal polygon decomposition for UAV survey coverage path planning in wind[J]. Sensors, 2018, 18(7): 2132.

[4] Radmanesh R, Kumar M, French D, et al. Towards a PDE-based large-scale decentralized solution for path planning of UAVs in shared airspace [J]. Aerospace Science and Technology, 2020, 105: 105965.

[5] Kumar K, Kumar N. Region coverage-aware path planning for unmanned aerial vehicles: a systematic review [J]. Physical Communication, 2023, 59: 102073.

[6] 于全友,徐止政,段纳,等. 基于改进 ACO 的带续航约束飞行器全覆盖作业路径规划[J]. 航空学报,2023,44(12): 303-315.

[7] 陈清阳,辛宏博,王玉杰,等. 一种多机协同打击的快速航迹规划方法[J]. 北京航空航天大学学报,2019,48(7): 1145-1153.

[8] Shanmugavel M, Tsourdosy A, Zbikowskiz R, et al. 3D Dubins sets based coordinated path planning for swarm of UAVs[C]. Reston: AIAA Guidance, Navigation, and Control Conference and Exhibit, AIAA, 2006: 1-20.

[9] Meyer Y, Isaiah P. Shima T. On Dubins paths to intercept moving target [J]. Automatica, 2015, 53: 256-263.

[10] Hsu D, Latombe J C, MotwanI R. Path planning in expansive configuration spaces[J]. International Journal of Computational Geometry and Applications, 1999, 9(4): 495-515.

[11] Neus M, Maouche S. Motion planning using the modified visibility graph[C]. Tokyo: 1999 IEEE International Conference on Systems, Man, and Cybernetics,

1999: 651 - 655.

[12]　Zammit C, van Kampen E J. Comparison of A* and RRT in real-time 3D path planning of UAVs [C]. Orlando: AIAA Scitech 2020 Forum, 2020: 861.

[13]　Islam F, Nasir J, UMalik U, et al. Hasan, RRT*-smart: rapid convergence implementation of RRT* towards optimal solution[C]. Chengdu: 2012 IEEE International Conference on Mechatronics and Automation, 2012: 1651 - 1656.

[14]　Lee H, Lee D, Shim D H. Receding horizon-based RRT* algorithm for a UAV real-time path planner [C]. Grapevine: AIAA Information Systems-AIAA Infotech@Aerospace, 2017: 676.

[15]　Meng J, Pawar V M, Kay S, et al. UAV path planning system based on 3D informed RRT for dynamic obstacle avoidance [C]. Kuala Lumpur: International Conference on Robotics and Biomimetics, 2018: 1653 - 1658.

[16]　Liu W H, Zheng X, Deng Z H. Dynamic collision avoidance for cooperative fixed-wing UAV swarm based on normalized artificial potential field optimization [J]. Journal of Central South University, 2021, 28(10): 3159 - 3172.

[17]　Wang A, Lyu W, Yao P, et al. Three-dimensional path planning for unmanned aerial vehicle based on interfered fluid dynamical system[J]. Chinese Journal of Aeronautics, 2015, 28(1): 229 - 239.

[18]　Huang J, Sun W, Gao Y. A Method of trajectory planning for unmanned aerial vehicle formation based on fluid dynamic model[J]. IEEE Access, 2020(8): 2824 - 2834.

[19]　Wu J, Wang H, Li N, et al. Formation obstacle avoidance: a fluid-based solution[J]. IEEE Systems Journal, 2019, 1(14): 1479 - 1490.

[20]　Hart P E, Nilsson N J, Raphael B. A formal basis for the heuristic determination of minimum cost paths [J]. IEEE Transactions on Systems Science and Cybernetics, 1972, 4(2): 28 - 29.

[21]　王生印,龙腾,王祝,等. 基于即时修复式稀疏 A~* 算法的动态航迹规划 [J]. 系统工程与电子技术,2018,40(12): 2714 - 2721.

[22]　Saravanan S R, Balamurugan C. Multi-objective trajectory planner for industrial robots with payload constraints[J]. Robotica, 2008, 26(6): 753 - 765.

[23]　Pedrami R, Gordon B W. Control and analysis of energetic swarm systems[C]. New York: Proceedings of 2007 American Control Conference, 2007: 1894 - 1899.

[24]　李宪强,马戎,张伸,等. 蚁群算法的改进设计及在航迹规划中的应用[J]. 航空学报,2020,41(z2): 213 - 219.

[25] Yang L, Zhang X, Zhang Y, et al. Collision free 4D path planning for multiple UAVs based on spatial refined voting mechanism and PSO approach [J]. Chinese Journal of Aeronautics, 2019, 32(6): 1504-1519.

[26] 任鹏飞,王洪波,周国峰.基于自适应伪谱法的高超声速飞行器再入轨迹优化[J].北京航空航天大学学报,2019,45(11):2257-2265.

[27] 孙健,井立,刘朝君.突发威胁下的飞行器航迹规划算法[J].飞行力学,2018,36(3):52-55.

[28] 刘博,王小平,周成,等.基于RHC-QPSO算法的飞行器动态航迹规划[J].电光与控制,2020,27(10):1-7.

[29] 王祝,刘莉,龙腾,等.基于罚函数序列凸规划的多飞行器轨迹规划[J].航空学报,2016,37(10):3149-3158.

[30] Morgan D, Subramanian G P, Chung S J, et al. Swarm assignment and trajectory optimization using variable-swarm, distributed auction assignment and sequential convex programming [J]. The International Journal of Robotics Research, 2016, 35(10): 1261-1285.

[31] 徐广通,邹汝平,王祝,等.基于滚动规划框架的多飞行器协同轨迹快速生成方法[J].无人系统技术,2021,4(2):33-39.

[32] 王祝.多飞行器协同规划控制的关键技术研究[D].北京:北京理工大学,2017:17-64.

[33] 傅阳光,周成平,王长青,等.考虑时间约束的无人飞行器航迹规划[J].宇航学报,2011,32(4):749-755.

[34] 郝峰,王鹏飞,张栋.多巡飞弹侦察/打击/评估一体协同方案设计[J].火力与指挥控制,2019,44(12):1-5.

[35] 孙小雷,孟宇麟,齐乃明,等.多飞行器交会过程的协同航迹规划方法[J].机器人,2015,37(5):621-627.

[36] Yang Z, Fang Z, Li P. Bio-inspired collision-free 4D trajectory generation for UAVs using tau strategy [J]. Journal of Bionic Engineering, 2016, 13(1): 84-97.

[37] 张栋,王洪涛,王孟阳,等.固定翼飞行器集群虚实结合半实物仿真系统的设计与实现[J].无人系统技术,2022,5(5):90-101.

[38] 张栋,王孟阳,唐硕.面向任务的飞行器集群自主决策技术[J].指挥与控制学报,2022,8(4):365-377.

[39] 刘汝卿,蒋衍,李锋,等.实时感知型激光雷达多通道数据采集系统设计[J].红外与激光工程,2021,50(5):88-94.

[40] 孟星伟,董兰,朱岱寅.大斜视机载SAR多核DSP实时成像处理架构[J].

现代雷达,2021,43(12):7-14.

[41]　王格,李盘虎,蔡猛,等.基于多 DSP 的机载 SAR 距离徙动校正实现方法[J].上海航天,2022,39(3):33-37,45.

[42]　杨敏.小型捷联惯性导航系统研究[D].长沙:中南大学,2010.

[43]　李辰.面向四旋翼飞行器的非线性控制方法与实现[D].杭州:浙江大学,2017.

[44]　宫玲瑞,姜博,王金帅,等.面向 DSP 的飞行器航拍图像清晰化系统的设计与实现[J].西北大学学报(自然科学版),2022,52(2):270-278.

[45]　谷新宇,李宗伯.基于双 DSP 架构的微小型飞行器飞行控制系统[J].兵工自动化,2010,29(8):79-84.

[46]　郭永彩,苏渝维,高潮.基于 FPGA 的红外图像实时采集系统设计与实现[J].仪器仪表学报,2011,32(3):514-519.

[47]　吴晋.基于 FPGA 的目标检测算法加速与实现[D].北京:北京交通大学,2018.

[48]　任勇峰,张凯华,程海亮.基于 FPGA 的高速数据采集存储系统设计[J].电子器件,2015,38(1):135-139.

[49]　张垚,鲜斌,殷强,等.基于 ARM 处理器的四旋翼飞行器自主控制系统研究[J].中国科学技术大学学报,2012,42(9):753-760.

[50]　刘建业,贾文峰,赖际舟,等.微小型四旋翼飞行器多信息非线性融合导航方法及实现[J].南京航空航天大学学报,2013,45(5):575-582.

[51]　蒋筱斌,熊轶翔,张珩,等.ChattyGraph:面向异构多协处理器的高可扩展图计算系统[J].软件学报,2023,34(4):1977-1996.

[52]　周亮君,肖世德,李晟尧,等.基于 SURF 与 GPU 加速数字图像处理[J].传感器与微系统,2022,41(3):98-100.

[53]　张学伟,田栢苓,鲁瀚辰,等.面向复杂未知多障碍环境的多飞行器分布式在线轨迹规划[J].中国科学:信息科学,2022,52(9):1627-1641.

[54]　习业勋,邓联文,张纪阳,等.基于多核架构飞行器飞行控制系统设计与实现[J].电子测量技术,2014,37(10):89-94.

[55]　胡博,李毅,邢广义,等.基于 DSP+FPGA 的新型弹载计算机设计与实现[J].计算机测量与控制,2017,25(4):110-112.

[56]　李朋辉.基于 DSP6678 的弹道规划设计与实现[D].哈尔滨:哈尔滨工程大学,2017.

[57]　程雨,杜馨瑜,顾子晨,等.基于 FPGA 和 DSP 的高速实时轨道巡检图像采集处理系统[J].中国铁道科学,2021,42(1):32-42.

[58]　唐明军,陈仁文,刘艳,等.基于 ARM 和 FPGA 的船舶姿态测量系统的设计

[J].电子器件,2022,45(6):1497-1502.

[59] 彭宇,姜红兰,杨智明,等.基于 DSP 和 FPGA 的通用数字信号处理系统设计[J].国外电子测量技术,2013,32(1):17-21.

[60] 祝学军,赵长见,梁卓,等.OODA 智能赋能技术发展思考[J].航空学报,2019,42(4):10.

[61] 孙智孝,杨晟琦,朴海音,等.未来智能空战发展综述[J].航空学报,2021,42(8):35-49.

[62] 王祥科,刘志宏,丛一睿,等.小型固定翼飞行器集群综述和未来发展[J].航空学报,2020,41(4):20-45.

[63] 牛轶峰,肖湘江,柯冠岩.飞行器集群作战概念及关键技术分析[J].国防科技,2013,34(5):37-43.

[64] Trefilov P, Kulagin K, Mamchenko M. Developing a flight mission simulator in the context of UAVs group control [C]. Moscow:International Conference Management of Large-Scale System Development, IEEE, 2020:1-4.

[65] 彭麒麟.飞行器集群交互式虚拟仿真平台的设计与实现[D].天津:天津大学,2019.

[66] 冯聪.飞行器集群编队交互式仿真平台的设计与实现[D].天津:天津大学,2018.

[67] Obdrzalek Z. Software environment for simulation of UAV multi-agent system [C]. Miedzyzdroje:International Conference on Methods & Models in Automation & Robotics, IEEE, 2016:720-725.

[68] 周建平,温求遒,阮聪.分布式架构的飞行器集群协同仿真系统设计[J].战术导弹技术,2021(3):75-82.

[69] 黄瑞松,李海凤,刘金,等.飞行器半实物仿真技术现状与发展趋势分析[J].系统仿真学报,2019,31(9):1763-1774.

[70] Garcia J, Molina J M. Simulation in real conditions of navigation and obstacle avoidance with PX4/gazebo platform [C]. Kyoto:IEEE International Conference on Pervasive Computing and Communications Workshop, IEEE, 2019:979-984.

[71] 林晨.面向飞行器集群任务分配的分布式算法研究[D].成都:电子科技大学,2019.

[72] Zhou X, Wen X, Wang Z, et al. Swarm of micro flying robots in the wild[J]. Science Robotics, 2022, 66(7):1-17.

[73] Hu Y Z, Zhao C C, Jia C L, et al. Research on synchronous path formation control of UAV swarm based on ROS[J]. Acta Aeronautica et Astronautica

Sinica, 2022, 43(z2): 526914.

[74] 侯泊江,龚麟,杜娟,等.多飞行器编队半实物仿真系统开发与应用[J].现代电子技术,2023,46(2): 91-95.

[75] 焦士俊,王冰切,刘剑豪,等.国内外飞行器蜂群研究现状综述[J].航天电子对抗,2019,35(1): 61-64.

[76] 董宇,高敏,张悦,等.美军蜂群飞行器研究进展及发展趋势[J].飞航导弹,2020(9): 37-42.

[77] 谷康.外军无人蜂群作战概念研究进展及分析[J].航空兵器,2022,29(1): 52-57.

[78] 段海滨,申燕凯,王寅,等.2018年飞行器领域热点评述[J].科技导报,2019,37(3): 82-90.

[79] 邱越,闫嘉琪.中国又创新记录! 119架无人机"群飞"领先美国[EB/OL].(2017-06-12)[2022-02-05].http://military.people.com.cn/n1/2017/0612/c1011-29332978.html.

[80] 于文凯.空军装备部关于举办"无人争锋"智能飞行器集群系统挑战赛的预通知[EB/OL].(2017-09-26)[2022-02-05].https://www.kunlunce.com/ssjj/fl1/2017-09-26/119392.html.

[81] 任皓岩.无人争锋挑战赛通知[EB/OL].(2021-04-08)[2022-02-05].http://www.ncrieo.com.cn/zgdk/1593022/1592495/1655767/index.html.

[82] Wang X K, Shen L C, Liu Z H, et al. Coordinated flight control of miniature fixed-wing UAV swarms: methods and experiments [J]. Science China (Information Sciences), 2019, 62(11): 134-150.

[83] 段海滨,邱华鑫.基于群体智能的飞行器集群自主控制[M].北京:科学出版社,2018.

[84] Chung T H, Clement M R, Day M A, et al. Live-fly, large-scale field experimentation for large numbers of fixed-wing UAVs[C]. Stockholm: IEEE International Conference on Robotics and Automation, 2016: 1255-1262.

[85] An X, Yu X, Song W, et al. A software-defined distributed architecture for controlling unmanned swarm systems [J]. Electronics, 2023, 12(18): 37-39.

[86] 张栋,王孟阳,唐硕.面向任务的无人机集群自主决策技术[J].指挥与控制学报,2022,8(4): 365-377.

[87] 王孟阳,张栋,唐硕,等.基于动态联盟策略的无人机集群在线任务规划方法[J].兵工学报,2023,44(8): 2207-2223.

[88] Zhou Y, Rao B, Wang W. UAV swarm intelligence: recent advances and future

trends[J]. IEEE Access, 2020(8)：183856－183878.

[89]　胡晓峰,荣明.智能化作战研究值得关注的几个问题[J].指挥与控制学报,
　　　2018,4(3)：195－200.

[90]　刘正元,吴元清,李艳洲, et al. 多无人机群任务规划和编队飞行的综述和
　　　展望[J].指挥与控制学报,2023,9(6)：623－636.

[91]　Javed S, Hassan A, Ahmad R, et al. State-of-the-art and future research
　　　challenges in UAV swarms [J]. IEEE Internet of Things Journal, 2024, 11
　　　(11)：19023－19045.

[92]　殷立峰.Qt C++跨平台图形界面程序设计基础[M].北京：清华大学出版
　　　社,2014.

[93]　兰旭辉,熊家军,邓刚.基于 MySQL 的应用程序设计[J].计算机工程与设
　　　计,2004(3)：442－443.

[94]　Zhu X X, Ma M D. Research on OSG scene roaming technology[J]. Computer
　　　Technology and Development, 2018(1)：1－35.

[95]　韩哲,刘玉明,管文艳,等.OsgEarth 在三维 GIS 开发中的研究与应用[J].现
　　　代防御技术,2017,45(2)：14－21.